Requena / Klotz / Martín **Garnelen im Aquarium**

José María Requena
Werner Klotz
Neli Martín

Garnelen im Aquarium

Das Handbuch

Dähne Verlag

Danksagungen

An Antonio Javier Lao, für seine Informationen zu den *Neocaridina*-Varianten.

An Fábio Silva, Monika Pöhler und Bastian Orth, für ihre Einblicke in die Genetik der Bienengarnelen und ihre Hybriden.

An Maurici Romero, für seine Erfahrungen mit *Halocaridina rubra* und *Atyaephyra desmarestii.*

An Mario Seglar, für seine Notizen zu den Sulawesi-Garnelen.

An Nicolas Reisch, Daniel Sánchez, Marc Bernaldez, Sergio Lorenzo, David Eyo, Ezequiel Pérez und Jorge González, weil sie uns Garnelen zum Fotografieren überlassen haben.

Bibliografische Information der Deutschen Nationalbibliothek

Die Deutsche Nationalbibliothek verzeichnet diese Publikation in der Deutschen Nationalbibliografie; detaillierte bibliografische Daten sind im Internet über http://dnb.dnb.de abrufbar.

Deutschsprachige Lizenz-Ausgabe
ISBN 978-3-944821-54-2

Spanische Original-Ausgabe erschienen unter dem Titel „Gambas, joyas de acuario“
(ISBN 978-84-09-11461-0)

Redaktion: José María Requena Mora

Lektorat: José Pérez Piñar, José María Requena Laviña

Übersetzung ins Deutsche: Ulrike Bauer

Reinzeichnung: Achim Bodewig

Druck: Grafisches Centrum Cuno GmbH & Co. KG

Printed in Germany

Inhalt

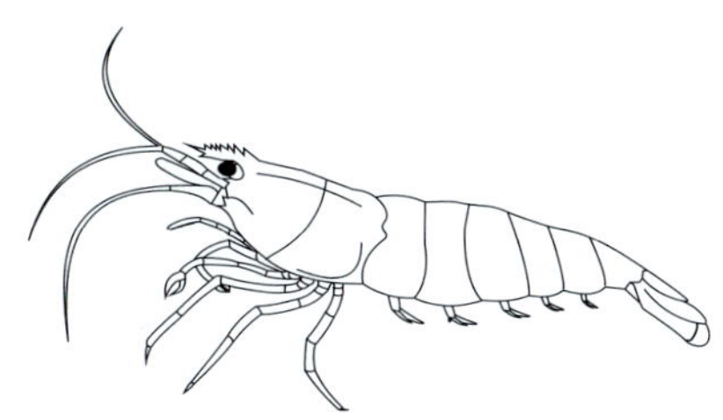

Vorwort

Seit den 1990er-Jahren ist die Begeisterung für Garnelen in der Aquaristik enorm angewachsen, ganz besonders die Süßwassergarnelen erfreuen sich höchster Beliebtheit. Das Interesse ist so groß, dass sich ein ganzer Markt um diese Tiere herum gebildet hat, und auch züchterisch ist einiges los. Es gibt mittlerweile enorm viele Varianten mit neuen Mustern und Farben, und ständig tauchen neue Kreuzungsprodukte auf.

Das steigende Interesse an neuen Morphen führt auch zu einem erhöhten Interesse an den Wildformen. In exotischen Ländern werden neue Arten gesucht und Tiere von dort importiert.

Leider ergibt sich aus der faszinierenden Vielfalt auch eine riesige Verwirrung, die besonders in den letzten zehn Jahren angewachsen ist: Die exakte Bestimmung der Garnelen ist schwierig, ebenso wie die Definition neuer Zuchtformen.

Mit diesem Buch möchten wir allen Garnelenliebhabern die verschiedenen Arten nahebringen, die man in der Aquaristik am häufigsten antrifft, und ihnen einige einfache Bestimmungsmöglichkeiten an die Hand geben, mit denen sich die Arten identifizieren lassen. Auch versuchen wir, die wichtigsten Eigenschaften der verschiedenen Farb- und Mustervarianten zu definieren. Natürlich dürfen auch Hinweise zur optimalen Haltung und Zucht der Tiere im Aquarium nicht fehlen, und wir gehen auf Besonderheiten der einzelnen Tiere ein.

Wir hoffen, dass die Wissensvermehrung dazu beiträgt, dass die natürlichen Habitate der Garnelen in ihrer Heimat besser geschützt werden, sodass wir auch noch in der Zukunft diese wundervollen Geschöpfe bewundern können. Bereits jetzt sind einige Bestände schon stark bedroht, und Populationen schwinden. Daher müssen wir Anstrengungen zum Schutz der Arten treffen und die Tiere auch in ihren natürlichen Habitaten respektieren.

José María Requena, Werner Klotz und Neli Martín.

Aquarieneinrichtung

Garnelen haben sehr klar definierte Ansprüche an eine erfolgreiche Aquarienhaltung. Will man gesunde Tiere halten, muss man über grundlegende Dinge zur Garnelenhaltung Bescheid wissen, welche Materialien sich für die Aquarieneinrichtung eignen und wie man ein Garnelenbecken pflegt, und natürlich auch, welche Probleme im Lauf der Zeit auftreten können.

Im Handel ist eine Vielzahl an unterschiedlichen Marken erhältlich, und zwischen einer immer größer werdenden Auswahl und natürlich auch dem ganz persönlichen Geschmack des Garnelenhalters sind die Gestaltungsmöglichkeiten praktisch unbegrenzt. Hier wollen wir daher nur einige Grundsätze zur Garnelenaquaristik ausführen; wie sie in die Tat umgesetzt werden, sei jedem selbst überlassen.

Das Aquarium

Zuerst muss man sich für ein Aquarium entscheiden. Als Faustregel gilt: Je größer, desto besser, weil das System im Aquarium dann besser vor Schwankungen bei den Wasserwerten geschützt und außerdem einfacher zu pflegen ist. Allerdings entscheiden sich viele Aquarianer für Garnelen, weil man sie aufgrund ihrer geringen Größe eben auch recht unproblematisch in kleineren Aquarien halten kann.

Für die meisten Zwerggarnelen ist ein Becken von 20 Litern das absolute Minimum. Größere Arten, zum Beispiel aus den Gattungen *Macrobrachium* oder *Atyopsis* brauchen natürlich auch größere Aquarien.

Aquarien unter 15 Liter bringen große Nachteile mit sich – auch wenn es erfahrene Züchter gibt, die solch kleine Becken nutzen: Die Wasserwerte können hier stark schwanken, die Wasserqualität ist schwierig aufrechtzuerhalten. Zwerggarnelen sind Bodenbewohner, daher sind niedrige Aquarien mit großer Grundfläche optimal geeignet – man kann jedoch praktisch jede Aquarienform nutzen, wenn man die Becken ordentlich einrichtet.

Der Bodengrund

Der Bodengrund spielt im Aquarium eine wichtige Rolle, weil er entscheidend zur Stabilität der Wasserqualität beiträgt. In der lockeren Struktur siedeln sich Filterbakterien an, die Schadstoffe abbauen und das Wasser sauber halten helfen.

Je nach Art, die gepflegt werden soll, sollte ein neutraler Aquarienkies oder ein spezieller Bodengrund für Garnelen gewählt werden.

Für welche Körnung man sich entscheidet, hängt von den persönlichen Vorlieben und natürlich von der Garnelenart ab, die man gewählt hat. Feiner Sand neigt allerdings zur Verdichtung – dann bilden sich anaerobe Zonen. Feinkörnige Soils dagegen haben ausgezeichnete ionentauschende Eigenschaften.

Neutraler Kies besteht meist aus Quarz, Kiesel- oder Vulkangestein mit einer mittelfeinen bis groben Körnung und einer mittleren Porosität.

Spezielle Bodengründe für Garnelen, die sogenannten Soils, basieren auf natürlichen Erden und Lehm. Sie senken den pH-Wert des Wassers dank der ionentauschenden Eigenschaften des Lehms und ihrem hohen Gehalt an organischen Stoffen spürbar ab. Mit der Zeit lässt die Aufnahmefähigkeit nach, der Soil ist „erschöpft“ und muss ersetzt werden.

Am Ende dieses Kapitels gehen wir genauer auf die Eigenschaften von Soil-Bodengründen ein.

Die Filterung

Der Filter ist das Herzstück des Aquariums: Durch eine gute Filterung wird das Wasser gereinigt und von Schadstoffen befreit, sodass die Garnelen sich gut entwickeln können. Es gibt viele verschiedene Filter im Handel, die teilweise unterschiedlich arbeiten.

Zwerggarnelen brauchen keine großen Filtervolumen, aber große Aquarien mit Garnelen von 15 cm Körperlänge natürlich schon.

Im Handel gibt es Unterbodenfilter, Schwammfilter, Innenfilter, Rucksackfilter und Außenfilter – und Kombinationen unterschiedlicher Filterarten.

Grundsätzlich kann man nicht sagen, welche Filterart zu bevorzugen ist, aber es gibt für unterschiedliche Aquarientypen durchaus besser und weniger gut geeignete Filter. Viele Garnelenzüchter mit mehreren Aquarien arbeiten gerne mit luftbetriebenen Schwammfiltern – einem einfachen, günstigen und gut zu reinigenden System. Auf den Schwämmen siedeln sich Biofilme an, die von Garnelen besonders gerne gefressen werden. Für den Antrieb sorgt ein Kompressor, der pro Aquarium eine Umwälzung von mindestens 2 l/min leisten sollte. Schwammfilter bieten eine weniger große Ansiedlungsfläche für Bakterien, daher muss die Filterleistung etwas höher sein.

In Filtern mit einem Gehäuse dagegen kann man beispielsweise neben Filterschwämmen hoch poröses keramisches Filtermaterial einbringen, das deutlich leistungsfähiger ist und mehr Bakterien beherbergen kann.

Allerdings können kleine Garnelen in ungeschützte Filtergehäuse eindringen, daher muss man hier gegebenenfalls Vorsichtsmaßnahmen in Form eines Ansaugschutzes treffen.

Im Filter sammelt sich organisches Material, daher muss man ihn von Zeit zu Zeit reinigen. Das sollte niemals mit chlorhaltigem Leitungswasser geschehen – im Zweifel nimmt man hierfür besser Aquarienwasser, damit die Filterbakterien nicht geschädigt werden. Mit der Zeit setzen sich auch die Poren in keramischen Filtermedien zu, die daher ab und an ausgetauscht werden sollten.

Filter erzeugen immer auch eine Filterströmung. Es gibt Garnelen, die gerne in bewegtem Wasser sitzen, und andere, die es lieber etwas ruhiger haben. Die Strömungsverhältnisse im Aquarium sollten diese Vorlieben berücksichtigen.

Die Temperatur

Sie spielt eine wichtige Rolle, da je nach Jahreszeit und der gepflegten Art das Aquarium geheizt oder gekühlt werden muss. Im Handel gibt es entsprechende Technik dafür zu kaufen. Die Wassertemperatur beeinflusst die Entwicklungszeit der Eier, die Fortpflanzung, die Geschwindigkeit, mit der die Garnelen wachsen, die Entwicklung der Larven und vieles mehr.

Sinkt die Temperatur stark ab, verlangsamt sich der Stoffwechsel der wechselwarmen Garnelen und die Sauerstoffaufnahme. Wachstum und Fortpflanzung verlangsamen sich oder werden ganz eingestellt, ebenso wie das Larvenwachstum. Ein Temperaturanstieg kehrt diese Effekte um. Die Habitate der Garnelen sind natürlichen Temperaturschwankungen unterworfen. Um dies im Aquarium nachzuahmen, sollte man vorsichtig und langsam vorgehen.

Um das Wasser aufzuheizen, greift man auf einen Heizstab mit Thermostat zurück. Hier wird die gewünschte Temperatur eingestellt, und der Heizstab schaltet sich automatisch ein und aus. Ein passender Heizer sollte 1 Watt pro Liter Leistung besitzen.

Um das Aquarium zu kühlen, gibt es verschiedene Methoden. Eine ist ein Durchlaufkühler – effizient, aber leider recht teuer. Eine andere Möglichkeit ist das Verwenden von Lüftern, die auf die Wasseroberfläche gerichtet werden und sich die Verdunstungskälte zunutze machen, um so die Wassertemperatur zu senken.

In der warmen Jahreszeit sollte der Aquariendeckel geöffnet werden, damit sich die Wärme nicht staut. Die Beleuchtung wird so eingestellt, dass das Licht in den kühleren Nachtstunden brennt, damit sich durch die Beleuchtung die Wassertemperatur nicht noch weiter aufheizt. Achtung: Stärkere Verdunstung härtet das Wasser mit der Zeit auf.

Die Aquariendekoration

Die Aquarieneinrichtung ist vor allem eine Frage des persönlichen Geschmacks. Häufig verwendet man hierzu Wurzeln und / oder verschiedene Steine, um so eine möglichst naturnahe Umgebung zu gestalten.

Mit der Einrichtung schafft man Versteckplätze für die Garnelen. Bei aggressiven Arten ist es notwendig, jedem einzelnen Tier seine eigene Höhle anzubieten.

Bucephalandra sp.

Jegliche Aquariendekoration kann Schadstoffe wie zum Beispiel Schwermetalle enthalten oder bestimmte Wasserwerte verändern. Bemalte Gegenstände sollten grundsätzlich nicht verwendet werden. Ansonsten beliebt, was gefällt – wenngleich einige Züchter auf Steine verzichten, die das Wasser im Aquarium aufhärten können. Ganz besonders schädlich ist dieser Effekt in Weichwasseraquarien.

Die Beleuchtung

Den Garnelen selbst ist die Beleuchtung relativ egal, sie brauchen kein Licht, um sich wohlzufühlen, und es gibt sogar Arten, die es sehr schummrig mögen. Allerdings hat das Licht für die Pflanzen im Aquarium eine große Bedeutung, ebenso für die Mikroorganismen und die Algen, die eine wichtige Rolle auf dem Speisezettel der Garnelen spielen und außerdem Schadstoffe abbauen.

Die Auswahl der Beleuchtung richtet sich daher nach den Bedürfnissen der Pflanzen im Aquarium. Ausnahme bilden hier Sulawesi-Aquarien, die überdimensional stark beleuchtet werden müssen, damit sich ausreichend Algen für die Garnelen bilden.

Die Pflanzen

Häufig hört man die Frage, ob man Garnelen auch in einem Hightech-Pflanzenaquarium halten kann. Leider sind diese Aquarien in der Regel nicht gut für Garnelen geeignet.

Die meisten Zwerggarnelen reagieren sehr empfindlich auf verschiedene Metalle und Stickstoffverbindungen. In stark gedüngten Aquarien kommen sie daher nicht gut zurecht. Gut geeignet ist dagegen in einem entsprechend großen Aquarium die Amanogarnele *Caridina multidentata* (früher *C. japonica*). Sie ist ein effektiver Algenfresser, was sie in

Boraras brigittae.

Pflanzenaquarien zu einem machtvollen Verbündeten macht.

Ein weiterer Faktor ist das CO_2, mit dem Pflanzenaquarien häufig gedüngt werden. Wird es nur während der Tagstunden eingespeist und nachts abgeschaltet, kann der pH-Wert stark schwanken, was viele Zwerggarnelen übel nehmen. Zugegebenermaßen gibt es viele Aquarianer, die problemlos Garnelen in ihren gedüngten und mit CO_2 versorgten Aquarien halten – wir sagen hier auch nicht, dass diese Haltung unmöglich ist, wenngleich wir sie nicht empfehlen.

Weniger anspruchsvolle Pflanzen wie *Anubias* oder *Bucephalandra*, Moose und Farne sind gut geeignet. Auf ihnen bilden sich Biofilme, die die Garnelen sehr gerne fressen, und sie brauchen nicht gedüngt zu werden. Eine Beleuchtung von 0,5 Watt pro Liter oder, im Fall von LEDs, 25 Lumen pro Liter reicht aus.

Die Fische

Die meisten Wirbellosenhalter fragen sich früher oder später, ob sie nicht Fische zu ihren Garnelen setzen könnten. Ein Garnelenaquarium kann im oberen Teil recht leer wirken, da sich die Garnelen überwiegend am Boden aufhalten. Durch eine geschickte Einrichtung kann man im Aquarium jedoch viele Flächen schaffen, die ihnen dann auch in den oberen Teilen zur Verfügung stehen – und dennoch ist der Freiwasserteil recht leer.

Ganz ohne Zweifel ist ein Artaquarium für Garnelen immer eine gute Wahl, weil die Tiere, insbesondere die Junggarnelen, keinen Stress durch potenzielle Fressfeinde haben. Wer sich jedoch für ein Gesellschaftsaquarium mit Fischen entscheidet, dem seien die Gattungen *Boraras*, *Danio* und *Otocinclus* empfohlen. Ihre geringe Größe macht sie zu guten Beifischen für Garnelen. Wagemutige Garnelenhalter könnten es auch mit der Gattung *Badis* versuchen.

Man muss hier jedoch grundsätzlich davon ausgehen, dass kranke oder geschwächte Garnelen und sehr kleine Junggarnelen den Fischen zum Opfer fallen können. Viele Versteckmöglichkeiten in einem gut bepflanzten Aquarium verringern das Risiko für die Wirbellosen.

Welse aus der Familie der Loricariidae und Panzerwelse der Gattung *Corydoras* sind zwar überwiegend sehr friedlich, eignen sich jedoch nicht ganz so gut als Aquariengenossen, da sie sich ebenfalls überwiegend am Boden aufhalten und die Garnelen stark stressen können. Außerdem konkurrieren sie teilweise mit ihnen ums Futter.

Einrichtung und Einfahrzeit

Hat man alle Einrichtungsgegenstände zusammen, ist es Zeit, das Garnelenaquarium aufzusetzen.

Im ersten Schritt wird der Bodengrund ins Becken gefüllt. Die Menge kann je nach Geschmack des Aquarianers und dem Zweck des Aquariums variieren. Einige Züchter haben nur eine 1 cm dicke Schicht Bodengrund, andere bis zu 8 cm. Generell kann man mit einer 3 bis 4 cm hohen Schicht wenig falsch machen. Hier finden die Bakterien ausreichend Platz. In tieferen Schichten leben die fakultativen Anaerobier, die organische Abfälle letzten Endes zu gasförmigem Stickstoff abbauen. Bei aktiven Bodengründen erlaubt eine solche Schichtdicke eine gleichmäßigere Ansäuerung.

Corydoras pygmaeus.

Danio margaritatus.

Dann gestaltet man das Aquarium mit den Dekorationsmaterialien, die man vorher ausgewählt hat, und danach bepflanzt man das Layout. Dazu ist es sinnvoll, das Aquarium mit einer Sprühflasche gut zu befeuchten – sowohl den Bodengrund als auch die Dekoration. So trocknen die Pflanzenwurzeln beim Einsetzen nicht aus, und auch die Blätter bleiben frisch.

Wenn alles an seinem Platz sitzt, ist es Zeit, das Wasser einzufüllen. In der Pflanzenaquaristik wird manchmal auch ein sogenannter „Dry Start" vorgenommen, bei dem die Pflanzen zunächst im feuchten, gut abgedeckten Aquarium anwachsen, bevor es aufgefüllt wird. Das hat jedoch eher mit dem Wuchsverhalten der Aquarienpflanzen zu tun, nicht mit den Garnelen – deshalb streifen wir dieses Thema hier nur am Rande.

Wenn das Aquarium befüllt wurde, beginnt die Einfahrzeit. Dabei handelt es sich um eine Zeitspanne, in der sich die Bakterienflora ohne Garnelenbesatz entwickeln kann, die Schadstoffe verstoffwechselt und für die Nitrifizierung sorgt. Die Bakterien entwickeln sich natürlicherweise im Aquarium, man kann aber auch mit im Handel erhältlichen Bakterienpräparaten „nachhelfen" und die Einfahrzeit verkürzen.

Es gibt hier keine vorgeschriebene Wartezeit, jedes Aquarium entwickelt sich in seiner eigenen Geschwindigkeit. Mit vier Wochen ist man in der Regel auf der sicheren Seite, auch wenn erfahrene Züchter teilweise schon deutlich früher besetzen. Während der Einfahrzeit muss man eigentlich nichts tun, wobei man spaßeshalber ab und zu Ammonium, Nitrit und Nitrat messen kann.

Am 15. Tag nach der Einrichtung kann man 20 % des Wassers wechseln, und am letzten Tag überprüft

Boraras urophthalmoides.

man nochmals alle Wasserwerte (vor allem pH, KH, GH und den Leitwert). Gegebenenfalls muss man die Wasserhärte noch an die zu pflegende Art anpassen. Ammonium und Nitrit sollten nicht nachweisbar sein, der Nitratwert sollte möglichst niedrig sein.

Eingewöhnung

Die schrittweise Eingewöhnung ist ein wichtiger Prozess, wenn man Garnelen in ein neues Aquarium einsetzen möchte. Während dieser Phase können sie sich langsam an die neuen Gegebenheiten gewöhnen.

Auch wenn man die Wasserhärte für die neuen Garnelen passend eingestellt hat, bestehen mit Sicherheit dennoch Unterschiede zu ihrem gewohnten Wasser.

Zur Eingewöhnung gibt man die neu gekauften Tiere daher mit dem Transportwasser in ein Gefäß und gibt tropfenweise das Aquarienwasser zu. Das geht sehr einfach mit einem dünnen Luftschlauch, in den man einen Knoten zur Regulierung der Wassermenge macht. Die Eingewöhnungszeit kann variieren, es gibt hier keine feste Regel. Eine Stunde ist die Mindestzeit, die wir veranschlagen. Unterscheiden sich die Wasserwerte im Transportwasser stark vom Aquarienwasser, brauchen die Tiere entsprechend länger, um sich umzugewöhnen.

Für die Eingewöhnung braucht man etwas Geduld, jedoch ist sie unumgänglich, wenn man die Garnelen nicht gefährden will. Sie können sich langsam an die neue chemische Zusammensetzung des Wassers anpassen, und auch an die unbekannten Bakterien – dieser

Prozess dauert allerdings deutlich länger als nur ein paar Stunden.

Wenn die Garnelen eingewöhnt sind, fängt man sie mit einem Kescher aus dem Behälter heraus und setzt sie ohne Transportwasser ins Aquarium. So bringt man nur wenige Fremdkeime ins System ein.

Wasserwechsel

Wasserwechsel sollten in jedem Aquarium vorgenommen werden. Hierbei saugt man einen Teil des Aquarienwassers ab und ersetzt ihn durch Frischwasser.

Dabei werden Schadstoffe ausgetragen, die so keine tödlichen Konzentrationen erreichen können. Nun mag man sich fragen, warum man Wasser wechseln sollte, obwohl im Aquarium weder Stickstoffverbindungen noch Phosphat nachweisbar sind? Ganz einfach – man kann gar nicht alle potenziell gefährlichen Stoffe im Wasser mit den gängigen Wassertests erfassen, daher ist es gut möglich, dass sich trotzdem schädliche Stoffe im Aquarium ansammeln, von deren Existenz man nicht einmal weiß.

Die Menge an Wasser, die gewechselt wird, hängt auch wieder von den Gegebenheiten ab, unter anderem von der Wasserqualität. Man sollte jedoch nie unter 10 % des Gesamtvolumens des Aquariums wechseln, und nur in Ausnahmefällen mehr als 50 %. Wie oft man Wasser wechselt, hängt von der Erfahrung des Garnelenhalters ab, von der Anzahl der Garnelen im Aquarium und von der Fütterung. Bewährt

Bucephalandra sp. Nanga Mahap.

hat sich zu Beginn ein wöchentlicher Wasserwechsel, der sich später auf eine Frequenz von zwei Wochen ausdehnen lässt. Sehr erfahrene Wirbellosenhalter wechseln zum Teil auch nur einmal im Monat Wasser.

Im Garnelenaquarium geht es fast nicht ohne Wasserwechsel, jedoch muss man ihn an die Gegebenheiten anpassen. Der Hauptgrund für eine hohe Wasserbelastung ist eine zu üppige Fütterung oder Überbesatz.

Wie bereitet man nun das Frischwasser zum Wechseln vor? Bewährt hat sich in der Garnelenhaltung die Verwendung von Osmosewasser, da in Leitungswasser häufig Verbindungen vorkommen, die für Garnelen schädlich wirken können. Dabei ist die Garnelenhaltung in Leitungswasser nicht unmöglich, jedoch ist sie wenig empfehlenswert. In angepasstem Osmosewasser kommen deutlich mehr Jungtiere hoch, und auch die adulten Garnelen sind meist gesünder.

Das Osmosewasser wird mit einem entsprechenden Mineralsalz auf die für die gepflegte Garnelenart passenden Werte gebracht. Das Frischwasser sollte sich nicht stark von den Werten im Aquarium unterscheiden, damit die Garnelen keinen starken Schwankungen ausgesetzt sind, die sie stressen würden. Im Handel gibt es eine gute Auswahl an passenden Salzen, die sehr anwenderfreundlich sind.

Futter

Wenn man drei Grundsätze für eine erfolgreiche Garnelenhaltung zusammenfassen müsste, wären dies mit Sicherheit eine gute Filterung, eine hohe Wasserqualität und eine hochwertige Fütterung.

Die Fütterung ist ein entscheidender Faktor für unsere erfolgreiche Garnelenhaltung und -zucht. Mit ihr steht und fällt die Gesundheit der Tiere, angemessenes Wachstum und das Überleben des Nachwuchses. Es gibt

alle möglichen Futtersorten im Handel, man sollte sich jedoch gut informieren und nur Futter bester Qualität kaufen. Nur so vermeidet man Mangelerscheinungen und stellt sicher, dass die Garnelen ausreichend mit allen benötigten Nährstoffen und Mikronährstoffen versorgt sind.

Gefüttert wird eher sparsam – das Futter ist eine der Hauptschadstoffquellen im Aquarium.

Leider gibt es kaum Studien über die richtige Fütterung von Zwerggarnelen. Untersucht werden hauptsächlich Garnelen in Aquakultur, überwiegend Arten aus salzigen Gewässern. Man kann sich jedoch auch aus diesen Studien einige Grundsätze über die Fütterung von Garnelen im Aquarium herleiten.

Zwerggarnelen sind Allesfresser, brauchen also pflanzliche wie auch tierische Kost. Die Anteile variieren von Familie zu Familie.

Die meisten Garnelen in der Aquaristik gehören zur Familie der Atyidae. In der Natur fressen diese Tiere überwiegend Detritus – organisches Material in verschiedenen Zersetzungsstadien, und mit ihm zusammen auch Mikroorganismen wie Bakterien, einzellige Pilze und auch kleinste Wirbellose wie Würmer, Insektenlarven und kleine Krebstiere. Auch im Aquarium finden sie hiervon zumindest teilweise ausreichende Mengen in Form von Biofilmen vor, die auf allen Oberflächen sitzen, selbst auf Pflanzen, dem Substrat und dem Glas. Wenn man hölzerne Wurzeln und braunes Herbstlaub im Aquarium hat, können die Garnelen auch hier Biofilme abweiden. Damit erreicht man eine sehr naturnahe Ernährung. Häufig befindet sich im Aquarium jedoch deutlich weniger von diesen Materialien als in den natürlichen Habitaten, daher muss man vor allem bei einer größeren Garnelenzahl mit einem entsprechenden Garnelenfutter zufüttern. Die Familien der Palaemonidae und Desmocarididae dagegen ernähren sich überwiegend aus tierischen Quellen, auch wenn vereinzelt einmal an pflanzlichem Futter geknabbert wird.

Ob das Eiweiß aus tierischen, bakteriellen oder pflanzlichen Quellen stammt, ist unerheblich. Zwerggarnelen brauchen einen Aminosäureanteil von 30 bis 40 % in ihrem Futter, wobei der Bedarf bei sich entwickelnden Jungtieren im Wachstum höher ist.

Auch die energiereichen Fette sind unverzichtbar, da Garnelen für einen gut funktionierenden Stoffwechsel essenzielle Fettsäuren brauchen. Ihr Anteil am Futter sollte zwischen 10 und 20 % betragen. In der Regel sind sie eher in tierischer Kost enthalten. Idealerweise sollte das Eiweiß-Fett-Verhältnis der Nahrung 3:1 betragen.

Kohlenhydrate dagegen stammen überwiegend aus pflanzlicher Kost und stellen ebenfalls eine wichtige Energiequelle dar. In der Regel nehmen Garnelen langkettige Kohlenhydrate zu sich, die einen Anteil von ca. 30 % der

Nahrung ausmachen sollten. Minderwertige Futtermittel enthalten meist einen höheren Anteil, weil sie als billiger Füllstoff dienen. Kohlenhydrate sollten nicht im Übermaß gegeben werden, weil viele Bakterien einen kohlenhydratbasierten Stoffwechsel besitzen und sich dadurch zum Nachteil der Garnelen eine deutlich erhöhte Keimdichte im Aquarium ausbilden kann.

Mineralstoffe und Spurenelemente gehören zu den essenziellen Nährstoffen, die Garnelen nicht selbst herstellen können. Ihr Anteil sollte 10 % nicht übersteigen. Bei Futtermitteln wird dieser Anteil als Rohasche angegeben.

Viele Garnelenfuttersorten aus dem Handel sind mit den Vitaminen A, C, D und E angereichert, die Garnelen ebenfalls nicht selbst herstellen können. Wichtig ist hierbei, dass die Futtermittel nicht über 80 °C erhitzt oder über längere Zeit eingefroren wurden, weil sich dadurch die Vitamine zersetzen und verloren gehen. Es ist leider durchaus möglich, mit solchermaßen behandeltem Futter auch bei ausgewogener Fütterung bei Garnelen einen Vitaminmangel zu provozieren.

Ballaststoffe spielen insofern eine wichtige Rolle bei der Garnelenernährung, als dass sie die Darmflora unterstützen und bei der Verdauung komplexer Moleküle helfen.

Bei den Beta-Glucanen handelt es sich um Polysaccharide (komplexe Kohlenhydrate), deren Nutzen in der Aquaristik umstritten ist. Ihnen wird nachgesagt, dass sie die Zellerneuerung unterstützen und das Immunsystem stimulieren. Dadurch sollen sie Krankheiten vorbeugen. Weitere Studien sind an dieser Stelle jedoch notwendig, um die tatsächliche Wirkung dieser Stoffe auf Garnelen zweifelsfrei nachzuweisen.

Astaxanthin, Lutein und andere Beta-Karotine und Xanthophylle sind natürliche Farbpigmente. Es gibt keine wissenschaftlichen Studien über ihre Wirkung als Futterzusatz bei Aquariengarnelen, und nur einige wenige Studien über ihre (positive) Auswirkung auf die Farben der Tiere. Was jedoch feststeht, ist ihre Wirkung als Antioxidantien.

Wichtige Werte

Damit die Garnelen gesund bleiben, müssen wir eine gute Wasserqualität sicherstellen und die folgenden Parameter im Auge behalten:

- Ammonium/Ammoniak: giftig ab > 0,5 mg/l, Zielwert: 0 mg/l.

- Nitrit: giftig ab 0,5 mg/l, Zielwert: < 0,025 mg/l.

- Nitrat: giftig ab 30 mg/l, Zielwert: < 10 mg/l. Bei einem Nitratwert über 30 mg/l können sich außerdem Algen breitmachen.

- Phosphat: die Giftigkeit für Garnelen ist nicht erforscht,

Red Calceo.

aber Algenprobleme können ab >0,4 mg/l auftreten. Nitrat und Phosphat müssen in einem bestimmten Verhältnis vorhanden sein, damit es nicht zu Grünalgenplagen (abhängig von Nitrat) oder dem Auftreten von Blaualgen (abhängig von Phosphat) kommt. Gemäß der Redfield-Theorie sollte das Verhältnis von Nitrat und Phosphat bei 10:1 liegen, um übermäßiges Algenwachstum zu vermeiden.

- Eisen: zweiwertiges Eisen (Fe^{2+}) ist für Wirbellose in einer Konzentration ab > 0,1 mg/l giftig, Zielwert: < 0,05 mg/l. Die dreiwertige Form (Fe^{3+}) dagegen ist nicht löslich und damit unschädlich. Der Übergang von zwei- zu dreiwertigem Eisen erfolgt, wenn der pH-Wert und der Kalziumgehalt des Wassers ansteigen. Die Pflanzen können allerdings nur zweiwertiges Eisen nutzen.

- Kupfer: giftig ab > 0,05 mg/l, Zielwert: 0 mg/l.

- Sauerstoff: Sauerstoffreiches Aquarienwasser sorgt nicht nur für gesunde Garnelen, sondern auch für ein stabiles Ökosystem im Aquarium. Man sollte einen Gehalt von 8 bis 10 mg/l anstreben.

- Andere Stoffe: Im Wasser gelöste Ionen wie Kalium, Schwefel, Kalzium und Magnesium, Mangan, Zink und so weiter sind wichtige Nährstoffe für die Aquarienpflanzen und die Bakterienflora im Aquarium. Garnelen dagegen decken ihren Mineralstoffbedarf über das Futter.

Aktive Bodengründe (Soils)

Soils bestehen hauptsächlich aus lehmigen Erden. Lehm besteht überwiegend aus tetraederförmigen Silikaten und kann Aluminiumoxide und Eisenoxide enthalten. Seine Partikel sind in der Regel unter 2 Mikrometer groß.

Dank dieser Struktur kann Lehm als Ionentauscher fungieren und Stoffe an sich binden.

Beim Ionentausch gibt der Soil Stoffe ab, die er enthält, und nimmt dafür andere Stoffe aus dem Aquarienwasser auf, bis ein Gleichgewicht zwischen diesen Stoffen hergestellt ist. Die neuen Ionen im Substrat dienen wiederum den Pflanzen als Nährstoffe oder werden später wieder an das Wasser abgegeben, wenn ihre Konzentration dort sinkt.

Dieser Austausch ist möglich, weil die für Soils verwendeten Erden große Mengen von organischen Stoffen enthalten, vorwiegend Huminsäuren. Die Moleküle haben negativ geladene Enden, was einen Kationenaustausch ermöglicht. Je nach Art der Erde und nach den enthaltenen organischen Stoffen werden genau definierbare Mengen an Stoffen ausgetauscht.

Die Ionentauschfähigkeit ist weiterhin abhängig vom pH-Wert. In saurem Wasser werden die H^+-Protonen der Säuren stark zurückgehalten, bei neutralem oder basischem pH dagegen werden sie gegen Kationen im Wasser ausgetauscht. Soil absorbiert am willigsten: Ca^{2+}, Mg^{2+}, K^+, Na^+, H^+, Al^{3+}, Fe^{3+}, Fe^{2+}, NH_4^+, Mn^{2+}, Cu^{2+} und Zn^{2+}. Bei

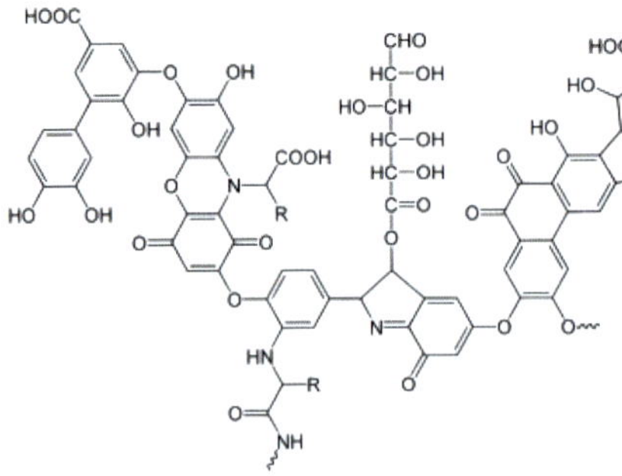

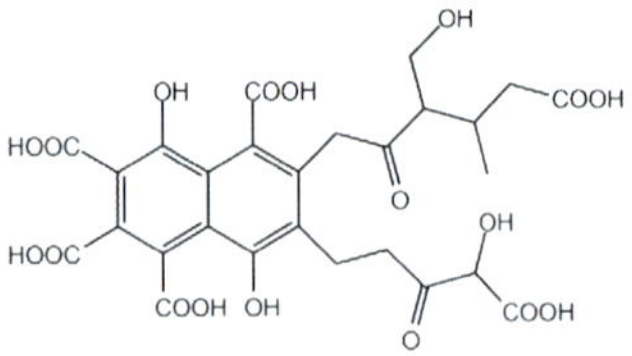

Die Strukturformel von Huminsäure (links) und Fulvosäure (oben). Die Carboxygruppen (COOH) und Alkohol (mit einer OH-Gruppe) können sich mit verschiedenen Kationen verbinden und in diesem Zug Wasserstoffionen abgeben, die das Medium ansäuern. Dieser Vorgang ist reversibel, wenn im Medium ein deutlich saurer pH-Wert vorherrscht.

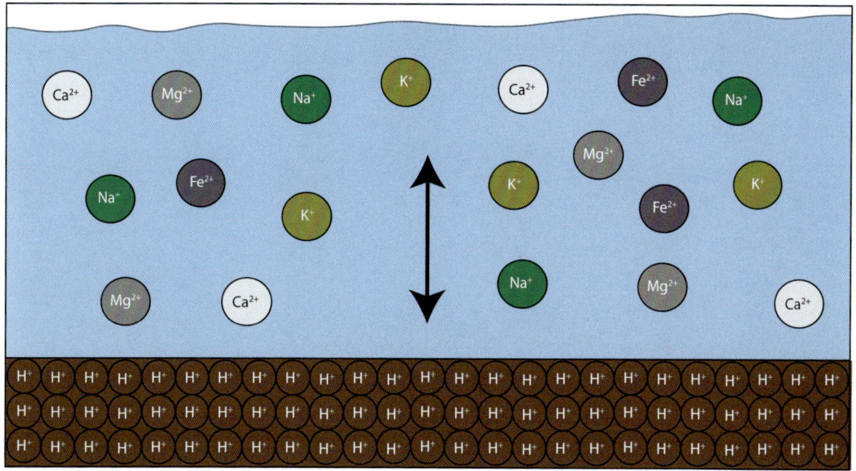

Lehmiges Substrat.

einem sauren pH enthält das Substrat überwiegend die Kationen H^+ und Al^{3+}, bei neutralem pH Ca^{2+} und bei einem basischen pH Na^+. Die Menge an Wasserstoff- und Aluminium-Ionen gibt Aufschluss über den Sättigungsgrad des Substrates.

$$\text{Sättigung} = \frac{Ca^{2+} + Mg^{2+} + K^+ + Na^+}{H^+ + Al^{3+}}$$

Bei einem Ergebnis von über 0,5 geht man davon aus, dass das Substrat gesättigt ist und nichts mehr aufnehmen kann.

Wie sauer das Aquarienwasser ist, hängt von der Konzentration der Wasserstoffionen ab. Sie liegen in zwei Phasen vor, einmal als aktiver Wasserstoff in Form von im Wasser gelösten H^+-Ionen und einmal als Reserve im Boden. Wenn Wasserstoffionen aus dem Wasser verschwinden, lösen sich entsprechende Mengen aus der Reserve im Soil. So bleibt der pH-Wert stabil.

Wie arbeitet nun also ein nährstoffreicher Soilboden konkret? Nehmen wir an, beim Wasserwechsel wird Wasser mit einem pH von 7 zugegeben. Der Soil gibt daraufhin H^+-Ionen ab und säuert das Wasser dadurch wieder an. Im Austausch dagegen nimmt er Nährstoffe aus dem Wasser auf, die so erreichbar für die Pflanzenwurzeln werden. Zusätzlich sind Pflanzensoils häufig mit Ammonium angereichert, das durch Bakterien abgebaut wird. Hierdurch werden neue H^+-Ionen im Boden frei, was zu einer längeren Standzeit des Soils beiträgt, weil dadurch neue Ionen zum Austausch bereitstehen.

Wasserchemie

„Wasser ist der Kutscher der Natur." Leonardo da Vinci.

Garnelen sind nun einmal Wassertiere, daher sollte man wenigstens ein paar grundlegende Zusammenhänge über das nasse Element verstehen. Nur so kann man sie vernünftig halten und für ihr Wohlergehen sorgen.

In diesem Kapitel wollen wir uns daher Wasser in seinem flüssigen Aggregatzustand widmen. Wie jeder weiß, liegt es je nach Temperatur und Druck auch noch als Wasserdampf oder Eis vor. Veränderungen im Aggregatzustand wirken sich auf die Dichte und physikalisch-chemische Eigenschaften des Wassers aus – doch das nur nebenbei.

Reines Wasser ist farb-, geruch- und geschmacklos. In der Natur kommt es kaum rein vor, es enthält praktisch immer gelöste Stoffe. Das Wassermolekül besteht aus zwei Wasserstoff- und einem Sauerstoffatom, mit der chemischen Formel H_2O. Die besonderen physikalisch-chemischen Eigenschaften hängen neben dem Aufbau des Moleküls auch mit den zwischen den Wassermolekülen wirkenden Kräften zusammen.

Wasser ist eine polare Flüssigkeit. Dafür sorgt die Ausrichtung der Atome im Molekül. Dies ist der Grund dafür, dass sich in Wasser andere polare Stoffe lösen können. Sie nennt man „hygrophil" oder wasserliebend. Zu ihnen gehören zum Beispiel die Chlorsalze (Chloride) und auch manche Kohlenhydrate (Zucker) – obwohl diese organischer Natur sind und keine Ionen besitzen.

Wassermoleküle interagieren untereinander: Die Polarität lässt die Van-der-Waals-Kräfte entstehen, die beispielsweise für die Oberflächenspannung verantwortlich sind, für die Kapillarwirkung und für den vergleichsweise sehr hohen Schmelz- und Siedepunkt des Wassers.

Des Weiteren hat Wasser eine hohe dielektrische Konstante: Elektrisch geladene Moleküle lösen sich daher besonders gut darin. Die gelösten Ionen verschaffen dem Wasser seine Leitfähigkeit. Reines Wasser leitet Strom dagegen nicht, sondern isoliert.

Ein sehr kleiner Teil des Wassers liegt in Lösung vor: Es trennt sich in Oxonium-Ionen (H_3O^+) und Hydroxid (OH^-). Bei Raumtemperatur liegt dieser Teil nahe null.

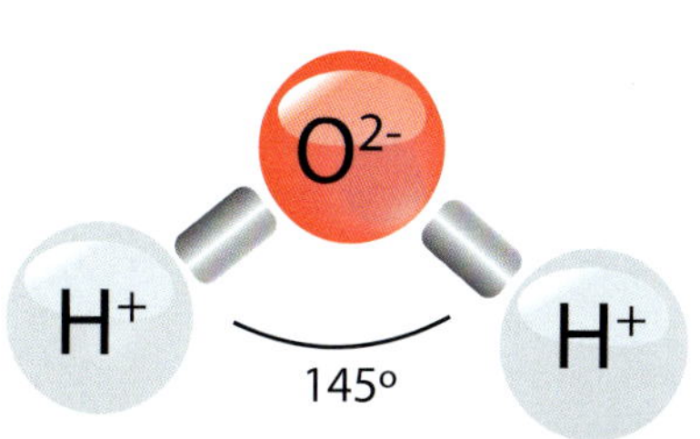

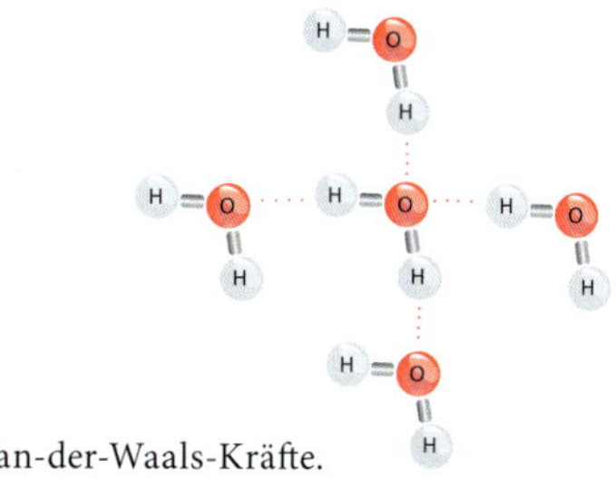

Van-der-Waals-Kräfte.

Der pH-Wert von Reinwasser liegt bei 7, weil hier die Ionen zu gleichen Teilen vorliegen.

$$2\,H_2O \rightleftharpoons H_3O^+ + OH^-$$

Gleichung zur Aufsplittung des Wassers in Oxonium und Hydroxid. Wasser ist eine sogenannte amphotere Substanz, das heißt, sie kann sowohl als Säure als auch als Base agieren.

In der Garnelenaquaristik muss man für eine erfolgreiche Haltung über einige Wasserwerte Bescheid wissen und sie überwachen: pH, Gesamthärte (GH), Karbonathärte (KH), Stickstoffverbindungen (Nitrate, Nitrite, Ammonium/Ammoniak), Phosphate, Metallionen (Kupfer, Eisen, Kalzium, Natrium, Kalium, Magnesium etc.), den Sauerstoff- und den Kohlendioxidgehalt sowie den Leitwert beziehungsweise die Salinität.

pH

Der pH-Wert ist für einige Arten einer der wichtigsten Faktoren in der Aquaristik. Er zeigt den Säure- oder Basengehalt des Wassers an. Die pH-Skala geht von 0 bis 14, wobei 0 der sauerste und 14 der alkalischste Wert ist. Der pH-Wert wird nicht in Einheiten gemessen. Die Skala basiert auf der Gegenzahl des Zehnerlogarithmus der Wasserstoffionen-Konzentration – sie ist also nicht linear. Ein Anstieg von einem pH-Punkt bedeutet eine um das Zehnfache verdünnte Säure, fällt der pH dagegen um einen Punkt, ist das Wasser zehnmal so sauer.

$$pH = -\log\,[H^+]$$

GH

Um diesen Wert zu verstehen, muss man wissen, dass unser Wasser normalerweise nicht in Reinform vorliegt, sondern dass darin verschiedene Salze gelöst sind. Die Gesamthärte (GH) gibt den Gehalt der Erdalkali-Ionen an. Im Wasser sind das hauptsächlich Kalzium (Ca^{2+}) und Magnesium (Mg^{2+}).

Im Allgemeinen wird die GH in der Aquaristik nach der deutschen Härteskala gemessen, obwohl es neben dem deutschen Härtesystem noch die französische, die englische und die amerikanische Härte gibt. Im deutschen System wird die Wasserhärte in Grad eingeteilt (°GH oder °dGH).

Die Wasserhärte steigt mit der Menge der gelösten Ca^{2+}- und/oder Mg^{2+}-Verbindungen. Die deutsche Härteskala definiert, dass 1 °dH 17,8 mg/l gelöstem Kalziumkarbonat ($CaCO_3$) entspricht. Daraus lässt sich ableiten, dass 1 °dH 7,15 mg/l reinem Ca^{2+} oder 4,30 mg/l reinem Mg^{2+} gleichkommt.

Das deutsche System kennt die Härtegrade sehr weich (0–4 °dH), weich (4–8 °dH), mittelhart (8–12 °dH), hart (12–30 °dH) und sehr hart (> 30 °dH).

Das Verhältnis von Ca^{2+} und Mg^{2+} in weichem Wasser liegt bei 6:1 zugunsten von Kalzium. In Hartwasser kann dieses Verhältnis 1:1 erreichen oder sich sogar umkehren. Steigt nämlich die Konzentration von Kalzium, tendiert es dazu, unlösliche Salze zu bilden, die aus dem Wasser ausfallen.

Es gibt für die Aquaristik keine Erkenntnisse über das optimale Ca-Mg-Verhältnis, jedoch hat sich ein Verhältnis von 3:1 als garnelensicher erwiesen.

KH

Die Karbonathärte (KH), auch Säurebindungsvermögen oder temporäre Härte genannt, beschreibt die Menge der gelösten Karbonate im Wasser.

Mit Wassertests misst man das Säurebindungsvermögen des Wassers in Grad KH (°dKH). Nach der deutschen Skala entspricht 1 °dKH 21,8 mg/l Bikarbonat ($HCO3^-$).

Aquaristische KH-Tests messen die Anwesenheit aller Karbonat-Ionen, egal, ob sie an Ca^{2+}/Mg^{2+} oder an andere Ionen gebunden waren.

Die KH ist ein wichtiger Wasserwert, weil die Karbonat-Ionen als Puffer für den pH-Wert des Wassers agieren. Sie fangen Wasserstoff-Protonen (H^+) ein, die durch die Säuren eingebracht werden. Ein Wasser, das reich an Karbonaten ist, ist weniger anfällig für Schwankungen beim pH-Wert, selbst wenn Säuren zugeführt werden.

Das Verhältnis zwischen dem pH-Wert und der KH ist für die Aquaristik interessant. Hat das Wasser <2 °dKH, sind also wenige Karbonate enthalten, kann es passieren, dass der pH-Wert sehr instabil ist und das Wasser zwischen sauer und basisch stark schwankt. Aus diesem Grund verwendet man in einem Aquarium mit Weichwassergarnelen aus der Artengruppe um *Caridina serrata* gerne aktive Soilsubstrate. Sie stellen den pH leicht sauer ein, indem sie die basisch reagierenden Moleküle aus dem Wasser an sich binden. Dadurch erschöpfen sie sich jedoch mit der Zeit.

KH-Werte zwischen 2 und 4 °dKH stabilisieren den pH-Wert meist bei ca. 6,5; bei einer KH zwischen 4 und 6 °dKH pendelt sich der pH-Wert bei ca. 7 bis 7,5 ein, und in einem Wasser mit einer KH > 8 °dKH mit hohem Karbonatgehalt liegt der pH mit > 8 deutlich im alkalischen Bereich.

Elektrische Leitfähigkeit und Salinität

Der Salzgehalt bzw. die Salinität steht in direktem Zusammenhang mit der Gesamthärte des Wassers. Hier handelt es sich um die Gesamtheit aller im Wasser gelösten Salze.

Die Salinität kann man mit verschiedenen Messsystemen ausdrücken: in Prozent (%), Promille (‰ oder g/l) oder Teilchen pro Million (ppm – parts per million – oder mg/l). Das Internationale System (g/l) teilt das Wasser nach seinem Salzgehalt ein in Süßwasser (< 0,5 g/l), Brackwasser (0,5 bis 30 g/l), Salz- oder Meerwasser (30 bis 50 g/l) und Sole (> 50 g/l).

Die elektrische Leitfähigkeit und die Salinität stehen in Zusammenhang, da das Wasser bei einem höheren Salzgehalt Strom besser leiten kann.

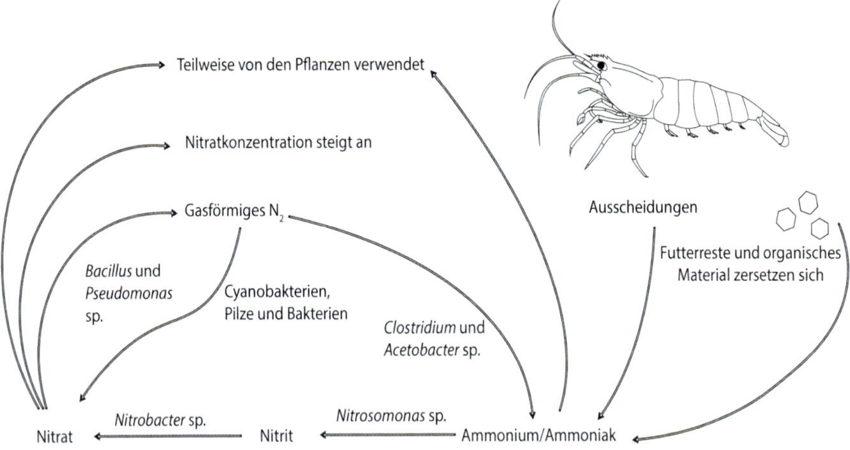

Daher wird die Salinität manchmal nicht als Gesamtmenge der gelösten Feststoffe (ppm) angegeben, sondern als elektrische Leitfähigkeit (Mikrosiemens oder µS).

Stickstoffverbindungen

Im Aquarium finden wir üblicherweise Ammonium/Ammoniak (NH_4^+/NH_3), Nitrit (NO_2^-) und Nitrat (NO_3^-), anorganische Salze (obwohl sie durch den Abbau organischer Materie entstehen können), die Teil der Salinität des Aquariums sind.

Stickstoffverbindungen werden hauptsächlich durch das Futter, durch sich zersetzende organische Stoffe und durch die Ausscheidungen der Tiere ins Aquarium eingebracht.

Ammonium und Nitrat dienen den Pflanzen als Nährstoffe, Nitrit dagegen ist für viele Pflanzen giftig und wird nicht verwertet. Alle diese Stoffe können in zu hohen Konzentrationen zu Problemen bei Garnelen führen.

Am giftigsten ist Ammoniak, gefolgt von Nitrit, am harmlosesten ist Nitrat. Ein gut arbeitender Filter und eine ordentliche Wasserumwälzung begünstigen die Umwandlung der giftigen in weniger schädliche Verbindungen. Dabei spielen die nitrifizierenden Bakterien im Aquarium eine wichtige Rolle (ganz besonders *Nitrosomonas* und *Nitrobacter* sp.). Sie gewinnen durch den Abbau Energie. Auch die Pflanzen sind wichtige Verbraucher.

Wird Ammonium zu Nitrit verstoffwechselt, wird das Milieu saurer. Viele Bakterienstarter aus dem Handel senken daher den pH-Wert etwas ab. Die Denitrifikation von Nitrat zu gasförmigem Stickstoff wird von nitratatmenden, fakultativ anaeroben Bakterien (*Pseudomonas, Bacillus* und *Acetobacter*) durchgeführt, die den Sauerstoff aus dem Nitrat herauslösen und durch den Prozess Energie gewinnen. Dadurch wird gasförmiger Stickstoff (N_2) frei, ein Gas, das nicht reaktiv ist. Diese Bakterien unterscheiden sich von den strikten Anaerobiern, deren Stoffwechselprodukte für Garnelen giftig sind.

$$NO_3^- \rightarrow NO_2^- \rightarrow NO \rightarrow N_2O \rightarrow N_2$$

Die limitierende Reaktion ist die zu NO, das auf Bakterien und Pilze toxisch wirkt. Die Reaktionskette wird vom pH-Wert beeinflusst. Sie läuft am besten im pH-Bereich von 6 bis 9 ab. Liegt der pH unter 5, kommt sie zum Erliegen.

Ein Teil des Ammoniums im Wasser liegt immer als Ammoniak vor. Die Menge hängt vom pH-Wert ab. Bei pH 9,4 ist das Verhältnis 1:1, bei einem pH von 7 liegt der Anteil des Ammoniaks bei 1 %.

Ammoniak (NH_3) ist die giftigste Verbindung, Ammonium (NH_4^+) dagegen ist sehr viel harmloser. Der Grund hierfür liegt in der hohen Fettlöslichkeit von Ammoniak, während Ammonium nicht fettlöslich ist. NH_3 wandert schnell durch die Zellmembranen und greift direkt in den Zellstoffwechsel ein: Die Zelle versucht, es in harmloseres Ammonium umzuwandeln und verbraucht dazu Energie. Gleichzeitig wird das Zellmilieu alkalisch, und die Enzyme in der Zelle können nicht mehr korrekt arbeiten.

$$NH_4^+ \rightleftharpoons NH_3 + H^+$$
$$(pKa = 9{,}3)$$

Wenn der Ammoniumspiegel im Wasser steigt, können die Garnelen es nicht mehr richtig ausscheiden, und der Stoff sammelt sich im Gewebe an. Die Tiere hören auf zu fressen, um nicht noch mehr Ammonium zu produzieren, und sterben irgendwann oder hören auf zu wachsen. Garnelen tauschen Ammonium mithilfe von NH_4^+/Na^+-Pumpen in ihrem Kiemengewebe gegen Natrium aus dem Wasser aus. Müssen sie viel Ammonium loswerden, kommen im Gegenzug viele Natrium-Kationen ins Tier, was sich auf die Hämolymphe, also das Blut auswirkt und viel Energie verbraucht. Die Osmolarität des Garnelenblutes ändert sich, und damit können auch die hier enthaltenen Proteine nicht mehr richtig arbeiten. Ihre Fähigkeit zur Sauerstoffaufnahme nimmt stark ab, und der Sauerstoffmangel im Gewebe verstärkt wiederum die Giftigkeit von Ammonium.

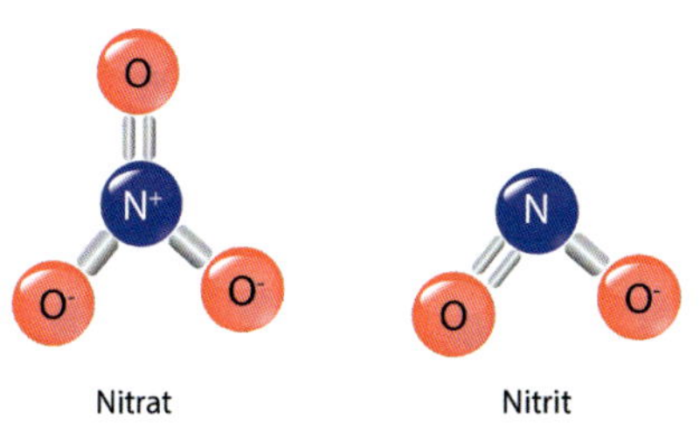

Nitrat

Nitrit

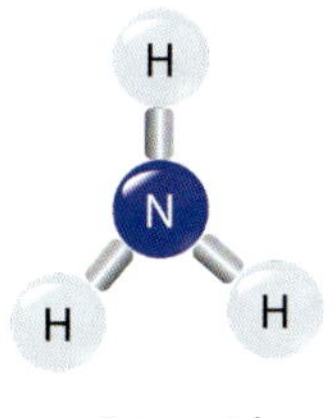

Ammoniak

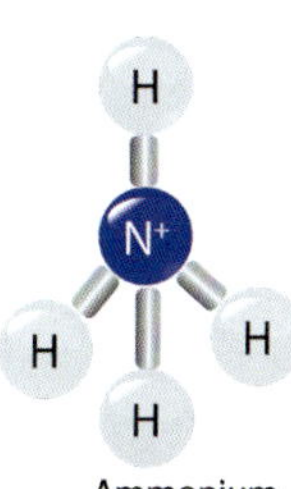

Ammonium

Nitrite (NO_2^-) behindern den Sauerstofftransport im Blut, sie machen das Medium alkalisch, oxidieren Proteine und Fette und führen so zu Gewebeschäden. Der Blutfarbstoff der Garnelen, das Hämocyanin mit seinen zwei zentralen Kupferionen, ist wie das Hämoglobin beim Menschen mit dem zentralen Eisenatom für den Sauerstofftransport im Blut verantwortlich. In Verbindung mit Nitrit ergibt sich Methämocyanin, das keinen Sauerstoff mehr binden kann, was zu Sauerstoffmangel im Gewebe führt. Nitrit kann in geringer Konzentration zu Wachstumsstörungen führen, hohe Mengen zum Tod der Garnele.

Die Nitrate (NO_3–) sind die am wenigsten giftigen Stickstoffverbindungen, man weiß über sie allerdings leider noch nicht viel. Sie können sich im Gewebe ansammeln und sich negativ auf die Osmoregulation und eventuell auch auf den Sauerstofftransport auswirken.

Die Rolle der Bakterien

Die Bakterien sind die wichtigsten Mikroorganismen im Bodengrund und im Filter des Aquariums; Pilze und Protozoen dagegen spielen nur eine untergeordnete Rolle.

Unter Nitrifizierern versteht man die Bakterien, die Ammonium und Ammoniak in Nitrit umwandeln. Sie leben in sehr unterschiedlichen Umgebungen: Süßwasser, Brackwasser, Meerwasser, Abwasser und sogar im Erdboden. Die Gattungen, die hauptsächlich an diesem Prozess beteiligt sind, sind *Nitrosomonas* und *Nitrosospira* (in Salzwasser auch noch *Nitrosococcus*). Die wichtigste Rolle spielt im Aquarium die Gattung *Nitrosomonas, Nitrosospira* dagegen ist im Erdreich vorherrschend.

Nitratbakterien verstoffwechseln Nitrit zu Nitrat. Sie gehören zu den Gattungen *Nitrobacter* und *Nitrospira*. Je nach Wassertyp überwiegt eine der Gattungen: *Nitrobacter* bevorzugt sauerstoffreiche Gewässer mit hohen Nitritkonzentrationen, während *Nitrospira* eher in Wasser mit einem niedrigeren Sauerstoff- und Nitritgehalt vorkommt.

Beide Prozesse unterliegen äußerlichen Faktoren wie der Wassertemperatur, dem pH-Wert, dem Sauerstoffgehalt und der Konzentration des Stoffes, der abgebaut werden soll.

Dabei ist die Temperatur der wichtigste Faktor für das Bakterienwachstum. Zwischen 8 und 30 °C steigt es exponentiell an, unter 8 °C kommt es praktisch zum Erliegen. *Nitrosomonas* ist dabei die temperaturanfälligste Bakteriengattung (Gerardi, 2002):

- < 5 °C: beide Prozesse stoppen
- 10 °C: 20 % der Tätigkeit
- 16 °C: 50 % der Tätigkeit
- 28–32 °C: > 80 % der Tätigkeit
- > 45 °C: beide Prozesse stoppen

Bei Wassertemperaturen unter 20 °C sollte man daher auf eine mögliche steigende Konzentration von Nitrit und Ammonium im Aquarium achten.

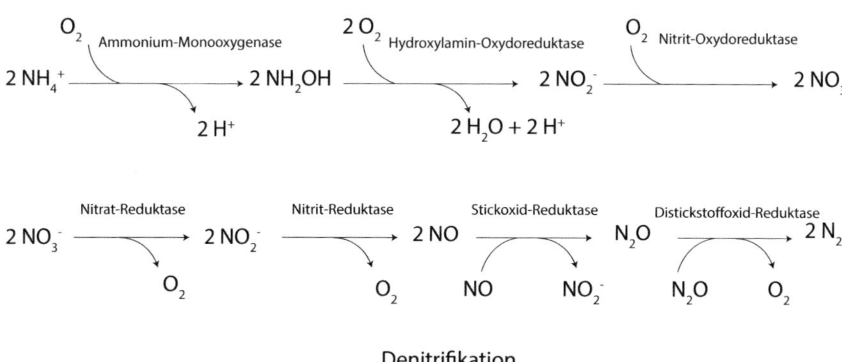

Auch der pH beeinflusst das Bakterienwachstum. Der Idealbereich liegt zwischen 7,2 und 9,0. Unter 6,5 bricht es stark ein (González et al., 2010). Grundsätzlich werden bei der Nitrifikation und Nitrierung Protonen frei, die das Medium ansäuern. Es besteht ein Wechselspiel zwischen den verfügbaren Stickstoffverbindungen, der Ansäuerung und dem Bakterienwachstum (Gerardi, 2002).

- pH 4,0–4,9: Nitrifikation durch organotrophe Bakterien, die eigentlichen Nitrifizierer und Nitratbakterien arbeiten nicht.
- pH 5,0–6,7: Nitrifizierung und Nitrierung laufen langsam.
- pH 6,8–7,2: Nitrifizierung und Nitrierung laufen mittelschnell.
- pH 7,3–8,0: Nitrifizierung und Nitrierung laufen schnell.

Die Abwesenheit von Sauerstoff dagegen limitiert das Bakterienwachstum (González et al., 2010), auch wenn ihre Ansprüche gering sind; 2–3 mg/l O_2 reichen aus (Gerardi, 2002):

- < 0,5 mg/l: keine Nitrifikation und Nitrierung
- 0,6–1,9 mg/l: langsame Tätigkeit
- 2,0–2,9 mg/l: mittelschnelle Tätigkeit
- > 3,0 mg/l: maximale Tätigkeit

Zu guter Letzt brauchen die Bakterien für eine gute Vermehrung auch noch Spurenelemente: Schwefel, Magnesium, Kalium, Eisen und Kalzium. Andere Stoffe dagegen wirken giftig und reduzieren die Anzahl der Bakterien (wie auch der Garnelen), zum Beispiel Kupfer (> 0,35 mg/l), Nickel (> 0,30 mg/l) und Sulfate (> 500 mg/l).

Auch die Denitrifizierer spielen im Aquarium eine wichtige Rolle. Sie verwenden alle Stickstoffverbindungen, um Energie zu gewinnen. Dabei entsteht ungiftiger gasförmiger Stickstoff. Die Gattungen *Pseudomonas*, *Bacillus* und *Acetobacter* leben in anaeroben Zonen im Aquarium, sie tolerieren jedoch Sauerstoff in geringen Konzentrationen.

Auch ihr Wachstum hängt von der Temperatur, dem pH und dem Sauerstoffgehalt ab. Sie tolerieren eine große Temperaturspanne, arbeiten jedoch im Bereich zwischen 20 und 30 °C am besten. Der ideale pH-Wert bewegt sich zwischen 7 und 8, und die Sauerstoffkonzentration sollte möglichst gering sein. Sauerstoff tötet sie nicht ab, jedoch reduziert sich mit zunehmender Anwesenheit von O_2 ihre Enzymaktivität. Sie unterscheiden sich damit deutlich von den strikten Anaerobiern, deren Stoffwechsel-Endprodukte sehr giftig für Garnelen sind.

Phosphatverbindungen

In der Regel gelangen anorganische Phosphate (PO_4^{3-}) durch das Futter beziehungsweise durch die Ausscheidungen der Fische und Wirbellosen ins Aquarium. Anorganisches Phosphat aus Pflanzendüngern wird in der Regel sehr schnell von den Pflanzen aufgenommen und hat daher keine unerwünschten Auswirkungen. Phosphate puffern zwar den pH-Wert, aber wegen der möglichen Nebeneffekte sollte man sie dafür nicht nutzen.

Phosphate sind selbst nicht giftig (wobei ein negativer Einfluss auf die Häutung bei Krebstieren diskutiert wird), sie können jedoch zu Algenblüten und zu Sauerstoffmangel im Aquarium führen, mit sehr schädlichen Folgen für die Garnelen. Auch verschiebt sich dann die Bakterienflora zugunsten der Anaerobier, die das wenig reaktionsfreudige Methangas (CH_4) und den hochgiftigen Schwefelwasserstoff (H_2S) produzieren, der in entsprechender Konzentration den Sauerstofftransport im Blut der Garnelen unmöglich macht.

Schwefelwasserstoff ist abhängig vom pH-Wert. In saurem Milieu liegt er überwiegend als H_2S vor, bei einem pH von 7 zu gleichen Teilen als H_2S und HS^-. Letzteres wirkt noch giftiger, weil es besser löslich ist. Bei einem pH von 11 sind HS^- und S^{2-} zu gleichen Teilen vorhanden. S^{2-} ist ein hochgiftiges Anion, das sich wie Sauerstoff an das Hämocyanin bindet und schnell zu Tod durch Ersticken führt. Durch Sauerstoff wird Schwefelwasserstoff oxidiert und neutralisiert. Die entstehenden Verbindungen werden sehr gut von den Pflanzen aufgenommen.

$$H_2S \rightleftharpoons HS^- \rightleftharpoons S^{2-}$$

$$(pKa_1 = 7 \text{ und } pKa_2 = 11)$$

Metall-Ionen

Auf seinem Weg durch die Natur reichert sich das Wasser automatisch mit allen möglichen Spurenelementen an. Auch im Aquarium finden sich verschiedene Metall-Ionen, wie Eisen (Fe^{2+}) oder Aluminium (Al^{3+}). Vor allem Pflanzenaquarien sind oft reich an Spurenelementen, die hier vorwiegend über den Dünger oder mit manchen

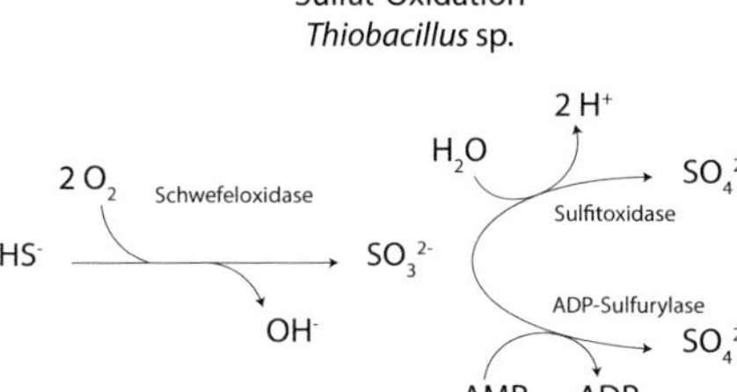

Sulfat-Reduktion
Cyanobakterien, Vibrionen, Archaebakterien, etc.

2 H+
SO4 2- → H2S
2 H2O + S
2 H2O + OH-
R-COOH → H2S
2 CO2O

Bodengründen eingebracht werden. Manche Metall-Ionen sind besonders gefährlich: Schwermetalle wie Quecksilber, Cadmium, Blei und Arsen sind giftig, ebenso wie – besonders für Wirbellose – Kupfer (Cu^{2+}). Schon in kleinsten Mengen kann es bei ihnen zum Tod oder zu schwierig zu behandelnden Symptomen führen.

Metalle wirken meist giftig, indem sie die Funktion verschiedener Enzyme stören, was zu irreparablen Gewebeschäden führt. Ganz besonders häufig ist bei Garnelen der Sauerstofftransport betroffen, das Nervensystem, der Stoffwechsel, der Verdauungstrakt und die Hormonproduktion.

Sauerstoff und Kohlendioxid

Sauerstoff ist der wohl wichtigste Stoff für den Stoffwechsel bei Garnelen. Wie die meisten Gase verteilt sich Sauerstoff (O_2) im Wasser deutlich schlechter als in der Luft. Der tatsächliche Sauerstoffgehalt im Aquarienwasser wird von mehreren Faktoren beeinflusst: der Strömung, dem Luftdruck, der Fotosynthesetätigkeit der Pflanzen und nicht zuletzt der Temperatur. Die Wasserlöslichkeit von O_2 ist ebenfalls nicht sonderlich gut.

Kohlendioxid (CO_2) entsteht als Stoffwechsel-Abfallprodukt bei der Atmung der Garnelen. Für Pflanzen dagegen ist es eine wichtige Nährstoffquelle und unabdingbar für die Fotosynthese – bei der wiederum Sauerstoff produziert wird.

Um Sauerstoff zu produzieren, brauchen die Pflanzen Licht. Gleichzeitig verbrauchen sie jedoch auch ununterbrochen Sauerstoff für ihre Stoffwechselvorgänge, genau wie Tiere. Wäh-

Gaskonzentration im Süßwasser bei atmosphärischem Druck je nach Temperatur				
Gas (mg/l)	**0 °C**	**10 °C**	**20 °C**	**30 °C**
N_2	22	17	14	12
O_2	14	11	8	7
CO_2	34	25	17	13

rend der dunklen Nachtstunden kann es daher in einem dicht bepflanzten Aquarium mit Tierbesatz zu einer deutlichen Absenkung des Sauerstoffgehalts kommen – der Verbrauch bleibt gleich, die Produktion dagegen kommt zum Erliegen. Daher muss man unbedingt dafür sorgen, dass auch nachts weiterhin Sauerstoff ins Aquarium gelangt, zum Beispiel durch eine Luftpumpe oder über den Filter. Dadurch wird die Oberfläche für den Gasaustausch erhöht, und mehr Sauerstoff aus der Luft löst sich im Wasser.

Kohlendioxid (CO_2) dagegen diffundiert deutlich einfacher als Sauerstoff. Es löst sich 20 Mal besser im Wasser.

Sauerstoffgehalt in einem Aquarium mit Moosen

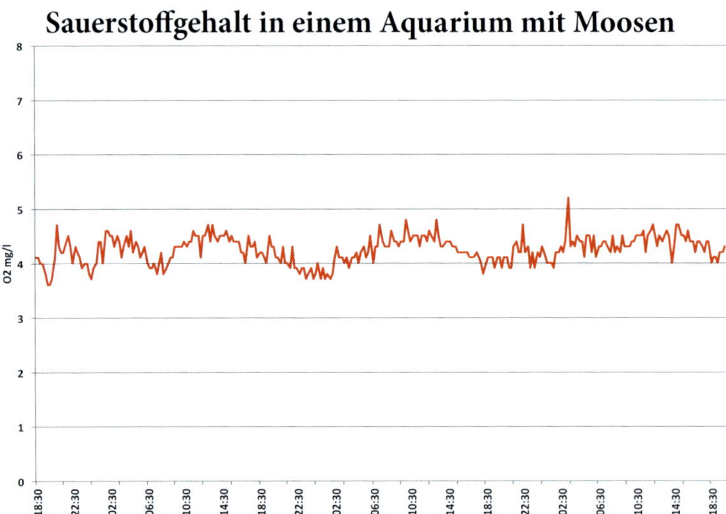

Sauerstoffgehalt in einem dicht bepflanzten 180-l-Aquarium

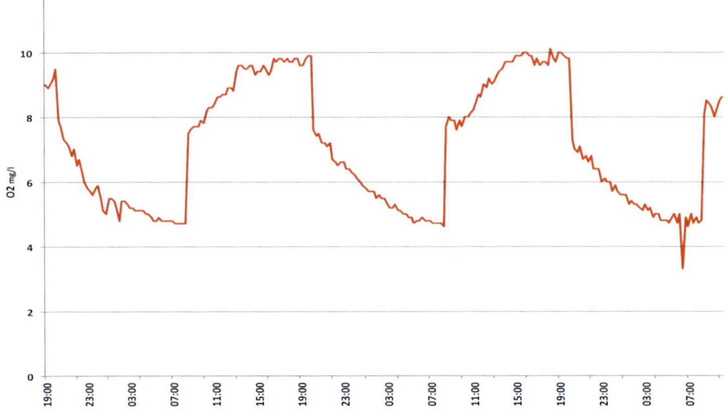

Garnelen brauchen im Aquarium definitiv keine CO_2-Versorgung. Sinnvoll ist diese nur bei bepflanzten Aquarien mit starkem Licht. Hier brauchen die Pflanzen eine externe Kohlenstoffquelle (vorzugsweise, wenn das Licht an ist, weil sie nur dann CO_2 verbrauchen – auch wenn dies zu Schwankungen beim pH-Wert führen kann).

Die Löslichkeit von Gasen im Wasser hängt von der Temperatur ab. Je niedriger, desto weniger Gas diffundiert aus dem Wasser. Bei höheren Temperaturen bewegen sich die Moleküle des Gases heftiger und treten schneller vom Wasser in die Luft über. Daher ist kaltes Wasser sauerstoffreicher als warmes. Weiterhin hängt die Löslichkeit vom Mineralstoffgehalt des Wassers ab – je mehr Salze gelöst sind, desto weniger gut lösen sich Gase. Im Süßwasser ist diese Tatsache jedoch nur von geringer Bedeutung.

Bei der Verwendung von Kohlendioxid ist zu beachten, dass es mit Wasser zu Kohlensäure reagiert und dabei Wasserstoff-Ionen abgibt. Dadurch wird das Wasser deutlich saurer. Bei Wasser mit einer geringen KH kann es dadurch zu pH-Stürzen kommen. Die KH, der pH-Wert und der CO_2-Gehalt hängen eng zusammen.

$$CO_2 + H_2O \rightleftharpoons H_2CO_3 \rightleftharpoons HCO_3- + H^+$$
$$(pKa = 6,4)$$

Aus diesem Grund kann der pH-Wert im Tageslauf stark schwanken. Nachts verbrauchen die Pflanzen kein CO2. In einem Sulawesi-Aquarium kann der pH-Wert beispielsweise tagsüber 8,2 betragen und nachts auf 7,5 fallen.

Außerdem wichtig

Die Stabilität ist zwar kein chemischer Parameter, aber dennoch der Schlüssel zu einer erfolgreichen Garnelenhaltung und -zucht. Veränderungen der Wasserwerte in einem Garnelenaquarium sind möglich, sollten jedoch möglichst langsam vorgenommen werden. Plötzliche Schwankungen können bei Garnelen einen Schock auslösen.

Wichtig ist auch, die optimalen Wasserwerte für jede Garnelenart zu kennen, damit das Wasser im Garnelenaquarium dem im natürlichen Biotop so ähnlich wie möglich ist.

Von der Theorie zur Praxis

Alle diese Wasserwerte zu beachten scheint auf den ersten Blick recht komplex, eigentlich gibt es aber eine ziemlich einfache Methode: Für Garnelenaquarien empfehlen wir grundsätzlich die Verwendung von Osmosewasser. Das heißt nicht, dass die Haltung in Leitungswasser nicht möglich wäre, jedoch können hier je nach der Herkunft und Aufbereitung des Wassers ungeeignete Stoffe enthalten sein: Schwermetalle, Chlor, Nitrit, …

Um die Härte anzupassen, gibt es eine große Auswahl an geeigneten Mineralsalzen im Handel (meist auf Chlorid- oder Karbonatbasis). Sie

Erhöhung der Wasserhärte		
Mineralsalz	**Menge (mg/l) für die Erhöhung um 1 °dGH**	**Menge (mg/l) für die Erhöhung um 1 °dKH (KH)**
$CaCl_2$	19,8	–
$MgCl_2$	17	–
$CaSO_4$	24,3	–
$MgSO_4$	21,4	–
K_2CO_3	–	50
$KHCO_3$	–	36
Na_2CO_3	–	38
$NaHCO_3$	–	30
$CaCO_3$	17,8	36
$Ca(HCO_3)_2$	29	29
$MgCO_3$	15	30

eignen sich optimal dazu, im Wasser die gewünschte GH und KH einzustellen.

Beim Messen von GH und KH sollte man immer im Hinterkopf behalten, was genau gemessen wird, und ihr Verhältnis zum Gesamtgehalt an Salzen – man kann eine GH von 0 bei gleichzeitig hoher KH haben und umgekehrt, und man kann sogar eine GH und KH von jeweils 0 im Wasser haben und dennoch einen hohen Leitwert messen.

Verwendet man zum Aufhärten zum Beispiel Kalziumchlorid ($CaCl_2$), Magnesiumchlorid ($MgCl_2$) oder Magnesiumsulfat ($MgSO_4$), steigt die GH an, die KH jedoch nicht, weil man dem Wasser keine Karbonate beigibt. Beim Aufsalzen sollte bei der GH immer ein Verhältnis von 3:1 von Kalzium zu Magnesium beachtet werden.

Will man rein die KH erhöhen, verwendet man dagegen Kaliumkarbonat (K_2CO_3), Kaliumbikarbonat ($KHCO_3$), Natriumbikarbonat ($NaHCO_3$) oder Natriumkarbonat (Na_2CO_3). Hier bleibt die GH unberührt, da keines dieser Salze die Erdalkalimetalle Kalzium oder Magnesium enthält.

Will man beide Parameter zur gleichen Zeit beeinflussen, ist dies mit Kalziumkarbonat ($CaCO_3$), Magnesiumkarbonat ($MgCO_3$) oder Kalziumbikarbonat ($Ca(HCO_3)_2$) möglich. Hier sind sowohl Karbonate als auch Kalzium und Magnesium enthalten, und beide Werte werden beeinflusst. In der Tabelle oben kann man ablesen, welche Mengen an Salz man braucht, um die GH und / oder die KH zu erhöhen.

Bei den meisten im Handel erhältlichen Aufhärtesalzen ist angegeben, ob sie die GH, KH oder beides erhöhen, und sie enthalten die verschiedenen Salze in geeigneten Mengen.

Um die GH zu senken, gibt man am besten Osmosewasser zur Verdünnung hinzu. Um die KH zu senken, geht man entweder auch so vor, oder man verwendet Säure, um die Karbonate zu „knacken".

Der pH-Wert ist dagegen etwas schwieriger einzustellen. In einem Aquarium mit wasserneutralem Bodengrund, dem keine Säure zugegeben wird, pendelt er sich in der Regel bei ca. 7 ein. Um den pH-Wert dauerhaft (und langsam) zu senken und zu stabilisieren, kann man im Garnelenaquarium der Einfachheit halber auf ein lehmbasiertes Substrat („aktiven Soil") zurückgreifen.

Die Zugabe starker Säuren wie Salz- oder Schwefelsäure (HCl oder H_2SO_4) ist nicht ratsam. Man müsste hier den pH-Wert sehr engmaschig überwachen, weil starke Säuren auch stark wirken. Hier sollte man auf jeden Fall eine pH-Sonde zur Dauermessung verwenden. Schon 0,1 ml einer solchen Säure kann den pH um einen vollen Punkt senken. Da es sich hier um eine logarithmische Skala handelt, kann man sich ausmalen, welch starken Einfluss das auf die Garnelen hätte. Diese Säuren dürfen nur Tropfen für Tropfen zugegeben werden (und niemals ins Aquarium selbst!), während ständig der pH überwacht wird.

Starke Säuren reagieren exotherm mit dem Wasser, das heißt, beim Vermischen wird sehr viel Energie in Form von Wärme frei. Im Extremfall kann das Wasser zu kochen beginnen, und es kann zu Verletzungen durch Spritzer kommen. Daher gibt man immer die Säure ins Wasser, niemals umgekehrt („niemals Wasser in die Säure, sonst geschieht das Ungeheure").

Schwache Säuren dagegen sind besser geeignet. Sie sind sicherer in der Anwendung, und der pH wird nicht so stark destabilisiert. Einige davon kommen sogar in den natürlichen Habitaten der Garnelen im Wasser vor: Huminsäuren und Fulvosäuren. Auch andere Säuren wären denkbar, selbst wenn es in der Aquaristik noch nicht viele Erfahrungswerte dazu gibt: Salpetersäure, Phosphorsäure, Zitronensäure, Essigsäure, Ascorbinsäure und so weiter.

Stickstoffverbindungen und Phosphate werden über regelmäßige Wasserwechsel ausgetragen, durch eine gesunde Bakterienflora im Aquarium abgebaut oder durch kontrollierte Fütterung erst gar nicht im Übermaß eingebracht. Pflanzen und Moose helfen ebenfalls bei dieser Aufgabe, weil sie diese Stoffe in größeren Mengen als Nährstoffe aufnehmen.

Anatomie

Unsere Zwerggarnelen gehören zu den Wirbellosen, und hier zur Ordnung der Decapoda oder Zehnfußkrebse – einer der variabelsten Gruppen bei den Krebstieren.

In diesem Kapitel beschäftigen wir uns mit dem Körperbau der Garnelen. Dieses Wissen ist für eine genaue Artbestimmung unverzichtbar, weil die Bestimmungsschlüssel in der Literatur auf ihrer Anatomie aufbauen.

Es gibt so viele unterschiedliche Garnelenarten, dass es unmöglich ist, eine allgemeingültige detaillierte Beschreibung zu verfassen. Wir beschränken uns deshalb auf Eigenschaften, die fast alle Zwerggarnelen auszeichnen.

Anders als andere Crustaceen wie Flusskrebse oder Langusten haben Zwerggarnelen einen zylindrischen, seitlich etwas abgeplatteten Körperquerschnitt und eine längliche Form.

Den Körper umgibt ein festes Außenskelett aus Chitin mit Kalkeinlagerungen, das man auch Panzer nennt. Um wachsen oder sich fortpflanzen zu können, muss sich eine Garnele in regelmäßigen Abständen häuten.

Der Panzer unterteilt sich in verschiedene Segmente. So kann sich die Garnele trotz der festen Außenhaut bewegen. Die Segmente sind jeweils durch eine flexible Membran verbunden.

Die Häutung wird durch das Hormon Ecdyson gesteuert, das in einer Drüse an der Fühlerbasis produziert wird. Es löst die Produktion verschiedener Enzyme aus, die den alten Panzer von der Unterhaut lösen.

Der Körper der Garnele besteht aus drei Abschnitten: Kopf-Brustteil (Cephalothorax), Hinterleib (Pleon) und Schwanzfächer (Uropoden).

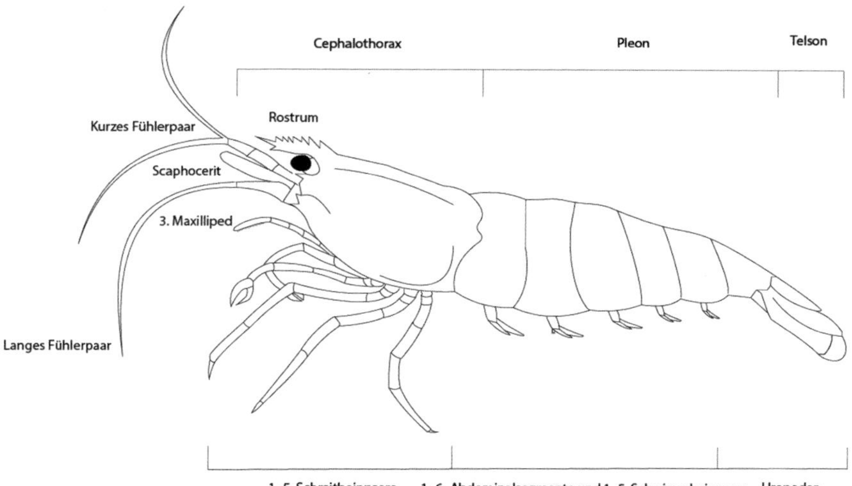

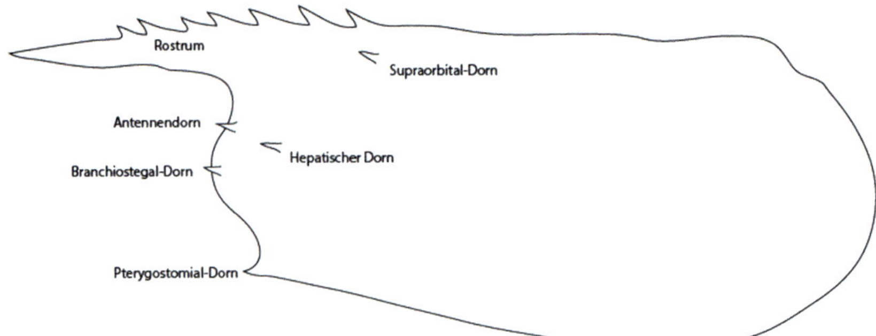

Kopf-Brustpanzer

Der Cephalothorax bildet den vorderen Teil der Garnele. Er besteht aus mehreren Segmenten, die miteinander zu einem festen Panzer verschmolzen sind. Hier liegt die Mehrzahl der inneren Organe der Garnele. Es gibt 13 paarige Anhängsel: fünf am Kopf (ein großes und ein kleines Fühlerpaar und drei Mundwerkzeugpaare, bestehend aus einem Mandibelpaar und zwei Paar Maxillen) und acht im Brustbereich (drei Kieferfußpaare oder Maxillipeden und fünf Paar Schreitbeine oder Pereiopoden). Diese Strukturen spielen bei der wissenschaftlichen Artbestimmung eine wichtige Rolle.

Die Augen bestehen aus dem Augenstiel und dem eigentlichen, fast kugelförmigen, dunkel gefärbten Komplexauge. Höhlenbewohnende Arten haben meist reduzierte oder zumindest unpigmentierte Augen – in der Dunkelheit brauchen sie sie nicht.

Es gibt Hochzucht-Varianten mit hellen bis orangefarbenen Augen. Lange nahm man an, dass diese Tiere blind seien. Im Jahr 2018 konnte Melanie Kirchbeck in einer anatomischen Studie nachweisen, dass ihr Sehvermögen lediglich bei zu großer Helligkeit eingeschränkt sein könnte, sie jedoch im Dämmerlicht eventuell sogar besser sehen als Garnelen mit dunklen Augen. Weitere Untersuchungen sollten hier durchgeführt werden.

Das Rostrum ist ein schwertförmiger Fortsatz zwischen den Augen. Es kann bezahnt oder glatt sein. Die Form (gerade, konkav oder konvex) und die Anzahl der Zähnchen auf Ober- und Unterseite werden zur Artbestimmung herangezogen. Die Funktion des Rostrums ist unklar; eventuell dient es dazu, beim Schwimmen das Gleichgewicht zu halten, oder dem Schutz der Augen.

Die Anordnung und Anzahl der Zähnchen beschreibt man mit der Rostrumformel: Zahl der Zähnchen auf der Oberseite hinter dem orbitalen Rand + Zahl der Zähnchen ab dem orbitalen Rand bis zur Spitze / Anzahl der Zähnchen auf der Unterseite.

Auf der Oberfläche des Kopf-Brustpanzers können verschiedene Dorne sitzen. Ihre Lage bestimmt ihren Namen: Es gibt Supra- und Infraorbital-Dorne, Antennendorne, branchiostegale, hepatische und pterygostomiale Dorne. Einige findet man bei so gut wie allen Garnelenarten – zum Beispiel Antennendorne –, andere dagegen nur bei wenigen Gattungen oder Familien.

Das erste Fühlerpaar wird auch Antennulen genannt. Auf ihm sitzen Chemorezeptoren und Tastsinneszellen, es ist wichtig für die Sinneswahrnehmung der Garnele. Die Antennulen bestehen aus einem dreiteiligen Protopoditen mit Präcoxapodit, Coxapodit und Basipodit. Diesen Teilen gegenüber liegen zwei vielgliedrige Geißeln. Das zweite Antennenpaar erfüllt ebenfalls die Funktion eines Tast- und Riechorgans. Es besteht aus einem zweiteiligen Protopoditen: Coxapodit und Basipodit, ebenfalls mit einer vielgliedrigen Geißel. Der Expodit (Außenast) dieses Anhangs verbreitert sich zum Scaphoceriten (Fühlerschuppe).

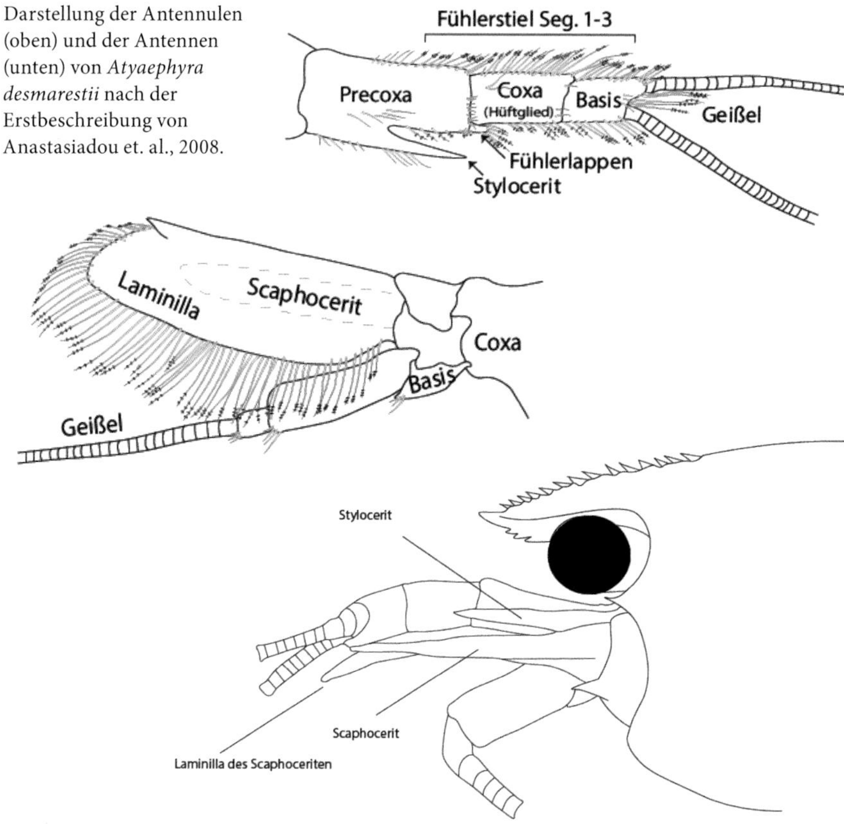

Darstellung der Antennulen (oben) und der Antennen (unten) von *Atyaephyra desmarestii* nach der Erstbeschreibung von Anastasiadou et. al., 2008.

Strukturen bei *Caridina serrata* nach der Erstbeschreibung von Cai und Ng, 1999.

Zusätzlich sind die Fühler mit Tasthaaren übersät, die mit Chemorezeptoren verbunden sind. Mit ihnen findet eine Garnele Futter, erkennt Artgenossen und ob sie paarungsbereit sind. Auf den Scheren (Chelae), den Schreitbeinen, dem Telson und an vielen weiteren Stellen sitzen ebenfalls Tasthaare, die man auch Setae nennt.

Der Statocyst an der Fühlerbasis im Präcoxapoditen dient als Gleichgewichtsorgan. Er enthält kleine Steinchen (zum Beispiel Sandkörnchen), die Statolithen, die Auskunft über die Lage des Cephalothorax geben.

Der Stylocerit ist eine seitlich am Antennenanhängsel gelegene Schuppe. Seine Länge ist ein wichtiges Merkmal für die taxonomische Bestimmung einiger Artengruppen wie zum Beispiel der Bienengarnele beziehungsweise der Artengruppe um *Caridina serrata*.

Mit den Maxillen, zwei paarigen Mundwerkzeugen, bearbeitet die Garnele ihr Futter (das erste Maxillenpaar wird manchmal auch als Maxillulen bezeichnet). Die Mandibeln oder Kieferwerkzeuge bestehen aus einem schneidenden und einem mahlenden Fortsatz. Manche Arten besitzen einen segmentierten Palpus, mit dem sie die Nahrung zerkleinern. Die Maxillipeden sind drei paarige Anhängsel, mit denen die Garnele Futter zerkleinert und außerdem ihre Kiemen putzt. Die beiden vorderen Paare sind lappenförmig, das dritte Paar ähnelt den Schreitbeinen.

Die Schreitbeine sitzen beidseitig unten am Kopf-Brustpanzer. Die beiden basalen Abschnitte heißen Coxapodit und Basipodit, die fünf distalen Abschnitte nennen sich Ischium, Merus, Carpus, Propodus und Dactylus.

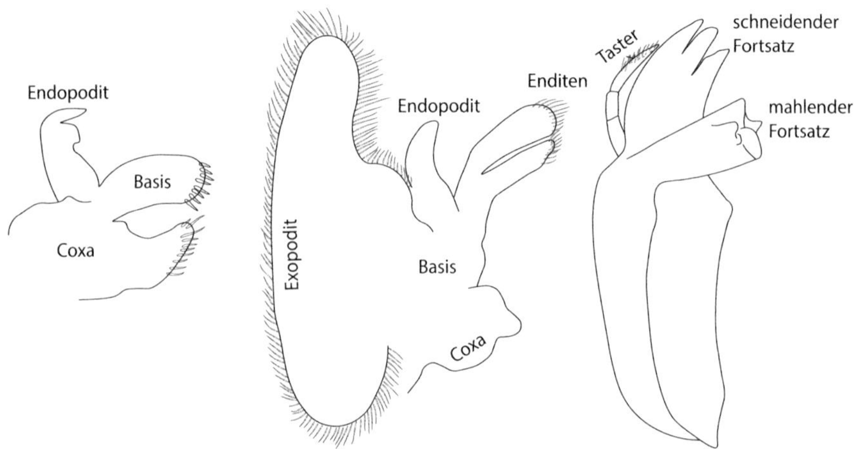

Darstellung einer Maxillula (links), Maxille (Mitte) und einer Mandibel (rechts) von *Macrobrachium* sp. nach der Beschreibung einer *Macrobrachium* aus Thailand von Cai et al., 2004.

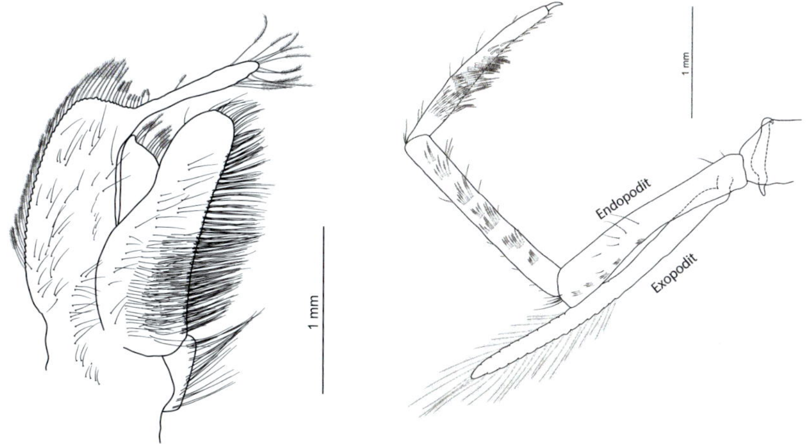

Darstellung des ersten (links) und des dritten Maxillipeden (rechts) von *Caridina logemanni* nach der Erstbeschreibung von Klotz und von Rintelen, 2014.

Bei der Unterordnung der Caridea heißen die ersten beiden Schreitbeinpaare Scherenbeine, weil sie mit kleinen Scheren ausgestattet sind. Damit können Garnelen Dinge festhalten, außerdem sitzen hier weitere Chemorezeptoren für die Sinneswahrnehmung.

Der Hinterleib (Pleon)

Er besteht aus sechs Abdominalsegmenten. An den ersten fünf sitzt jeweils ein Schwimmbeinpaar, die Pleopoden. Hier befinden sich auch die Geschlechtsanhängsel, die präanale Carina und die Darmöffnung.

Der Hinterleib der Garnele ist weit entwickelt und sehr muskulös. Er dient vorwiegend dem Schwimmen.

Die zweiteiligen Schwimmbeine bestehen aus einem Endopoditen (Innenast) und einem Exopoditen (Außenast). Sie werden wie Paddel zur Fortbewegung eingesetzt.

Bei den Männchen sind die beiden ersten Pleopodenpaare zu Kopulationsorganen umgebildet. Beim Weibchen dienen die Schwimmbeine neben der Fortbewegung auch zum Festhalten der Eier und zur Brutpflege. Die Weibchen putzen und belüften die Eier während der gesamten Entwicklungszeit der Larven bis zum Schlupf.

Schwanz

Der flache Schwanzfächer besteht aus dem Telson und vier Uropoden und hilft der Garnele beim Steuern. Durch ruckartige Schläge mit dem Schwanzfächer unter den Hinterleib katapultiert sie sich nach hinten, wenn sie fliehen muss. Form und Bedornung dienen der Artbestimmung bei manchen Arten.

Nicht alle Strukturen gibt es bei allen Mitgliedern der Familie der Atyidae. Weder *Neocaridina* noch *Caridina* besitzen z. B. einen Exopoditen an ihren Scherenbeinen.

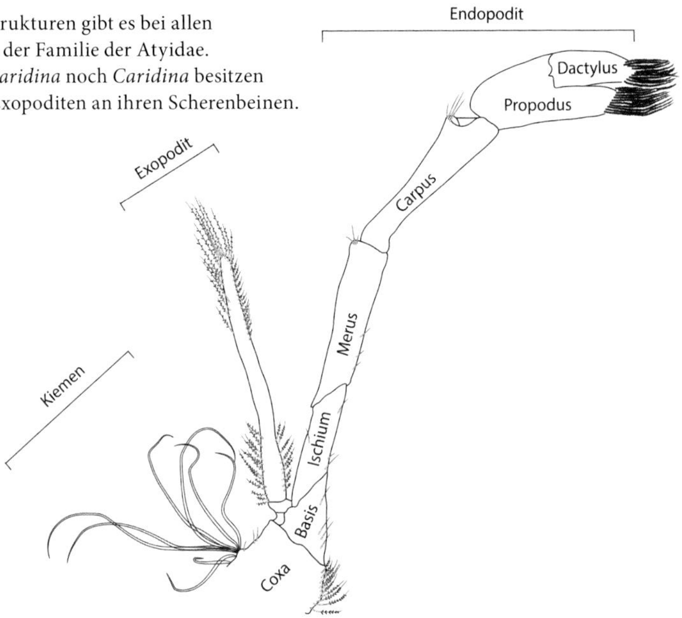

In der Regel fehlt der Epipodit an den letzten Schreitbeinen der Gattung *Caridina*.

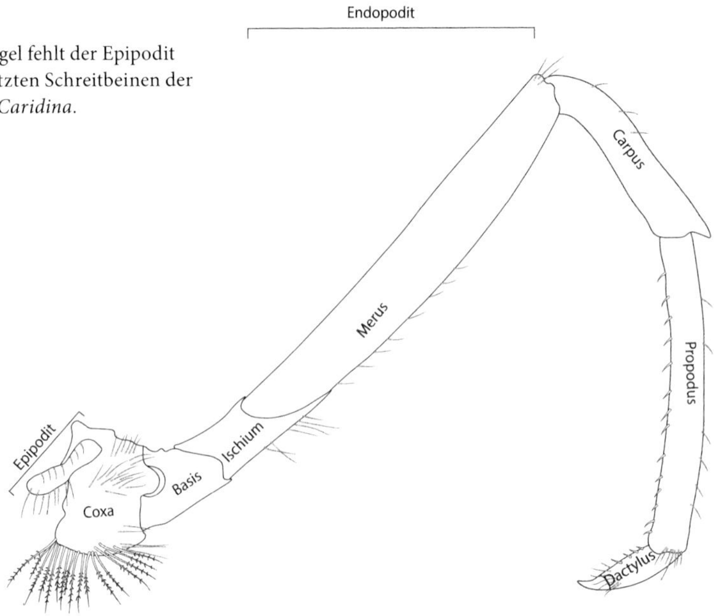

Darstellung eines Scherenbeins (oben) und eines Schreitbeins (unten) von *Atyaephyra desmarestii* nach der Beschreibung von Anastasiadou et al., 2008.

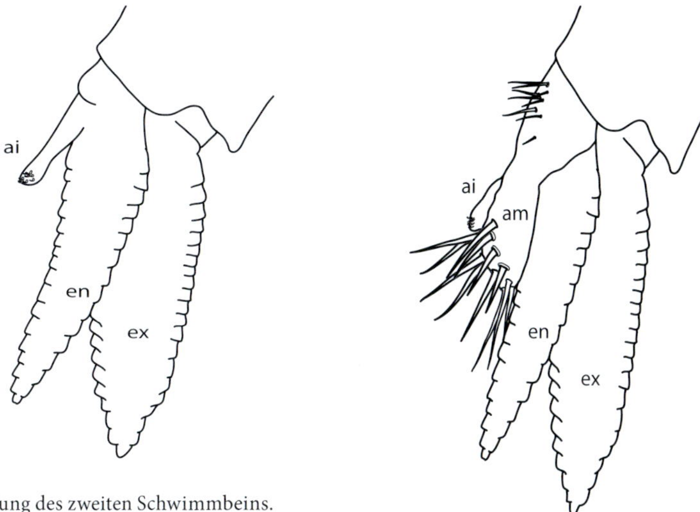

Darstellung des zweiten Schwimmbeins.
Links das eines Weibchens, rechts das eines Männchens.
ai: Appendix interna (hakenförmiger Fortsatz)
am: Appendix masculina (männliches Geschlechtsanhängsel)
en: Endopodit (Innenast)
ex: Exopodit (Außenast)

Weibliche *Neocaridina* sp. var. Red Rili. Hier sieht man die Schwimmbeine gut, an die die Eier angeheftet sind, und die Larven, die sich in ihrem Inneren entwickeln.

Organe und Systeme

Nervensystem

Das zentrale Nervensystem oder „Gehirn" besteht aus den beiden supraösophagialen Nervenknoten oder Ganglien oberhalb der Speiseröhre. Von diesen Ganglien gehen Nerven zu den Strukturen im Vorderkörper aus. Außerdem sind sie mit dem Strickleiternervensystem verbunden, das in zwei Strängen längs durch den Körper der Garnele geht. In jedem Segment sind sie quer durch paarige Ganglien verbunden. Von ihnen gehen Nerven zu den Muskeln und Gliedmaßen aus. Die Garnele hat außerdem ein sympathisches Nervensystem, das ihren Verdauungstrakt steuert.

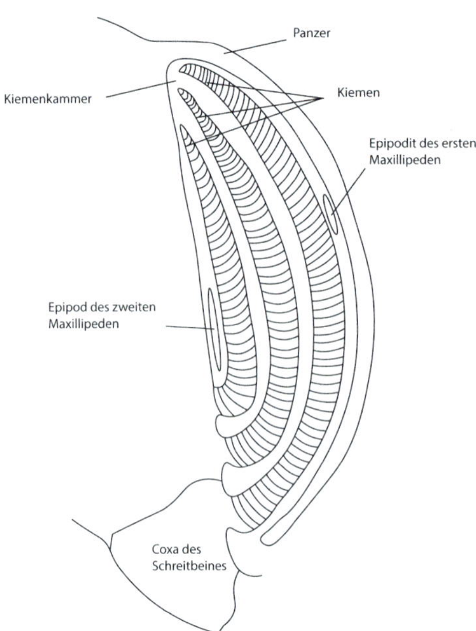

Die Sinnesorgane sind hoch entwickelt, vor allem die Augen und der Statocyst. Auch besitzen Garnelen zahllose Tastborsten am ganzen Körper und vor allem an den Scherenbeinen. Die Geruchs- und Geschmackszellen sitzen vorwiegend in den Setae der Fühler und der Mundwerkzeuge.

Atmungssystem

Garnelen atmen über ihre federartigen Kiemen, die sehr fein verästelt sind. Sie sitzen gut geschützt seitlich im Brustpanzer am Ansatz der Schreitbeine.

Durch Bewegen der Beine und der Maxillen sowie mithilfe des Scaphognathiten, einem blattförmigen Anhängsel der zweiten Maxille, erzeugt die Garnele den Atemwasserstrom, der frisches Wasser zu den Kiemen trägt.

Verdauungssystem

Das Verdauungssystem besteht aus drei Teilen: Speiseröhre und Magen, Mitteldarm und Darm.

Futter, das mit den Scherenbeinen aufgenommen wird, wird zum dritten Maxillipedenpaar weitergegeben und wandert von dort zu den Mundwerkzeugen, wo es zerkleinert und dann in die Mundöffnung geführt wird.

Die Mundöffnung geht über in eine kurze Speiseröhre, die das Futter zum zweiteiligen Magen leitet: zunächst gelangt es in den Vormagen oder Kropf und dann in den Kaumagen.

Im Vormagen liegen Zähnchen aus Chitin, die Magenmühle, die das Futter zermahlen. Falten in der Wand des Kaumagens dienen ebenfalls der mechanischen Zerkleinerung. Der Kaumagen ist über den Pförtner, auch Filterdrüse genannt, mit der Mitteldarmdrüse, dem Hepatopankreas, verbunden. Feine Futterpartikel passieren den Pförtner, gröbere Futterteile bleiben zur weiteren Zerkleinerung im Kaumagen.

In der zweilappigen Mitteldarmdrüse, die auch der Nährstoffaufnahme und -speicherung dient, sorgen Enzyme für die Aufspaltung des Futters, die hier gebildet werden.

Die Oberfläche des Mitteldarms ist durch Mikrovilli stark vergrößert, was die Nährstoffaufnahme verbessert. Seine Funktion bei Garnelen ist noch nicht vollständig erforscht. Neben der Verdauung wird hier eine feine Membran gebildet, die den Kot umhüllt.

Der Dickdarm endet im Anus und ist mit kleinen Stacheln besetzt, die den Kot nach draußen transportieren.

Herz-Kreislaufsystem

Garnelen haben ein einzelnes, scheidewandloses Herz aus gestreiftem Muskelgewebe, das im oberen Teil des Kopf-Brustpanzers liegt.

Die Hämolymphe (das Blut der Garnelen) tritt über den pericardialen Sinus, eine Ausbeulung, ins Herz ein und verlässt es über die Aorta. Von hier ausgehend versorgen Arterien den Rest des Organismus.

Eines der vom Herzen kommenden Blutgefäße endet im Lymphorgan, wo die Hämolymphe gefiltert wird. Es liegt oberhalb der Mitteldarmdrüse und dient der Immunabwehr.

Die Blutkörperchen werden im blutbildenden Gewebe gebildet, das im Kopf-Brustbereich verteilt ist und ganz besonders dicht im Magen und an der Basis der Maxillipeden vorkommt.

Die Hämolymphe ist farblos. Sie ist gerinnungsfähig, was einen größeren Blutverlust durch kleinere Verletzungen verhindert.

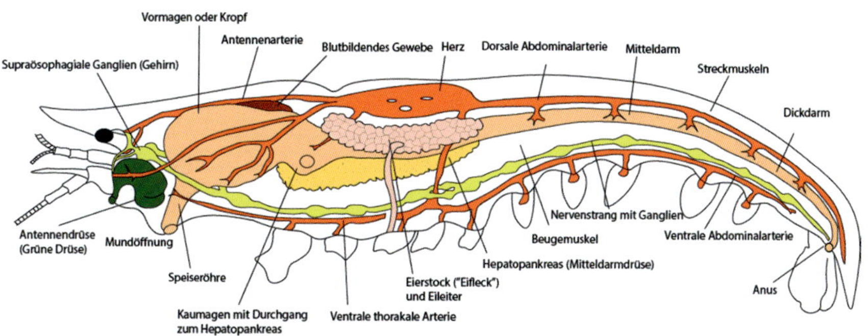

Die Blutkörperchen fungieren im Rahmen des angeborenen Immunsystems der Garnele auch als Fresszellen, im Zusammenspiel mit Abwehrproteinen und -enzymen.

Ausscheidungssystem

Hier werden Schadstoffe ausgeschieden. Das Ausscheidungssystem besteht aus der Antennendrüse, auch Harndrüse oder Grüne Drüse genannt. Sie liegt an der Basis des zweiten Antennenpaares und entleert sich über einen kurzen Kanal in der Höhe der Coxa des zweiten Fühlers.

Das erste Stück des Kanals läuft beidseitig an der Speiseröhre entlang. Hier werden Moleküle entzogen, die die Garnele noch benötigt.

Fortpflanzungssystem

Die Keimdrüsen der Männchen und die Eierstöcke der Weibchen liegen im hinteren oberen Drittel des Kopf-Brustpanzers.

Die Keimdrüsen entleeren sich in den Samenleiter, der seine Öffnung kurz vor dem Ansatz des letzten Schreitbeinpaares hat. Die Eierstöcke der Weibchen münden in den Eileiter, der in den Gonoporen endet. Sie liegen an der Basis des dritten Schreitbeinpaares.

Während der Paarung heftet das Männchen seine Spermatophoren (in deren Masse das Sperma eingebettet ist) in die Spermathek des Weibchens, eine bäuchlings gelegene Vertiefung hinter dem fünften Schreitbeinpaar, wo der Samen gespeichert werden kann. Wenn das Weibchen die Eier aus seinen Gonoporen auspresst, passieren sie die Spermathek und werden dabei befruchtet. Dann heftet das Weibchen sie an seine Schreitbeine an, bis der Nachwuchs schlüpft.

Endokrines System

Es besteht aus dem X-Organ (auch Medulla terminalis X-Organ oder Hanstrom X-Organ) und der Sinusdrüse im Augenstiel, und es ist zuständig für die Regulierung der Häutung und des Stoffwechsels.

Außenskelett und Häutung

Der Körper der Garnele ist von einer festen Außenhaut umgeben, die ihn schützt und stützt, dem Panzer.

Dieses Außenskelett besteht aus einer Chitinschicht mit eingelagerten Kalkkristallen. Damit das Tier sich bewegen kann, ist es in plattenförmige Segmente unterteilt, die durch flexible Membranen verbunden sind.

Das Gewebe unter diesem Panzer enthält Farbzellen, die sich ausdehnen oder zusammenziehen können. Hierfür sind Hormone zuständig. Viele Garnelenarten können ihre Färbung in kürzester Zeit stark verändern. Für die unterschiedlichen Farben ist Astaxanthin zuständig, das zusammen mit verschiedenen Komplexproteinen für alle Färbungen mit Ausnahme von

Weiß und Gelb sorgt. Weitere Pigmente werden noch erforscht.

Das feste Außenskelett wächst nicht mit, daher muss die Garnele sich häuten, damit ihr Körper wachsen kann.

Weibchen häuten sich außerdem zu Beginn der Paarung, weil sie nur kurz nach einer Häutung weich genug sind, um die Eier auspressen zu können.

Die Häutung beginnt damit, dass dem Panzer das Kalzium entzogen wird. Unter der alten Haut bildet sich eine neue. Zwischen diesen beiden Hautschichten wird Schleim produziert, der es der Garnele einfacher macht, aus dem alten Panzer zu schlüpfen.

Der Panzer platzt im Nacken am Übergang vom Cephalothorax zum Hinterleib auf. Die alte Haut, die Exuvie, sieht 1:1 aus wie eine hohle Garnele. Sie wird von den Tieren vollständig verwertet und liefert ihnen vielfache wichtige Nährstoffe und Bausteine für ihren Panzeraufbau. Des Weiteren können Schwermetalle in der Haut eingelagert sein, die durch die Häutung aus dem Körper entfernt werden.

Der neue Panzer ist noch sehr dünn, weil noch kein Kalk eingelagert wurde. Bis dahin sind Garnelen einige Tage lang weich und sehr scheu. In dieser Zeit sind sie sehr verletzlich.

Während der Häutung kann eine Garnele verlorene Gliedmaßen ersetzen bzw. reparieren. Die „neuen" Teile sind zunächst noch kleiner, wachsen aber im Laufe zweier oder dreier Häutungen zu voller Größe heran. Auch kleinere Verletzungen des Panzers werden wiederhergestellt.

Der Häutungsprozess kostet enorm viel Energie, und die Garnele ist danach

Exuvie (Panzer) von *Caridina spinata*.

entsprechend erschöpft. Manchmal werden die Tiere ihre alte Haut nicht vollständig los, was mit dem Tod enden kann. Geschwächte oder kranke Garnelen können auch noch nach einer erfolgreichen Häutung an der Erschöpfung sterben.

Geschlechtsunterschiede

Die meisten Garnelenaquarianer unterscheiden die Geschlechter bei Garnelen anhand ihrer Körperform. Die Weibchen sind größer, kräftiger und haben nach unten erweiterte Abdominalsegmente, die die Eier während der Brutpflege bedecken. Dadurch wölbt sich die Bauchseite am Hinterleib bei ihnen deutlicher nach unten als bei den generell schlankeren und kleineren Männchen. Bei den Weibchen ist der Winkel zwischen dem Kopf-Brustpanzer und dem Hinterleib flacher als bei den Männchen.

Diese Unterschiede sieht man allerdings erst bei geschlechtsreifen, vollständig entwickelten Exemplaren deutlich. Die Hinterleibsform subadulter Weibchen ähnelt eher der eines Männchens.

Bei farblosen oder durchscheinend gefärbten Garnelen kann man die sich entwickelnden Eier im Nacken der Weibchen sehen – im Eierstock oder Eifleck. Daran erkennt man die Weibchen zuverlässig, auch wenn sie keine Eier an ihren Schwimmbeinen tragen.

Eindeutig lässt sich das Geschlecht durch eine mikroskopische Untersuchung bestimmen. Bei allen Exemplaren (außer bei sehr kleinen Jungtieren) lässt sich am zweiten Schwimmbeinpaar, den Pleopoden, das Geschlecht zweifellos erkennen.

Die Pleopoden bestehen aus zwei Teilen, dem Exopoditen (Außenast) und dem Endopoditen (Innenast).

Weibchen haben auf der Innenseite des Endopoditen eine kleine stabför-

Männliche *Caridina* cf. *babaulti* var. Stripes.

mige Struktur, die Appendix interna. Ihre Oberfläche ist mit winzigen Haken besetzt, die die Schwimmbeine wie ein Klettverschluss zusammenhalten.

Die Männchen besitzen am Innenast des zweiten Pleopoden eine stab- oder beutelförmige Struktur, die mit vielen kurzen stachligen Härchen (Setae) besetzt ist. Die Appendix interna liegt bei ihnen auf der Innenseite der Appendix masculina. Die Anwesenheit (oder Abwesenheit) einer Appendix masculina ist das einzige wirklich zuverlässige Merkmal, wie man Männchen und Weibchen bei Garnelen unterscheiden kann. Mit etwas Übung kann man die Bestimmung am lebenden Tier unter dem Mikroskop in wenigen Sekunden vornehmen, ohne die untersuchten Exemplare zu schädigen.

Bei manchen Arten haben die Endopoditen bei den Männchen teilweise eine abweichende Form. Bei der Gattung *Neocaridina* zum Beispiel hat sich der Endopodit des ersten Schwimmbeinpaares zu einer ziemlich großen löffelförmigen Struktur umgebildet. Diese Form kann man bei den entsprechenden Arten natürlich ebenfalls zur Geschlechterbestimmung heranziehen.

Der Endopodit des ersten Schwimmbeinpaares sieht sowohl bei den Weibchen der Gattungen *Neocaridina* und *Caridina* aus wie der Exopodit. Hier gibt es keine artspezifischen Abweichungen.

Die Form des Endopoditen des ersten Schwimmbeinpaares wird ebenso wie die Form der Appendix masculina am zweiten Schwimmbeinpaar häufig zur Artbestimmung herangezogen. Die Strukturen, mit denen die Männchen bei der Paarung ihre Spermatophoren platzieren, sind bei den Arten oder zumindest bei den Artengruppen sehr unterschiedlich und damit charakteristisch.

Weibliche *Neocaridina* sp. var. Bloody Mary.

Weibliche *Neocaridina palmata* var. White Pearl. Die sich im Eifleck entwickelnden Eier erkennt man gut im Nacken des Tieres. Bei durchsichtigen Garnelen sieht man den sattelförmigen Eifleck. Das macht die Geschlechtsbestimmung sehr einfach. Bei deckend gefärbten Garnelen dagegen ist diese Struktur nicht gut erkennbar.

Frisch geschlüpfte *Neocaridina* sp. var. Blue Velvet. Der Schwanzfächer ist noch nicht entwickelt, der Schwanz ist spatelförmig. Die Schreitbeine sind schon direkt nach dem Schlupf funktionsfähig.

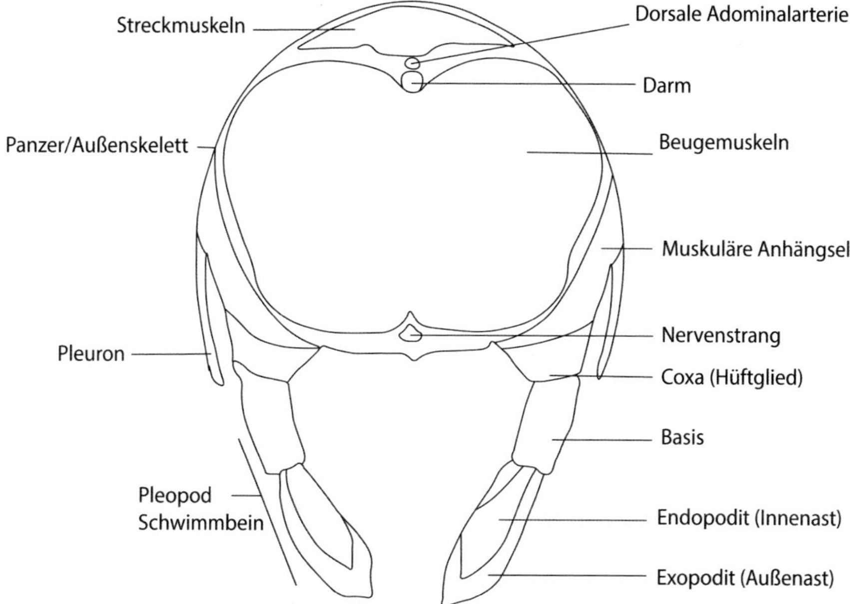

Abbildung eines Querschnitts durch den Hinterleib einer Garnele aus der Familie der Atyidae, nach Crustacea: Decapoda, Atyidae, von Wowor, Cai und Ng, 2004.

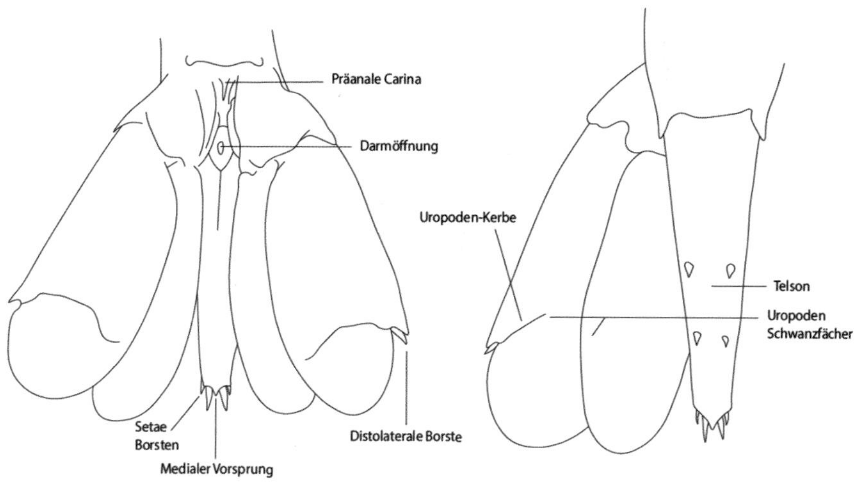

Abbildung des Schwanzfächers einer Garnele aus der Familie der Atyidae, nach Crustacea: Decapoda, Atyidae, von Wowor, Cai und Ng, 2004.

Gattung
Neocaridina

Die Gattung *Neocaridina* gehört zur Familie der Atyidae. Sie umfasst neben den beiden in der Aquaristik verbreiteten Arten *Neocaridina davidi* und *Neocaridina palmata* noch viele weitere:

- *Neocaridina anhuiensis*
- *Neocaridina bamana*
- *Neocaridina brevidactyla*
- *Neocaridina curvifrons*
- *Neocaridina denticulata*
- *Neocaridina euspinosa*
- *Neocaridina fukiensis*
- *Neocaridina gracilipoda*
- *Neocaridina davidi*
- *Neocaridina hofendopoda*
- *Neocaridina homospina*
- *Neocaridina ikiensis*
- *Neocaridina iriomotensis*
- *Neocaridina ishigakiensis*
- *Neocaridina ketagalan*
- *Neocaridina keunbaei*
- *Neocaridina linfenensis*
- *Neocaridina longipoda*
- *Neocaridina palmata*
- *Neocaridina saccam*
- *Neocaridina spinosa*
- *Neocaridina xiapuensis*
- *Neocaridina zhoushanensis*

Die Taxonomie der *Neocaridina* bedarf der Überarbeitung, weil einige der beschriebenen Arten oder Unterarten möglicherweise Synonyme darstellen – das heißt, dass eventuell eine Art unter mehreren Namen geführt wird. Für die Revision sollte man sowohl auf die Morphologie, also auf das äußere Erscheinungsbild achten, wie auch die Genetik berücksichtigen.

Selbst die Gültigkeit des Gattungsnamens ist umstritten, da sich herausgestellt hat, dass einige *Caridina*-Arten genetisch enger mit *Neocaridina*-Arten verwandt sind als mit Arten aus ihrer eigenen Gattung. So ist zum Beispiel die Artengruppe um *Caridina serrata* genetisch näher an *Neocaridina* als an der Artengruppe um *C. nilotica*.

Taxonomisch werden die Arten dieser Gattung anhand der Form und Bezahnung des Rostrums unterschieden (immer eingedenk der innerartlichen Variation), der Form des Endopoditen am ersten Schwimmbein, am männlichen Geschlechtsanhängsel (Appendix masculina) des zweiten Schwimmbeins und auch danach, ob am dritten Schreitbeinpaar geschlechtsspezifische Unterschiede bestehen oder eben nicht.

Im Vergleich mit vielen Arten aus der Gattung *Caridina* sind *Neocaridina* im Aquarium sehr einfach zu halten und auch zu vermehren. Sie sind ideale Einsteigertiere, weil sie sehr anpassungsfähig sind und Veränderungen in ihrer Umwelt besser vertragen als andere Arten. Optimale Parameter für ihre Haltung im Aquarium sind: pH 6–8 (optimal bei ca. 7), 4–12 °dGH, 3–15 °dKH, 200–300 ppm bzw. 310 bis 470 Mikrosiemens (höhere Salzgehalte werden jedoch problemlos vertragen), 18 bis 24 °C Wassertemperatur und eine Aquariengröße über 12 Liter.

Hier handelt es sich um Näherungswerte, und es gibt unzählige Züchter, die ihre *Neocaridina* bei abweichenden Werten halten und deren

Tiere dennoch gesund sind und sich gut vermehren. Wie in allen Garnelenaquarien sollte der Anteil von Stickstoffverbindungen und Metallionen im Wasser möglichst niedrig sein.

Die Garnelen der Gattung *Neocaridina* sind friedlich und vermehren sich sehr willig. Sie gehören zu den Allesfressern und nehmen jegliches Futter aus dem Handel gerne an, wobei sie idealerweise überwiegend pflanzlich ernährt werden sollten. Hin und wieder kann man diese Kost gezielt durch eiweißhaltiges tierisches Futter ergänzen, das gleichzeitig ungesättigte Fettsäuren liefern sollte.

Unterschiede zwischen *Caridina* und *Neocaridina*

Die Arten der Gattung *Neocaridina* lassen sich von den *Caridina* anhand der Form des Endopoditen oder Innenastes am ersten Schwimmbeinpaar der Männchen und der Anordnung der Borsten dort unterscheiden.

Bei *Neocaridina* ist dieses Anhängsel birnenförmig, und der vordere konvex geformte Rand ist mit vielen kleinen spitz zulaufenden Borsten besetzt, sodass er körnig wirkt. Falls eine

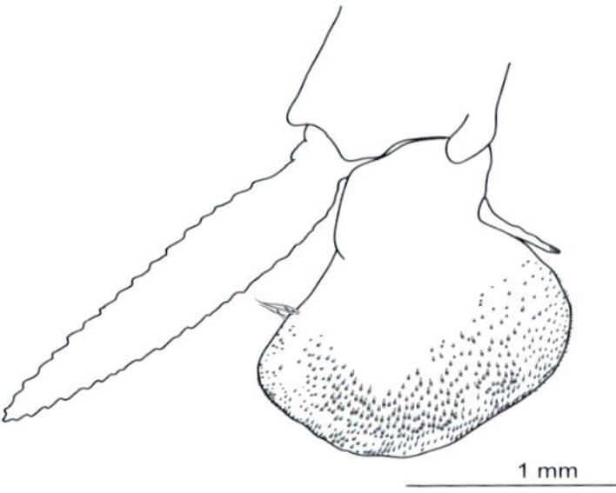

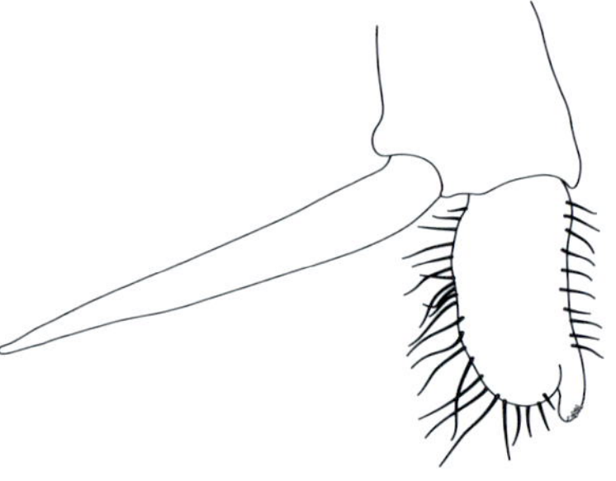

Mikroskop-Aufnahmen des ersten Schwimmbeins von *Neocaridina davidi* (links) und *Caridina serrata* (rechts) und die entsprechenden Schemazeichnungen.

Appendix interna vorhanden ist, sitzt sie nahe an der Basis des Endopoditen.

Bei der Gattung *Caridina* dagegen ist der Endopodit eher blatt- oder zungenförmig, und entlang seines distalen Randes sitzt eine einzelne Reihe langer Borsten. Die Appendix interna – falls vorhanden – sitzt auf dem oder nahe am distalen Rand des Endopoditen.

In der Literatur findet man manchmal noch die veraltete Annahme, dass alle Süßwassergarnelen mit einem Ei-Längsdurchmesser von ca. 1 mm zu den *Neocaridina* gerechnet werden, während die Arten mit kleineren Eiern und einer Larvalentwicklung in Salzwasser zu den *Caridina* gehören sollen – obwohl es auch viele *Caridina*-Arten mit großen Eiern gibt.

Neocaridina davidi (Bouvier, 1904)

Neocaridina davidi ist seit 1999 die wohl bekannteste und beliebteste Ziergarnele in der Aquaristik. Zunächst wurde sie im Hobby als *N. heteropoda* oder *N. denticulata sinensis* angesprochen, mittlerweile gilt jedoch *N. davidi* als ältester gültiger Name (W. Klotz et al. 2013).

Ursprünglich kommt die Art aus China, Taiwan und vermutlich auch aus Korea, sie wurde jedoch (überwiegend durch die Aquaristik) mittlerweile auch in einige natürliche Gewässer (teils auch in Thermalwasser) auf Hawaii, in Japan, Deutschland, Polen, Ungarn und Kanada eingeschleppt.

Wilde *Neocaridina davidi* aus dem Gillbach, Deutschland.

Habitat von *Neocaridina davidi* in Kyoto, Japan.

In ihren ursprünglichen Habitaten leben diese Garnelen in Bächen und kleinen bis mittelgroßen Flüssen, man findet sie aber auch in Teichen und Seen. Meist leben die Tiere auf felsigem Untergrund in Laubansammlungen am Boden und im verzweigten Treibholz.

Im Handel findet man viele unterschiedlich gefärbte Zwerggarnelen unter dem Namen *N. davidi: rote, schwarze, blaue, gelbe, grüne, orangefarbene und gescheckte Varianten. Manche Zuchtstämme egal welcher Grundfarbe haben orangefarbene Augen. Diese werden als „Devil" oder „Orange Eyes / OE" bezeichnet*. Wildpopulationen der Art sind in der Regel schwarz bis bräunlich, teilweise auch grünlich, mit transparenten Stellen oder einem schwarz-braunen Muster.

Ihre Lebenserwartung liegt bei ca. 1,5 Jahren.

Morphologie

Das Rostrum ragt nicht über den Antennenstiel hinaus, die Rostrumformel ist 2–3 + 7–19 (14–16) / 1–9. Am pterygostomialen Rand erkennt man einen ausgeprägten Dorn.

Der Endopodit des ersten Schwimmbeins ist beim Männchen birnenförmig und bei adulten Exemplaren ungefähr 1,2-mal so lang wie breit.

Die Appendix interna entspringt oberhalb der bohnenförmigen Appendix masculina am zweiten Schwimmbein und hat eine ungefähre Länge von drei Vierteln der Letzteren.

Die stachelförmigen Dornen am hinteren Rand des Dactylus des dritten Schreitbeinpaares sind beim Männchen gebogen und beim Weibchen gerade.

In dieses Habitat in Deutschland wurden *Neocaridina davidi* eingeschleppt.

Neocaridina davidi var. Red Cherry

Diese Variante war als eine der ersten farbigen Garnelen im Hobby unglaublich beliebt. Mittlerweile wurde diese Farbvariante jedoch von anderen intensiver gefärbten Morphen etwas in den Hintergrund gedrängt. In Deutschland wird sie auch als Red Fire bezeichnet.

Sie ist dicht mit feinen roten Punkten übersät und hat einen durchsichtigen Körper. Bei adulten Weibchen ist die Farbe deutlich intensiver als bei den Männchen, die teilweise zeitlebens nahezu transparent bleiben.

Verschiedene Muster sind möglich: ein heller bis rosafarbener Rückenstrich, Flammenmuster im vorderen oder ein feines Streifenmuster im hinteren Teil des Körpers.

Die Eier sind intensiv gelb bis grünlich, wobei die gelbe Färbung häufiger vorkommt. Die Eier sind 0,55 bis 0,58 × 0,85 bis 1,00 mm groß.

Neocaridina davidi var. Red Sakura

Diese intensiv roten Garnelen haben keine transparenten Stellen. Sie wurden durch Selektionszucht aus den Red Cherrys gezogen.

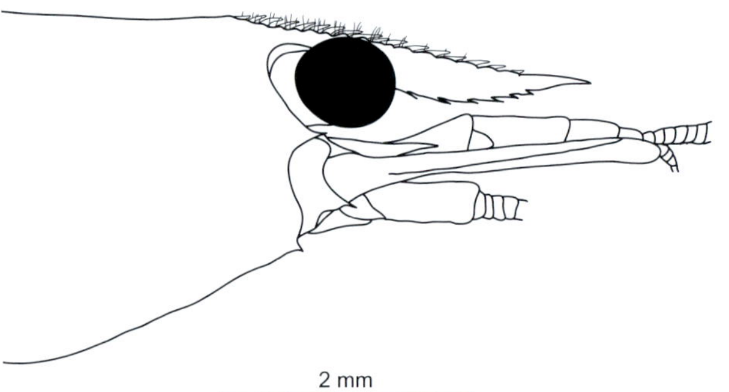

Zeichnungen des Kopf-Brustpanzers und des Rostrums (oben), des ersten Schwimmbeins (links), des zweiten Schwimmbeins (rechts), alle von *Neocaridina davidi* nach der Erstbeschreibung von Kubo, 1937.

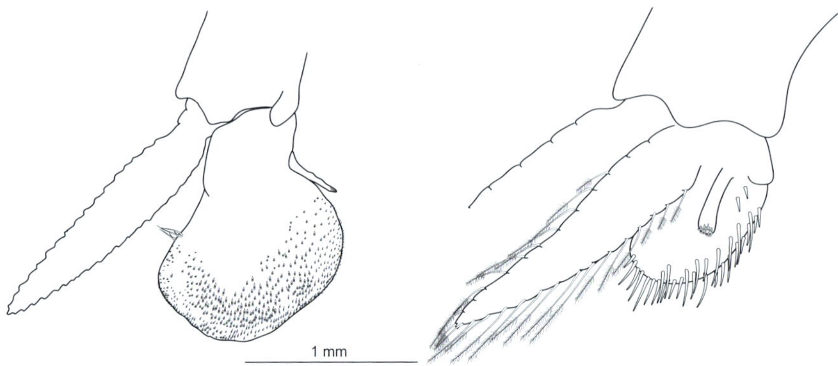

Neocaridina davidi var. Red Cherry.

Ihr Name bezieht sich auf die japanische Kirschblüte.

International wird die Red Sakura in vier verschiedene Grades eingeteilt, je nach Färbung und Farbdeckung:

- Grade A: intensiv rot, jedoch sind die untere Körperhälfte, die Schreitbeine und der Schwanzfächer überwiegend transparent; ähnelt der Red Cherry, jedoch ist das Rot intensiver. Manche Züchter unterscheiden nicht zwischen dem Grade A und der Red Cherry.

- Grade S oder low-grade Fire Red: beinahe deckende Rotfärbung, teilweise mangelhafte Farbdeckung, Schreitbeine und Schwanzfächer teils transparent.

- Grade SS oder high-grade Fire Red: deckende Rotfärbung, keine transparenten Stellen, lediglich die Gelenke der Schreitbeine sind ohne Farbe.

- Painted Fire Red: entspricht dem Grade SS, jedoch ist das Rot etwas dunkler, und die Garnele ist vollständig gefärbt. Hier sieht man den Eifleck der Weibchen nicht mehr.

Bei allen Grades der Red Sakura kann ein Rückenstrich auftreten.

Die Eier sind meist leuchtend goldgelb, können aber auch grünlich sein.

Neocaridina davidi var. Red Sakura Grade A.

Neocaridina davidi var. Red Sakura Grade S.

Neocaridina davidi var. Red Sakura Grade SS.

Neocaridina palmata (Shen, 1948)

Bis 2012 war diese Art in der Aquaristik als *N. zhangjiajiensis* bekannt.

Die Wildform lebt in Süßwasserbiotopen in Südchina, Hongkong und Vietnam. Man findet sie in Bächen und kleinen bis mittelgroßen Flüssen in Bergregionen. Die Wildfarbe ist gräulich mit einem schwarzen bis bräunlichen Punktmuster, manche Tiere sind auch deckend in verschiedenen Brauntönen gefärbt. Manche Exemplare haben einen hellen Rückenstrich.

Die Wildform wurde unter dem Namen „Regenbogengarnele" verkauft, ist allerdings schon seit mehreren Jahren nicht mehr im Handel aufgetaucht. In Deutschland wurden zwei Farbformen gezüchtet: White Pearl und Blue Pearl. Ihre Lebenserwartung beträgt ca. 1,5 Jahre.

Morphologie

Das Rostrum ragt nicht über den Antennenstiel hinaus und ist zur Spitze hin unbezahnt. Die Rostrumformel ist: 2–5 + 8–16 / 2–8. Der Dorn am pterygostomialen Rand ist sehr klein.

Der untere Teil des Endopoditen am ersten Schwimmbein der Männchen ist verbreitert. Bei adulten Exemplaren ist er etwa 1,5- bis 2-mal so breit wie hoch.

Die Appendix interna entspringt oberhalb der Appendix masculina (am zweiten Schwimmbein) und reicht bis zu ihrem distalen Rand.

Die spitzen Dornen am hinteren Rand des Dactylus des dritten Schreitbeins

Natürliches Habitat von *Neocaridina palmata* in Südostchina.

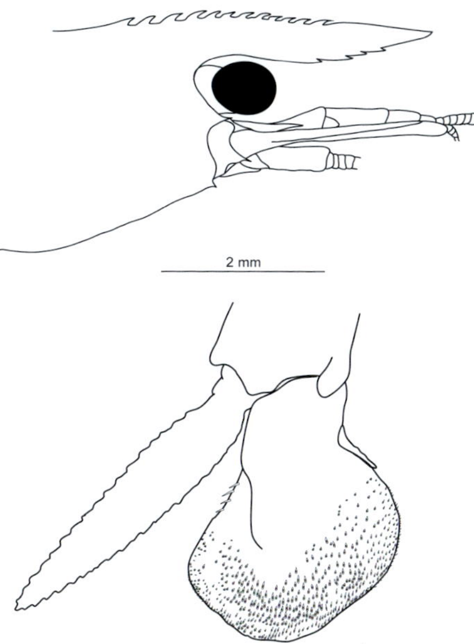

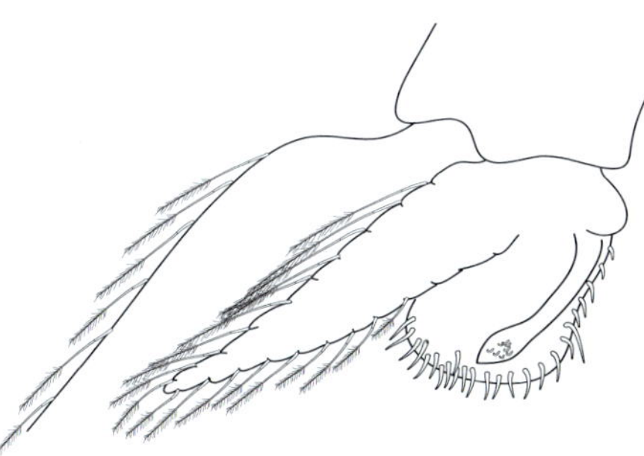

Zeichnungen des Kopf-Brustpanzers und des Rostrums (oben), des ersten Schwimmbeins (Mitte) und des zweiten Schwimmbeins (unten) von *Neocaridina palmata* nach der Beschreibung von Shen 1948.

Neocaridina palmata, Wildform.

sind beim Männchen gebogen und beim Weibchen gerade.

N. palmata lässt sich von *N. davidi* anhand der eindeutigen Form des Endopoditen am ersten Schwimmbein der Männchen unterscheiden. Auch die Appendix interna am Appendix masculina (am zweiten Schwimmbein), die an der Spitze deutlich verjüngt und fast bis zum distalen Rand reicht, ist ein eindeutiges Merkmal.

Neocaridina palmata var. White Pearl

Sie ist weißlich-durchsichtig, was sich züchterisch auch nicht weiter steigern lässt. Die Eier sind strahlend weiß und haben dieselbe Größe wie bei *N. davidi*.

Neocaridina palmata var. Blue Pearl

Ihre Farbe ist ein transparentes Eisblau bis Helltürkis, das bei sorgfältig selektierten Stämmen etwas dunkler ist als bei *Neocaridina* sp. var. Blue Jelly. Manchmal geht die Farbe etwas ins Grünliche. Diese Variante trifft man nur noch selten im Hobby an.

Wenn man Blue Pearl und White Pearl kreuzt, ist ein mögliches Ergebnis die bernsteinfarbene Amber Pearl.

Neocaridina-Kreuzungen

Die Kreuzbarkeit von *N. davidi* und *N. palmata* ist nachgewiesen, und Hybriden mit weiteren *Neocaridina*-Arten sind denkbar.

Neocaridina palmata var. White Pearl.

Neocaridina, eine umstrittene Gattung

Wie bereits erwähnt, ist die Gattung *Neocaridina* in der Wissenschaft umstritten, da einige Arten und Unterarten synonym sein könnten.

Die beiden erst kürzlich beschriebenen Arten *N. saccam* und *N. ketagalan* aus Taiwan beispielsweise ähneln in ihrer Morphologie sehr stark *Neocaridina denticulata*. Sie lassen sich von dieser nur durch genetische Untersuchungen unterscheiden. Diese enge Verwandtschaft könnte eventuell genutzt worden sein, um die beiden neuen Arten mit bereits bestehenden Farbformen von *N. davidi* zu kreuzen, um so neue Muster oder Farben zu schaffen, wenngleich die Wildformen dieser beiden Arten recht unscheinbar gefärbt sind.

Des weiteren ist noch immer nicht vollkommen geklärt, ob *N. davidi* wirklich eine andere Art ist als *N. denticulata*: Es gibt durch morphologische Untersuchungen als *N. denticulata* bestimmte Garnelenpopulationen, die Tieren, die durch molekulargenetische Analysen als *N. davidi* bestimmt wurden, sehr stark ähneln.

Weiterhin ist die Gültigkeit einiger vom chinesischen Festland beschriebener Arten schwer zu verifizieren, da die gesamte Literatur über sie auf Chinesisch geschrieben wurde.

In der Aquaristik geht man davon aus, dass man klar zwischen zwei verschiedenen Arten unterscheiden kann: *N. davidi* und *N. palmata*.

Die Farbformen Blue und White Pearl wurden zunächst unter dem Namen *N. zhangjiajiensis* geführt und dann als *N. palmata* bestimmt. Die Merkmale, die verwendet werden, um *N. zhangjiajiensis* von *N. palmata* abzugrenzen, sind sehr variabel. Daher besteht auch hier die Möglichkeit, dass *N. zhangjiajiensis* synonym zu *N. palmata* ist.

Männliche *Neocaridina palmata* var. Blue Pearl.

Neocaridina palmata var. Blue Pearl. Weibchen mit leicht grünlicher Färbung.

Neocaridina sp., Kreuzung zwischen *N. davidi* und *N. palmata* (F1).

Neocaridina sp.

Es gibt mittlerweile unglaublich viele verschiedenfarbige *Neocaridina* im Handel. Ihre Morphologie unterscheidet sich allerdings zumindest bei manchen Varianten teilweise von klassischen *Neocaridina davidi*.

Häufig unterscheidet sich bei den Farbvarianten das Rostrum, und oft fehlt der typische Pterygostomialdorn. Daher kann man nicht mit Sicherheit davon ausgehen, dass die im Handel erhältlichen Farbformen wirklich zur Art *N. davidi* gehören.

Neocaridina sp. Yellow Fire

Ihre Herkunft ist nicht bekannt. Die Färbung der Yellow Fire ist gelb, züchterisch gelang es bisher nicht, die Farbe deckend zu bekommen. Wenn die Tiere sehr intensiv gelb gefärbt sind und einen auffallend breiten hellen Rückenstrich haben, werden sie als Yellow Neon bezeichnet. International wird diese Ausprägung auch als *Neocaridina* sp. Yellow Golden Back gehandelt.

Die Yellow Fire ist etwas schwieriger zu züchten als andere *Neocaridina*-Farbvarianten. Warum, ist nicht bekannt. Sie bevorzugen offenbar etwas weicheres und saureres Wasser als ihre Verwandten.

Die Eier sind strahlend goldgelb.

Neocaridina sp. Orange

Auch ihre Herkunft ist unklar. Die orangefarbene Variante Orange Fire wurde möglicherweise aus der Wildform gezogen. Die deckend gefärbte Orange Sakura wurde ursprünglich in Taiwan gezogen. Wie es zu der Farb-

Neocaridina sp. Yellow Neon.

Neocaridina sp. Yellow Fire.

Neocaridina sp. Orange Fire.

Neocaridina sp. Orange Sakura.

form kam, ist nicht bekannt. Manche Exemplare besitzen einen hellorangefarbenen Rückenstrich.

Die Eier sind intensiv goldgelb gefärbt.

Neocaridina sp. Green Jade

Diese Farbform ist noch nicht lange im Handel, daher streut die Farbigkeit bei den Jungtieren noch sehr stark. Sowohl gelblich-grüne, smaragdgrüne oder dunkelgrüne Garnelen können im Nachwuchs auftreten, ebenso wie wildfarbene Tiere. Manche Exemplare besitzen einen helleren, oft gelblichen Rückenstrich.

Die Eier sind grünlich bis gelbbraun.

Man geht davon aus, dass die Green Jade aus der Orange Sakura gezüchtet wurde. Eines der Zuchtziele sind dunkelgrüne, deckend gefärbte Tiere ohne Rückenstrich.

Neocaridina sp. Green Jade. Das obere Exemplar hat eine deutlich weniger gute Farbqualität als das untere.

Bei den Yellow Fire tauchen von Zeit zu Zeit ebenfalls grüne Tiere im Nachwuchs auf, die jedoch weniger intensiv und vor allem weniger deckend gefärbt sind. Dennoch sorgt die *Neocaridina* sp. Green hin und wieder für Verwirrung.

Neocaridina sp. Black Sakura oder Black Rose

Eine schwarze Färbung findet man auch bei der Wildform. Die Black Sakura ist eine wenig gefestigte Farbform, in der Nachkommenschaft kommen sowohl schwarze wie auch bläuliche Tiere mit unterschiedlicher Farbintensität vor. Auch die Farbdeckung kann stark variieren. Zuchtziel ist ein tiefes, leuchtendes Schwarz ohne transparente Stellen, eventuell auch mit einem metallischen Schimmer.

Die Eier sind grün, oliv oder goldbraun.

Neocaridina sp. Schoko

Auch dieser Farbschlag ist noch verhältnismäßig jung, eine Braunfärbung kommt ebenfalls bei der Naturform vor. Von milchschokoladefarben über fuchsbraun bis tief zartbitterfarben sind viele Brauntöne möglich. Auch die Farbdeckung kann variieren. Häufig sind die Garnelen auf der Oberseite intensiver gefärbt, jedoch sieht man weniger häufig einen klaren Rückenstrich als bei anderen Farbvarianten.

Dunkelbraune Garnelen mit einem deutlichen Rotschimmer nennt man auch Red Onyx oder Bronze.

Die Schoko hat ein auffallend kurzes Rostrum, das an alle von ihr abstammenden Farbschläge vererbt wird.

Ihre Eier sind dunkelbraun.

Neocaridina sp. Black Sakura. Die Varianten Schoko und Black Sakura sind variabel. Angestrebt werden stark deckende, intensive Farben sowie durchgefärbte Beine und ein ebensolcher Schwanzfächer.

Neocaridina sp. Schoko.

Neocaridina sp. Bloody Mary

Auch sie ist eine recht neue Farbform. Die Bloody Mary ist intensiv dunkelrot bis weinrot und weist keinerlei transparente Stellen auf. Sie erinnert an die Painted Fire Red.

Die Bloody Mary wurde aus der *Neocaridina* sp. Schoko gezüchtet, nicht wie die Red Sakura aus der Wildform.

Die ersten Bloody Mary hatten – wie die Variante Schoko, aus der sie gezüchtet wurden –, ein extrem kurzes Rostrum und einen abgeflachten Kopf-Brustpanzer. Heute findet man auch Garnelen ohne diese Merkmale unter dem Namen, was die Definition schwierig macht. Man kann jedoch davon ausgehen, dass eine intensiv rote Garnele mit sehr kurzem Rostrum auf jeden Fall eine Bloody Mary ist.

Die Eier sind gold- bis dunkelbraun.

Wie bei den meisten neueren Farbschlägen muss man für eine gleichbleibend deckende, intensive Farbe den Nachwuchs noch stark selektieren.

Neocaridina sp. Bloody Mary (hier in bemerkenswert hoher Farbqualität) und die Variante „Schoko“ haben ein außergewöhnlich kurzes Rostrum und weisen keinen Pterygostomialdorn auf.

Neocaridina sp. Rili

Die Ausprägung „Rili" ist ein Farbmuster, bei dem in der Regel der Mittelbereich der Garnele keine Deckfarbe aufweist, also einfach durchsichtig ist. Für dieses Muster gibt es im Moment noch keine Grade-Einteilung.

Klassische Rilis sind die Red Rili, die Orange Rili und die Yellow Rili, wobei die letztere selten ist. Der Kopf-Brustbereich und der Schwanz zeigen die Deckfarbe, der Hinterleib ist farblos. Es gibt Red Rilis mit blauer Körperinnenfarbe, die man auch Blue Rili nennt. Ist auch der Schwanz unpigmentiert, spricht man von einer Red Neck.

Die Rili-Form der Variante Black Sakura heißt Carbon Rili. Auch hier sind der Kopf-Brustbereich und der Schwanz farbig und der Hinterleib transparent. Die transparenten Stellen weisen bei dieser Farbform jedoch häufig kleine schwarze Punkte auf. Im Bauchbereich kann eine blaue Körperfärbung sichtbar werden. Diese Tiere nennt man Blue Carbon Rili oder Blue-Black Rili.

Die Rili-Ausprägung ist nicht unbedingt erbfest und muss daher gezielt gezüchtet werden. Insbesondere bei den Carbon Rili und den Blue Carbon Rili kommen häufig Tiere mit stark vom erwünschten Muster abweichenden Pigmentierungen vor.

Mittlerweile gibt es auch schon die ersten Green Rili.

Die Eifarben der Riligarnelen entsprechen denen der jeweiligen Farbform.

Neocaridina sp. Red Rili.

Neocaridina sp. Orange Rili.

Neocaridina sp. Carbon Rili.

Neocaridina sp. Blue Carbon Rili.

Neocaridina sp. Blue Jelly

Im Prinzip handelt es sich hier um eine Blue Rili ohne rote Pigmente. Die Blue Jelly ist transparent hell bis intensiv eisbonbonblau.

Die Eier sind goldgelb oder grünlich.

Das Rostrum ist meist recht lang, anders als bei den anderen blauen Varianten. Der Pterygostomialdorn ist nur manchmal vorhanden.

Neocaridina sp. Blue Velvet / Blue Dream / Topaz Blue / Blue Diamond

Der Ursprung dieser Farbformen liegt im Ungewissen, es gibt zwei Theorien. Eine geht davon aus, dass sie aus der Schoko Sakura gezogen wurden, die andere besagt, dass die Stammform die Black Sakura ist. In jedem Fall handelt es sich hier um mittel- bis dunkelblaue Garnelen. Der Blauton kann von Tier zu Tier variieren. In der Regel ist die Farbe durchscheinend.

Um diesen Farbschlag gibt es viele Diskussionen zwischen den Züchtern. Ohne Zuchtstandard ist es nicht möglich zu entscheiden, welche dunkelblaue Garnele man nun gerade vor sich hat. Meist ist die Namensgebung im Handel recht willkürlich.

Die Namen Blue Dream, Blue Sapphire und Topaz Blue (in Asien auch Fantasy genannt) bezeichneten ursprünglich eine marineblaue Garnele mit intensiver durchscheinender Färbung. Es gilt als weitgehend akzeptiert, dass sie

Neocaridina sp. Blue Jelly.

aus der Schoko-Variante gezüchtet wurde.

Später erschien die Blue Velvet, deren Blau nicht ganz so dunkel ist und bei der vereinzelt schwarze Pigmentflecken zu sehen sind. Man geht davon aus, dass sie von der Black Sakura abstammt, eventuell mit einem Umweg über die Carbon Rili.

Ist die Garnele im Kopf-Brust- und im Schwanzbereich besonders intensiv dunkelblau bis fast schwarzblau und am Bauch marineblau gefärbt, spricht man von einer Blue Velvet Rili oder Blue Diamond.

Die Eier sind grünlich.

Es gibt hier keine offiziellen Grades, und meist werden zwischen Blue Velvet und Blue Dream keine Unterschiede gemacht. Als farblich besonders hochklassig gelten möglichst dunkelblaue Tiere mit möglichst wenig schwarzen Stellen und durchgefärbten Beinen und Schwanzfächer.

Neocaridina sp. Blue Velvet Rili oder Blue Diamond.

Neocaridina sp. Blue Velvet.

Neocaridina sp. Blue Dream.

Neocaridina sp. Blue Dream und Blue Velvet haben ein kurzes Rostrum und besitzen keinen Pterygostomialdorn.

Neocaridina-Farbschläge mischen

Die Genetik, die Zellbiologie und die Farbgebung bei Garnelen sind drei noch weitgehend unerforschte Felder, die jedoch zusammenhängen.

Sicher wissen wir, dass es Farbschläge gibt (reinerbige Garnelen vorausgesetzt), die man miteinander halten kann, ohne dass es im Nachwuchs zu unerwünschten farblosen bis bräunlichen Tieren kommt, die der Wildform stark ähneln. Setzt man unterschiedliche Tiere zusammen, kann dies jedoch immer die Musterverteilung und die Farbtiefe beeinflussen.

Vergesellschaftbar sind:

- Red Cherry, Red Sakura, Red Rili, Blue Jelly und Blue Rili
- Schoko, Red Onyx und Bloody Mary
- Black Sakura, Carbon Rili, Blue Dream, Blue Velvet und Blue Diamond
- Die Rili-Ausprägung kann mit Garnelen derselben Farbe in Vollfärbung gehalten werden.

Neocaridina davidi var. Red Cherry.

Neocaridina sp. Blue Velvet.

Werden Neocaridina verschiedener Farbschläge zusammen gehalten, kann es in der nächsten Generation zu wildfarbenem Nachwuchs kommen.

Gattung *Caridina*

Die Gattung *Caridina* ist mit die größte in der Familie der Atyidae. Sie umfasst über hundert Arten, die sich von ihrem Aussehen und ihrer Morphologie teilweise enorm unterscheiden.

In dieser Gattung gibt es mehrere Gruppen von eng verwandten Arten, wie zum Beispiel die Gruppe um *C. nilotica*, um *C. weberi*, um *C. typus* oder um *C. serrata*. Die Exemplare in diesen Artengruppen haben nicht nur morphologische Gemeinsamkeiten, die eine enge Verwandtschaft nahelegen, sondern auch eine ähnliche Ökologie. Beispielsweise zeichnet die Arten in der Gruppe um *Caridina nilotica* ihr langes Rostrum aus, das in der Regel auf der Oberseite eine unbezahnte Stelle und zwei (selten auch drei) Zähnchen knapp hinter der Spitze hat. Des Weiteren haben diese Garnelen feine Scheren und grazile Schreitbeine. Diese Merkmale finden sich fast ausschließlich bei Garnelen, die sehr langsam fließende Flüsse oder Bäche oder stehende Gewässer bewohnen. Häufig findet man sie in Flussmündungen oder Seen. Die Arten der Gruppe um *Caridina typus* dagegen besitzen ebenso wie die Gruppe um *Caridina serrata* ein eher kurzes Rostrum. Bei der Gruppe um *C. typus* ist es unbezahnt. Die Arten leben typischerweise in schnell fließenden Gewässern.

Caridina-Arten bewohnen alle Gewässerarten, sowohl Süß- wie auch Salzwasser. Unterschiedliche Süßwasserarten findet man in Biotopen mit hartem und mit weichem Wasser und bei sauren bis basischen pH-Werten.

Die hohe morphologische Variabilität und die Tatsache, dass sich verschiedene nah verwandte Arten sehr willig kreuzen, führen zu einer großen taxonomischen Unsicherheit bei dieser Gattung. Die integrative Taxonomie, bei der traditionelle morphologische Analysen mit genetischen Unter-

Amanogarnelen (*Caridina multidentata*) in der Natur.

suchungen kombiniert werden, sollte für eine korrekte Einordnung unbedingt auch hier angewendet werden.

In diesem Buch unterteilen wir die Gattung der Übersichtlichkeit halber in vier Gruppen:

- Artengruppe um *Caridina serrata* (Bienengarnelen und ihre Anverwandten).
- *Caridina* mit marinen Larvenstadien.
- Artengruppe um *Caridina* cf. *babaulti* und *C. hodgarti*.
- *Caridina*-Arten von der Insel Sulawesi.

In diesem Kapitel geben wir eine kurze Übersicht über die Gattung *Caridina*; auf die Besonderheiten der Artengruppen gehen wir im Detail in den entsprechenden Kapiteln ein.

Weil die Gattung *Caridina* so umfangreich ist, sind die Zusammenhänge zwischen den verschiedenen Arten und Artengruppen teilweise unklar. Bei unbestimmten Arten verwenden Wissenschaftler gerne die Bezeichnung „Art ähnlich einer *Caridina*". Molekulargenetische Untersuchungen zeigen, dass die Gattung nicht monophyletisch ist, sie geht also nicht auf einen einzigen gemeinsamen Vorfahren zurück. Einige *Caridina*-Arten aus China stehen überdies Arten der Gattung *Neocaridina* genetisch näher als anderen *Caridina*-Arten aus Südostasien oder Afrika.

Die Arten der Gattung *Caridina* werden auch als Zwerggarnelen bezeichnet. In der Aquaristik versteht man darunter eine kleine bis mittelgroße Garnele mit borstigen Scheren, mit denen sie Aufwuchs von Treibholz, Laub, Steinen oder Pflanzen in ihrem Habitat schabt. Bekannte Vertreter sind beispielsweise die Bienengarnelen.

Verschiedene *Caridina*-Arten verfolgen unterschiedliche Fortpflanzungsstrategien. Manche gehören dem primitiven Fortpflanzungstypus mit planktonischen Larven an, die Meer- oder Brackwasser für ihre Entwicklung brauchen, andere dagegen haben sich vollständig an das Leben im Süßwasser angepasst. Sie gehören dem direkten Fortpflanzungstypus an und entlassen praktisch fertig entwickelte Junggarnelen.

Die meisten Arten mit kleinen Eiern und marinen Larvenstadien sind sehr anpassungsfähig und kommen auch mit sehr hartem Wasser gut zurecht – was sie für die Aquaristik interessant macht. Reine Süßwasserarten dagegen kommen in der Natur oft nur auf sehr begrenztem Raum vor und brauchen ganz bestimmte Wasserwerte in engen Toleranzen.

Ein weiterer Unterschied zwischen *Caridina* mit marinen Larvenstadien und reinen Süßwasserarten ist die deutlich höhere Lebenserwartung der ersteren. Arten wie *C. typus, C. villadolidi* oder die beliebte Amanogarnele (*C. multidentata*) können zehn Jahre und älter werden, während die Mehrzahl der Arten mit verkürztem Larvenstadium nur etwa 1,5 Jahre lebt.

Caridina cf. *babaulti* var. Rainbow.

Caridina sulawesi.

Sich entwickelnde Zoea-Larven bei *Caridina* sp.

Artengruppe um *Caridina serrata*

Der Name der Bienengarnele ergibt sich aus ihrem Streifenmuster. Im Handel werden viele unterschiedliche Garnelenarten aus der Gattung *Caridina* als „Bee" bezeichnet. Diese Garnelen erfreuen sich in der Wirbellosenaquaristik großer Beliebtheit, und mit ihr arbeiten viele Züchter, um durch Selektions- und Kreuzungszucht neue Muster und Farben zu erschaffen.

Diese Garnelen stimmen teils von der Anatomie und auch von den Ansprüchen her überein, weshalb man sie unter dem Namen „Artengruppe um *C. serrata*" zusammenfasst.

Es handelt sich hierbei um Garnelen aus Biotopen mit leicht saurem und sehr weichem Wasser und einem Leitwert zwischen 15 und 150 µS/cm. Der pH-Wert im Aquarium sollte zwischen 5 und 7 liegen, die GH in einem Bereich unter 8 °dGH und die Karbonathärte unter 2 °dKH.

Die Aquarientemperatur sollte zwischen 18 und 25 °C betragen.

Die Arten des *serrata*-Komplexes reagieren sehr empfindlich auf Stickstoffverbindungen und auf Schwermetalle (vor allem Kupfer).

Die Weibchen der *serrata*-Gruppe tragen meist rotbraune bis kupferrote Eier, deren Größe sich im Bereich 1,20 bis 1,23 × 0,78 bis 0,89 mm befindet.

Die Lebenserwartung dieser Garnelen beträgt ungefähr 1,5 Jahre.

Caridina serrata Stimpson, 1860

Leider werden viele Garnelen aus der *serrata*-Gruppe so pauschal wie irrtümlich als *Caridina serrata* bezeichnet. Die einzige wirkliche *C. serrata*, die gegenwärtig in der Aquaristik erhältlich ist, ist die Variante Stardust, eine Wildform, die schon erfolgreich mit Blauen Tigergarnelen verpaart wurde. Im Nachwuchs ergaben sich bläuliche Garnelen mit weißen Pünktchen.

Im Aquarium braucht *C. serrata* leicht saures, weiches Wasser.

Die Naturform ist transparent mit unterbrochenen schwarzen und weißen Querstreifen und braunen Pünktchen.

C. serrata stammt aus China. Man findet sie auf zwei zu Hongkong gehörenden Inseln und auf der Insel Nanao in der Provinz Guangdong. Nach unveröffentlichten genetischen Untersuchungen (To van Do, pers. Gespräch) gibt es auch eine Population auf einer sehr kleinen vietnamesischen Insel.

Morphologie

C. serrata unterscheidet sich von anderen Garnelen der Artengruppe durch ihr kurzes Rostrum, das nur bis zum oder kurz über das Ende des ersten Segments der Antennenbasis hinaus reicht, und durch seinen Endopoditen am ersten Schwimmbein der Männchen, der auf der distalen Seite nicht erweitert ist.

Habitat von *Caridina serrata* in Hongkong.

Von *C. maculata* unterscheidet sie der lange Stylocerit, der deutlich über das erste Segment der Antennenbasis hinausreicht.

Die Art wurde schon 1860 beschrieben und hat den Namen der Artengruppe geprägt, die verschiedene Zwerggarnelen umfasst, die der Bienengarnele stark ähneln. Die gesamte Gruppe weist einen langen Styloceriten auf, der über das erste Segment der Antennenbasis hinausreicht, ein deutlich bezahntes Rostrum und Weibchen mit großen Eiern, aus denen Jungtiere schlüpfen, die sich im Süßwasser entwickeln können.

Das Habitat

Caridina serrata leben in verschiedenen kleinen Bächen auf den Inseln Hongkong und Lantau, wo man sie in Laubansammlungen und zwischen Kieseln auf steinigem Grund findet.

Das Wasser im Habitat hat einen pH von 6,6, einen Leitwert von 82 µS und eine Temperatur von 18 °C.

Zeichnungen des Kopf-Brustpanzers (oben), des ersten Schwimmbeins (links) und des zweiten Schwimmbeins (rechts) von *Caridina serrata* nach der Beschreibung von Cai und Ng, 1998.

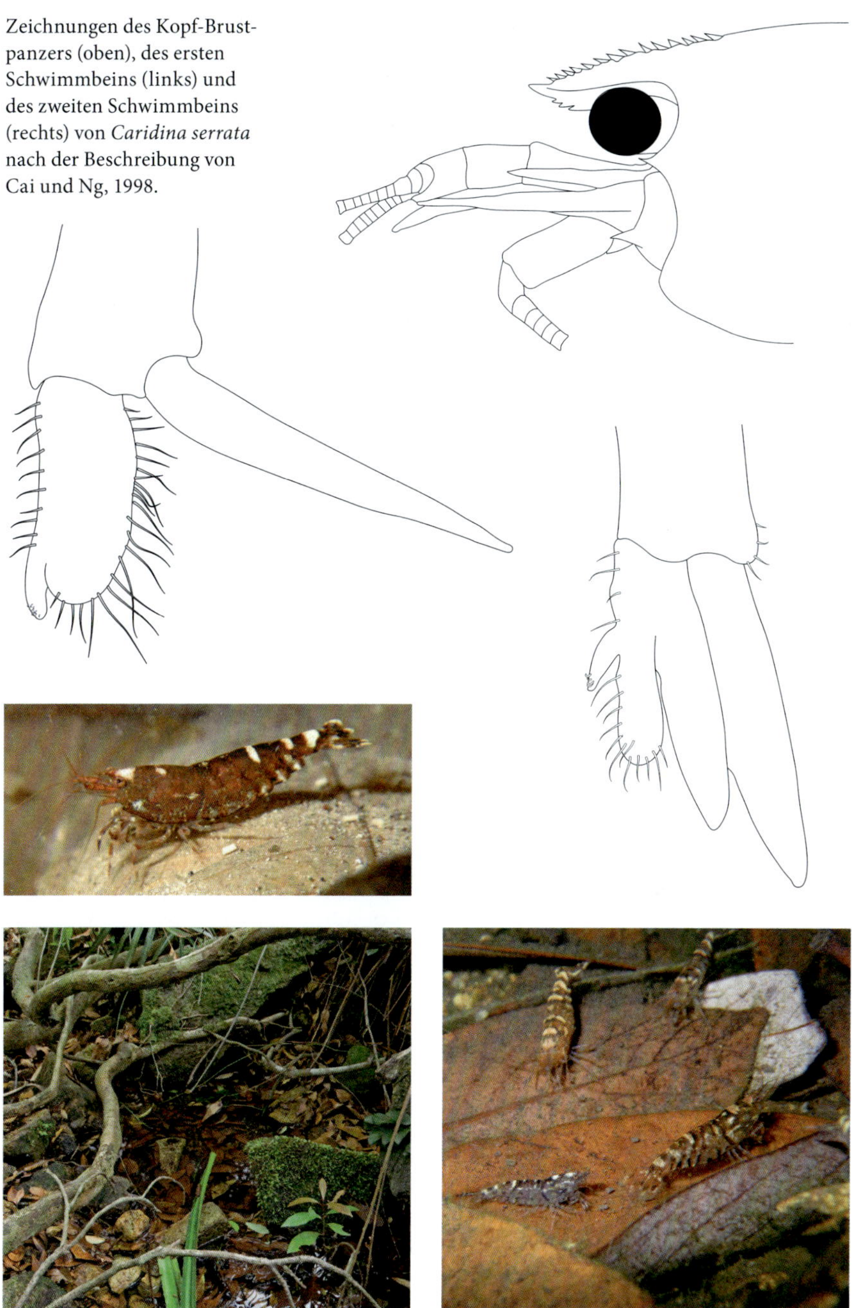

Caridina serrata in einem natürlichen Habitat in Hongkong.

Caridina serrata var. Stardust.

Caridina cantonensis Yü, 1938

Bis 2014 wurden einige sehr unterschiedlich gefärbte und gemusterte, allesamt züchterisch sehr interessante Garnelen als *Caridina* cf. *cantonensis* geführt.

Dank einer wissenschaftlichen Arbeit von Thomas von Rintelen und Werner Klotz kristallisierten sich hier drei Arten heraus: *C. logemanni, C. mariae und C. cantonensis*.

In der 2014 publizierten Arbeit beschrieben die beiden Autoren auch noch eine vierte Art, die bis dato nicht in der Aquaristik vertreten ist: *Caridina conghuensis*, eine blaue Garnele mit kleinen weißen Streifen, einem weißen Schwanzfächer mit blauen Streifen und einem deutlich robuster wirkenden Kopf-Brustpanzer als die anderen drei Arten. Alle vier in der Arbeit erwähnten Arten sind in der chinesischen Provinz Guangdong heimisch.

C. cantonensis ist die Art mit der weitesten Verbreitung innerhalb der Artengruppe um *C. serrata*, und in sehr vielen Habitaten in ihrem Verbreitungsgebiet tritt sie in hohen Populationsdichten auf.

Man findet diese Zwerggarnelen in weiten Teilen der chinesischen Provinzen Guangdong und Guangxi sowie in Hongkong. Auch in einem Teil Vietnams kommen sie vor.

Morphologie

Caridina cantonensis gehört zum Artenkomplex um *Caridina serrata*.

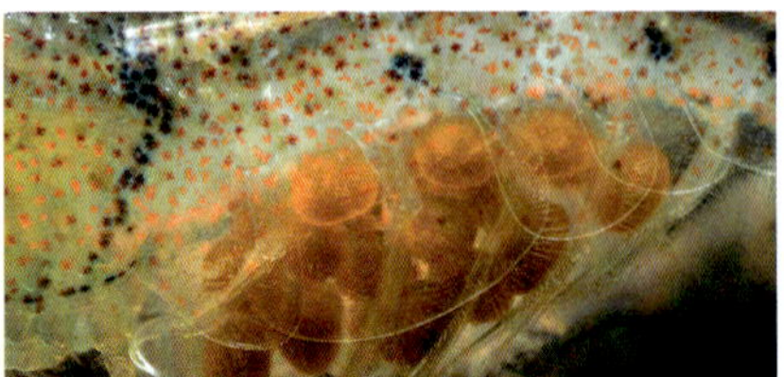

Sich entwickelnde Eier von *Caridina serrata* var. Stardust.

Von anderen Garnelen der Gruppe unterscheidet sie sich durch ihr langes Rostrum, das bis zur Mitte des zweiten oder sogar des dritten Gliedes der Antennenbasis reicht. Die Rostrumformel ist 4–5 (4) + 8–12 (9) / 3–5 (3). Weiterhin sind der gefaltete Endopodit am ersten Schwimmbein des adulten Männchens und die Form der Appendix masculina eindeutig.

Die Morphologie ähnelt der von *C. logemanni* stark, jedoch ist das Muster ein ganz anderes.

Wilde *Caridina cantonensis* aus China.

Habitat von *Caridina cantonensis* in der Provinz Guangdong, China.

Das Habitat

C. cantonensis findet man in Bächen unterschiedlicher Größe. In den Oberläufen ohne Fressfeinde oder mit nur sehr kleinen Fischen gibt es teilweise zahlenmäßig sehr große Populationen.

Weil sie so weit verbreitet sind, kann man für *C. cantonensis* keine eindeutigen Wasserwerte empfehlen. Sie leben in langsam und schnell fließenden Gewässern, in sehr weichem, mineralstoffarmem Wasser mit einem niedrigen Leitwert und pH-Werten im sauren Bereich. Die Wassertemperaturen reichen von 16 °C im Winter bis fast 30 °C im Sommer.

Im Aquarium toleriert *C. cantonensis* nicht nur weiches, leicht saures Wasser, sie kann auch bei Werten gehalten werden, die eher für *Neocaridina* geeignet scheinen – Weichwasser wird jedoch bevorzugt.

Färbung

Die Färbung der Wildformen ist extrem variabel. Meist sind die Garnelen jedoch transparent oder bräunlich mit dunkelbraunen Punkten und Streifen.

Die Art umfasst jedoch auch noch gänzlich anders aussehende Farbformen beziehungsweise Standortvarianten, die im Handel erhältlich sind: die gelb-orangefarbenen Tangerine Tiger, auch Orange Tiger genannt, die blauen Aura Blue oder Azura Blue und wahrscheinlich auch die als Tüpfelgarnelen bekannten Tiere, sowohl die braunblaue wilde Tüpfelgarnele als auch die Rote Tüpfelgarnele.

Alle Farbmorphen haben ein bräunliches Punkt- und Streifenmuster. Besitzen sie eine Körpergrundfarbe, ist diese zwar intensiv, aber nicht deckend, und der Schwanzfächer zeigt keine weißen Pigmente.

Die wohl am schwierigsten zu haltende und zu züchtende Variante ist die Rote Tüpfelgarnele. Sie ist auch nicht sehr häufig im Handel.

Die Aura Blue kann hellblau bis dunkelblau gefärbt sein und lässt sich auf bestimmte Farbtöne gezielt züchten. Sie wurde zur Farbverbesserung bei dem Farbschlag der Blue Bolt eingekreuzt, was zu dunkler und intensiver blau gefärbten Exemplaren in der Nachkommenschaft führte.

Die Tangerine Tiger wird sehr gerne in der Hybridzucht eingesetzt, weil sie schöne neue Muster erbringt, dicht gefolgt von der Aura Blue.

Da mit diesen Garnelen sehr gerne züchterisch gearbeitet und auch gekreuzt wird, ist es schwierig, ihre genetische Reinheit sicherzustellen. Das kann nur gelingen, wenn man auf Wildfänge zurückgreift.

Habitat von *Caridina cantonensis* in der Provinz Guangdong, China.

Zeichnung des Kopf-Brustpanzers (oben), des ersten Schwimmbeins (unten links) und des zweiten Schwimmbeins (unten rechts) von *Caridina cantonensis* nach der Beschreibung von Klotz und von Rintelen, 2014.

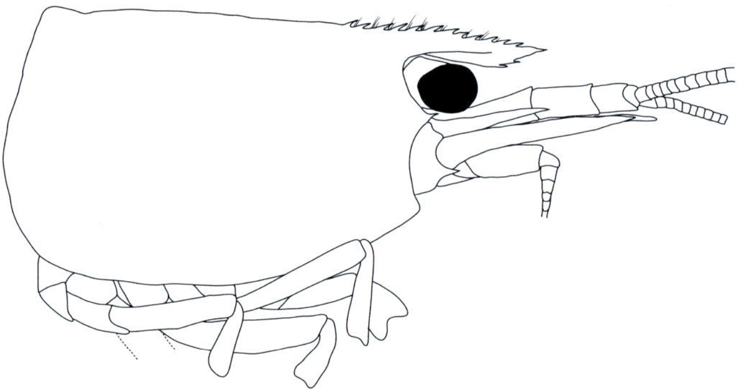

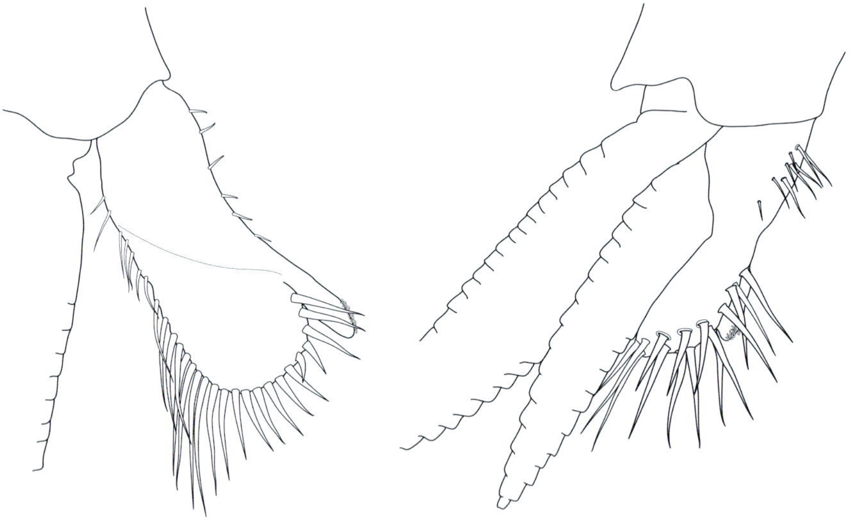

Wilde *Caridina cantonensis* aus China.

Caridina cantonensis var. Red Tüpfel.

Caridina cantonensis var. Aura Blue.

Caridina cantonensis var. Tangerine Tiger.

Caridina logemanni Klotz & von Rintelen, 2014

Die Crystal Red, eine rote Farbform der Bienengarnele (*C. logemanni*), war eine der ersten bunten Garnelen in der Aquaristik. Sie wurde 1991 vom japanischen Züchter Hisayasu Suzuki entdeckt und gezielt gezüchtet.

Die Bienengarnele ist im Osten Hongkongs endemisch.

Morphologie

Die Morphologie von *C. logemanni* ähnelt der ihrer nächsten Verwandten *C. cantonensis* sehr stark, die Wildformen lassen sich allerdings dank der eigentümlichen Färbung der Bienengarnele optisch gut unterscheiden.

Zudem ist der Carpus des ersten Schreitbeins bei *C. logemanni* anders geformt und proportioniert als bei *C. cantonensis*.

Der Carpus ist auf der distalen Seite deutlich eingeschnitten. Er ist bei *Caridina logemanni* 1,11 – 1,46 Mal länger als breit, im Gegensatz zu *Caridina cantonensis*, bei der das Verhältnis von Länge zu Breite 1,41 – 1,9:1 beträgt.

Ein weiteres Unterscheidungsmerkmal ist der schlankere Endopodit des ersten Schwimmbeins beim Männchen – hier stehen Länge

Habitat von *Caridina logemanni* in Hongkong.

Habitat von *Caridina logemanni* in Hongkong.

und Breite im Verhältnis 2,44 bis 2,71:1, gegenüber 2,13 bis 2,35:1 bei *Caridina cantonensis*.

Das Habitat

C. logemanni kommt in drei kleinen Bächen im Nordosten der New Territories von Hongkong vor. Hier gibt es keine weiteren Garnelenarten, obwohl in benachbarten Bächen große Vorkommen von *Caridina cantonensis* nachgewiesen werden konnten. Hier leben die Bienengarnelen im Flachwasser in Laubansammlungen und zwischen Kieseln auf felsigem Grund.

Die folgenden Wasserwerte konnten im Habitat gemessen werden: pH 6,0, Leitwert 33 µS, gelöster Sauerstoff 8,1 mg/l und eine Wassertemperatur von 19,8 °C.

Färbung

Die Bienengarnele ist wohl die beliebteste Zuchtgarnele und Stammmutter vieler unterschiedlicher Linien.

Die Wildform zeigt dunkelbraune und weiße Streifen mit transparenten Flecken auf dem Körper. Fühler und Schwanzfächer sind orange gefärbt. Dieser Farbschlag wird im Hobby Crystal Black oder CB genannt. Die schwarzbraune Farbe kommt durch die Mischung von blauen, gelben und roten Pigmenten in den Farbzellen oder Chromatophoren zustande.

Im Jahr 1993 kamen die ersten roten Varianten in den Handel, die von Hisayasu Suzuki gezüchtet worden waren. Hier waren die Streifen nicht schwarz, sondern rot. Er nannte seine

Zeichnung des Kopf-Brustpanzers (oben), des ersten Schwimmbeins (unten links) und des zweiten Schwimmbeins (unten rechts) von *Caridina logemanni* nach der Beschreibung von Klotz und von Rintelen, 2014.

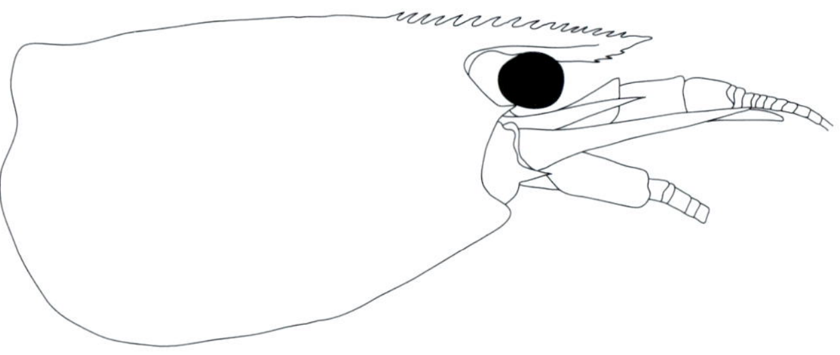

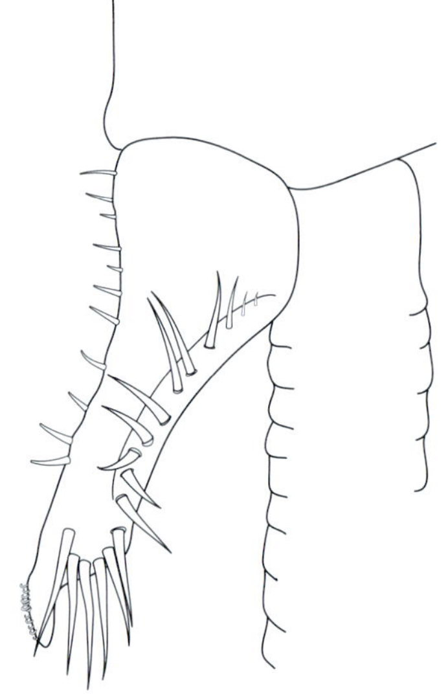

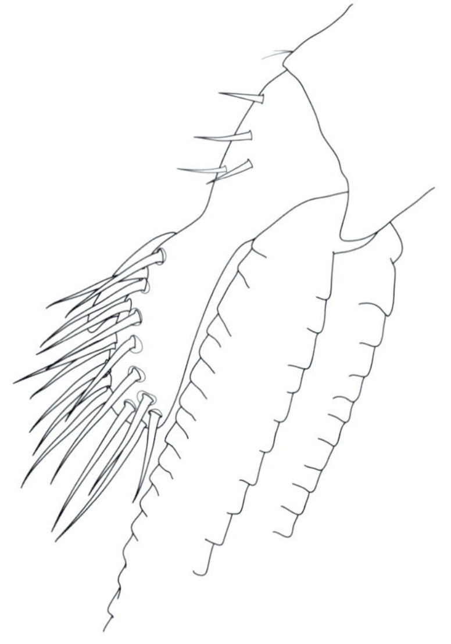

Wilde *Caridina logemanni* in Hongkong.

Züchtung Crystal Red (CR). Bei der CR liegt eine Mutation vor, die die Bildung blauer Pigmente verhindert, daher bleiben rote und gelbe Töne übrig.

1996 ging man davon aus, dass die rote Färbung rezessiv sei und nach den Mendelschen Regeln vererbt würde: Bei der Verpaarung einer roten mit einer schwarzen Bienengarnele war daher in der ersten Filialgeneration (F1) rein schwarzer Nachwuchs zu erwarten, der jedoch hinsichtlich der Farbe mischerbig war. Verpaarte man die F1 untereinander, träten in der Theorie in der (F2) 25 % reinerbige schwarze, 50 % mischerbige schwarze und 25 % reinerbige rote Garnelen auf.

Dass dies nicht ganz korrekt ist, fiel bald auf: Aus diesen Verpaarungen gingen viele dunkelbraune Tiere hervor, das reine Schwarz ging verloren. Man geht mittlerweile von einem unvollständig

Die Wildfarbe von *Caridina logemanni* in Schwarz und Rot.

dominanten Erbgang aus, bei dem neben schwarzen Pigmenten auch rote vererbt werden – die Mischung ergibt ein dunkles Braun.

Im folgenden Kapitel behandeln wir die Kreuzungen innerhalb der Gruppe um *C. serrata*, und dort gehen wir auf die Vererbung bei den Linien Black und Red Bee sowie der Pure Line ein. Wir stellen dort auch das Gradesystem für Bienengarnelen näher vor.

Caridina mariae Klotz & von Rintelen, 2014

Im Handel und im Hobby werden diese Garnelen dank ihres auffälligen Streifenmusters als Tigergarnele bezeichnet.

Sie stammen aus der Provinz Guangdong in Südchina.

Morphologie

Morphologisch ähnelt *C. mariae* stark *C. cantonensis* und *C. logemanni.*

Die charakteristische Streifenzeichnung erlaubt eine eindeutige Bestimmung in der Natur. *C. mariae* unterscheidet sich aber von *C. cantonensis* auch noch anhand der geringeren Zahl an Zähnchen auf dem oberen Rand des Rostrums: 1 bis 2 statt 3 bis 5 bei *C. cantonensis*.

Des Weiteren ist der vordere Teil des Endopoditen am ersten Schwimmbein der Männchen nicht nach hinten gefaltet, und der distale Teil weitet sich bei adulten Tieren am äußeren Rand.

Eine *Caridina mariae* Super Tiger (oben) und eine Tigergarnele (unten) in Biotopen in der chinesischen Provinz Guangdong.

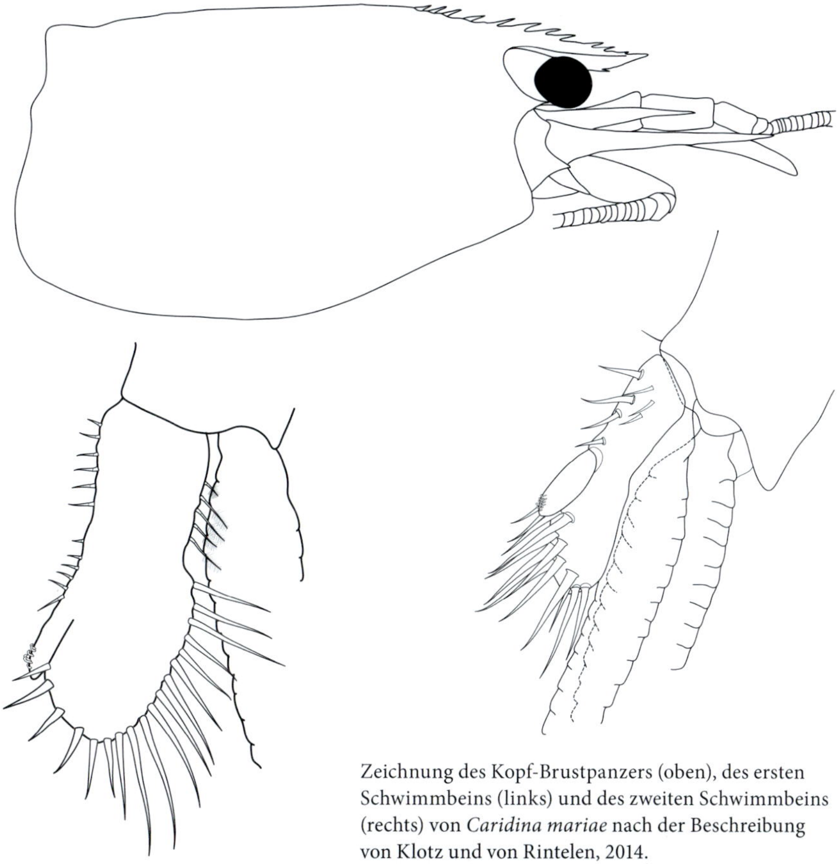

Zeichnung des Kopf-Brustpanzers (oben), des ersten Schwimmbeins (links) und des zweiten Schwimmbeins (rechts) von *Caridina mariae* nach der Beschreibung von Klotz und von Rintelen, 2014.

Eine *Caridina mariae* var. Super Tiger.

Bei *C. cantonensis* ist hier hingegen eine deutliche Faltung nach hinten zu erkennen, während der distale Teil nicht verbreitert ist.

Von *C. logemanni* unterscheidet sich *Caridina mariae* in der Länge des Stylocériten, der bis zum Ende des zweiten Segments der Antennenbasis reicht oder zumindest 70 % davon erreicht. Bei männlichen *C. logemanni* dagegen erreicht der Stylocerit nur ungefähr 40 bis 50 % des zweiten Segments, während ihr Endopodit nicht so stark verbreitert und ungefaltet ist.

Das Habitat

C. mariae findet man in verschiedenen Regionen in den Bergen der südchinesischen Provinz Guangdong, wo sie in kleinen Bächen und auf stark sumpfigen Flächen vorkommen. In einem der Habitate, einer dauerhaft überschwemmten Wiese bei Conghua, wurden ein pH von 7,0 und ein Leitwert von 40 µS gemessen.

Färbung

Die Urform der Tigergarnele ist transparent mit schwarzen Streifen sowie teilweise feinen weißen Pigmentierungen. Die Zeichnung kann sehr intensiv sein. Die rote Variante (Rote Tigergarnele) entstammt vermutlich einer spontanen Mutation der wildfarbenen Tigergarnele.

Das typische Streifenmuster besteht aus fünf Streifen, von denen die ersten beiden nach hinten und die letzten drei nach vorne geneigt sind.

In der Natur fand man bisher keine vollkommen blau gefärbten Tigergarnelen, jedoch einige Exemplare mit einer bläulichen Färbung.

Habitat von *Caridina mariae* in der chinesischen Provinz Guangdong.

Caridina mariae var. Red Tiger (oben) und Tiger (unten).

Es gibt eine weitere wilde Farbvariante, die Super Tiger oder Tiger Orange Tail; ihre Färbung ist transparent bis weißlich-beige und ihre Streifenzeichnung ist auffallend dick und intensiv schwarz. Kopf und Schwanzfächer sind orange bis gelb. Sie findet man in einem Überschwemmungsgebiet in der Provinz Guangdong.

Im Aquarium kann *C. mariae* in weichem, leicht saurem bis mittelhartem Wasser gehalten werden.

Tigergarnelen werden gerne für die Hybridzucht verwendet.

Caridina breviata N. K. Ng & Cai, 2000

Diese Garnele ist transparent, manche Exemplare sind bräunlich gebändert.

Unter dem Namen *C. breviata* kamen verschiedene Arten als „Hummelgarnelen" mit kurzem Rostrum in den Handel, jedoch ist die echte *C. breviata* bisher noch nicht in der Aquaristik vertreten. Die meisten dieser Garnelen in der Aquaristik gehören vermutlich zu den Arten *Caridina venusta* oder *Paracaridina zijinica*.

Morphologie

Das Rostrum ist kurz und zeigt auf der Oberseite 0 bis 8 Zähnchen, die Unterseite ist glatt.

Das Habitat

Diese Art kommt nur in einem kleinen Bach nahe der südchinesischen Stadt Zhapu vor.

Das Habitat liegt 60 m über dem Meeresspiegel. Hier herrscht eine langsame Wasserströmung, die Wassertemperatur liegt bei 17 °C, der pH-Wert

Habitat von *Caridina breviata* in China.

Zeichnung des Kopf-Brustpanzers (oben), des ersten (links) und des zweiten Schwimmbeins (rechts) von *Caridina breviata* nach der Beschreibung von Ng und Cai, 2000.

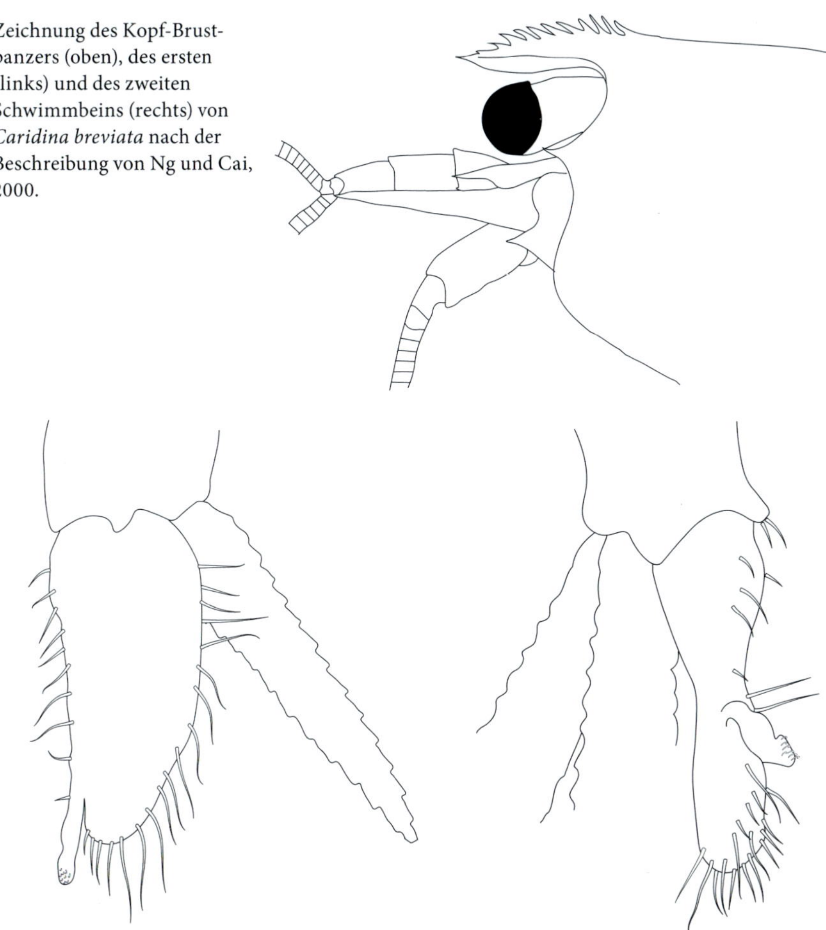

bei 7,3, der Leitwert bei 130 µS und der gelöste Sauerstoff bei 7,3 mg/l.

Caridina maculata Wang, Liang & Li, 2008

Ihre Färbung besteht aus weißen und schwarzbraunen Flächen. Diese Art ist sehr variabel.

Typisch ist ein kleiner viereckiger dunkler Fleck zwischen dem zweiten, weißen und dem dritten, schwarzen Abdominalsegment, obwohl er nicht bei allen Exemplaren auftritt. Der Schwanzfächer ist gestreift.

Die Art stammt aus der chinesischen Provinz Guangdong. Sie befindet sich auf dem Rückzug, weil die Habitate zugunsten von Mandarinenplantagen abgeholzt werden.

Wilde *Caridina breviata* aus China.

Aufgrund ihrer wenig attraktiven Zeichnung findet man diese Zwerggarnele nicht im Handel. Garnelen, die als *C. maculata* verkauft werden, gehören meist eigentlich der Art *C. venusta* an.

Morphologie

Caridina maculata hat ein kurzes gerades und bezahntes Rostrum mit 9 bis 12 Zähnchen auf der Oberseite und 1 bis 3 auf dem Kopf-Brustpanzer hinter der Orbitallinie. Die Unterseite weist ebenfalls 2 bis 3 Zähnchen auf.

Von den anderen Arten des Komplexes um *C. serrata* unterscheidet sie, dass der Stylocerit nicht deutlich über das erste Segment der Antennenbasis hinausreicht.

Das Habitat

C. maculata hat ihr Vorkommen in einigen Bächen nahe der Stadt Lixi in der chinesischen Provinz Guangdong.

In den Unterläufen der Bäche finden sich meist dichte Populationen von *C. cantonensis,* in den Oberläufen dagegen findet man *C. maculata*.

In den natürlichen Habitaten dieser Art liegt der pH-Wert des Wassers bei ca. 7,3, der Leitwert bei 29 µS und die Wassertemperatur um 19 °C.

Caridina trifasciata Yam & Cai, 2003

Diese Garnele ist auch als Dreibandgarnele bekannt. Ihr Körper ist in der Regel transparent und weist

Wilde *Caridina maculata* und Detailaufnahme der charakteristischen Zeichnung.

Habitat von *Caridina maculata* in der chinesischen Provinz Guangdong.

Wilde *Caridina maculata*.

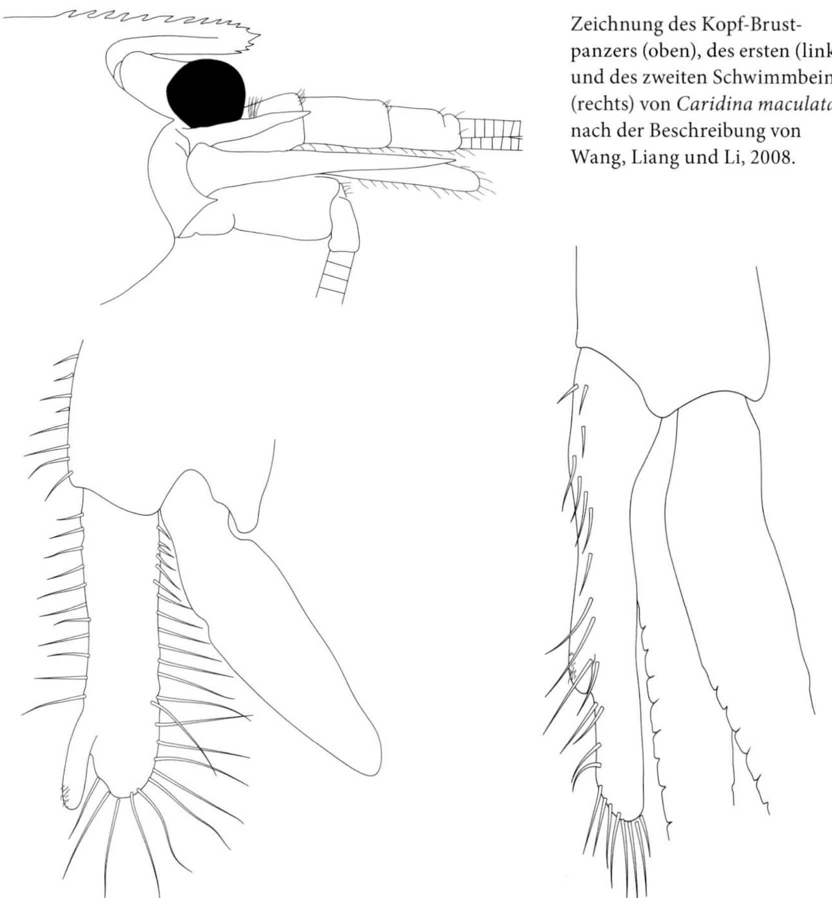

Zeichnung des Kopf-Brustpanzers (oben), des ersten (links) und des zweiten Schwimmbeins (rechts) von *Caridina maculata* nach der Beschreibung von Wang, Liang und Li, 2008.

drei dünne schwarze Bänder auf. Manche Exemplare zeigen eine deckende Blaufärbung. In einem Bach auf Hongkong treten auch vollkommen schwarze *C. trifasciata* mit weißen Flecken auf. Ihre Grundfarbe ist sehr variabel: blau, grau oder rötlich braun, meist mit drei schmalen Bändern auf dem Hinterleib und dem Schwanz.

Die Art *C. trifasciata* stammt aus dem Osten Hongkongs.

C. trifasciata wurde 2011 erfolgreich mit schwarzen Bienengarnelen und 2017 mit Taiwan Bees gekreuzt.

Morphologie

Das Rostrum von *C. trifasciata* ist kurz und reicht maximal bis zur Mitte oder bis zum distalen Rand des zweiten Segments der Antennenbasis. Es ist bezahnt, mit 8 bis 16 Zähnchen auf der Ober- und 1 bis 3 auf der Unterseite.

Zeichnung des Kopf-Brustpanzers (oben), des ersten Schwimmbeins (links) und des zweiten Schwimmbeins (rechts) von *Caridina trifasciata* nach der Beschreibung von Yam und Cai, 2003.

Wilde *Caridina trifasciata* aus Hongkong mit einer untypischen schwarzen und weißen Färbung.

Habitat von *Caridina trifasciata* auf Hongkong (oben) und tyisch gefärbte wilde Exemplare (unten).

Eier tragendes Weibchen von *Caridina trifasciata* mit bläulich-rostroter Färbung. Diese Variante findet man nur in einem der drei Bäche im Osten Hongkongs, in denen *Caridina trifasciata* vorkommen. Die dunkel gefärbten Exemplare leben dort Seite an Seite mit typisch gefärbten Tieren.

Typische Färbung von *Caridina trifasciata*.

Der Endopodit des ersten Schwimmbeins beim Männchen ist nicht nach hinten gefaltet und weitet sich in seinem distalen Teil nicht aus.

Das Habitat

Leider liegen aus den Habitaten von *C. trifasciata* keine Messungen vor, man darf jedoch annehmen, dass sich die Wasserwerte nicht stark von denen des Habitates von *C. logemanni* unterscheiden.

Caridina haivanensis Tu & Thanh, 2010

Diese Art stammt aus Vietnam und kam als Princess Bee in den Handel. Auch die Anatomie der als Super Princess Bee bezeichneten Tiere ist identisch mit der von *C. haivanensis*, obwohl sie anders gefärbt sind.

Die typische Färbung besteht aus einem schwarzblau-weißen Streifenmuster. Ein weißer Fleck auf dem Kopf-Brustpanzer und ein weißes Rostrum sind charakteristisch.

Morphologie

Das kurze Rostrum ragt nur wenig über das Auge hinaus und hat 0 bis 3 Zähnchen auf der Ober- und 0 bis 1 Zähnchen auf der Unterseite.

Zur Abgrenzung gegen *Caridina venusta* und der Mehrzahl der anderen Zwerggarnelen fehlt bei *C. haivanensis* die Kieme am ersten Schreitbeinansatz. Eigentlich gehört sie daher in die Gattung *Paracaridina*. Die Art *P. zijinica* unterscheidet sich durch die geringere Anzahl an Zähnchen auf dem Rostrum von *C. haivanensis*.

Rötliche *Caridina haivanensis* oder Princess Bee.

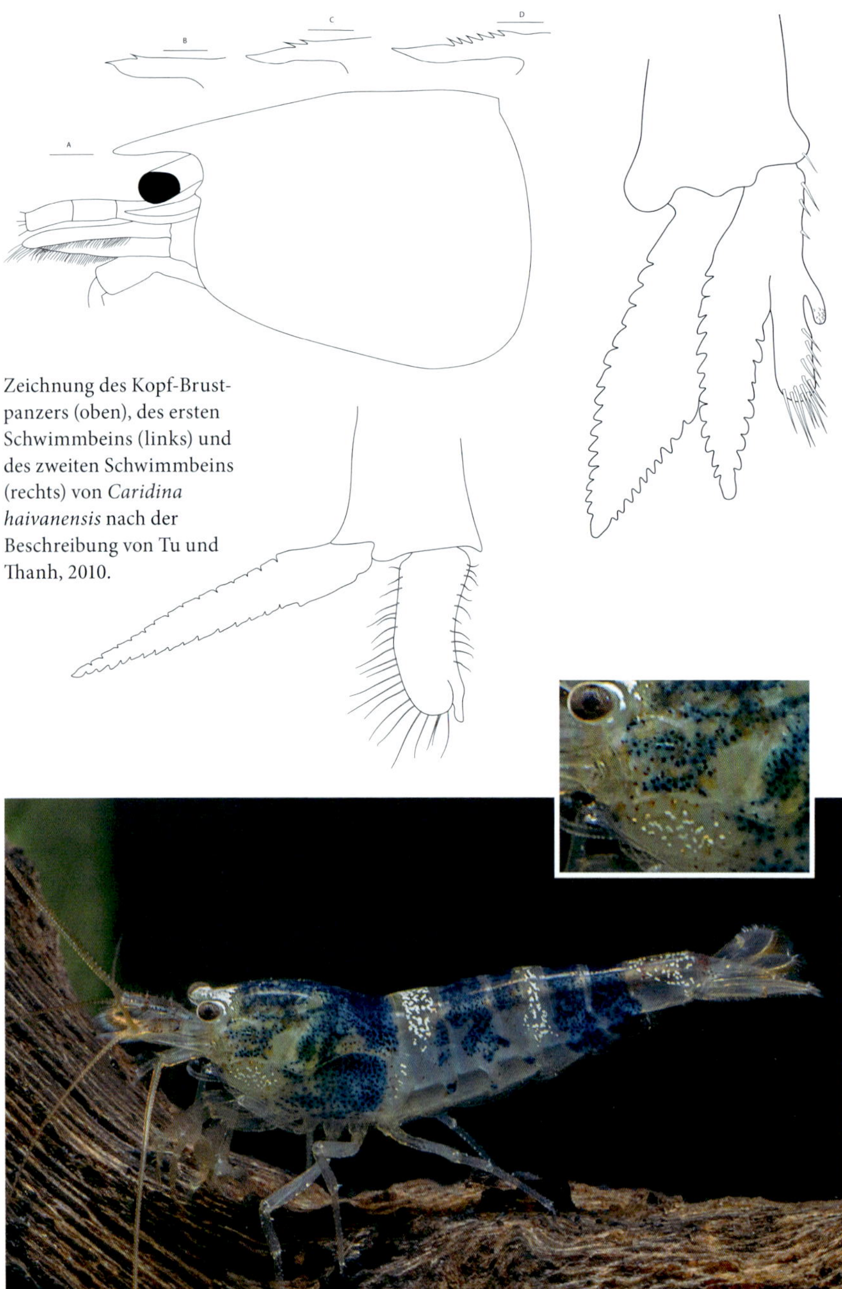

Zeichnung des Kopf-Brustpanzers (oben), des ersten Schwimmbeins (links) und des zweiten Schwimmbeins (rechts) von *Caridina haivanensis* nach der Beschreibung von Tu und Thanh, 2010.

Eine *C. haivanensis* oder Princess Bee, mit Detailaufnahme der weißen Färbung auf dem Kopf-Brustpanzer.

Das Habitat

Die Princess Bee lebt in mehreren kleinen Bächen nahe des Wolkenpasses (Hai-Van-Pass) in Vietnam. Sie ähneln den anderen typischen Habitaten der *serrata*-Gruppe in Vietnam und in Südchina. Leider liegen keine Parameter aus dem Originalhabitat vor.

Caridina venusta Wang, Liang & Li, 2008

Im Jahr 2014 wurde diese Hummelgarnele mit *C. tumida* gleichgesetzt. Wahrscheinlich ist sie auch synonym mit *C. quingyuanensis*, eine weitere „bienenartige" Garnele, die aus derselben Gegend beschrieben wurde.

Ihre Färbung besteht aus schwarzen bis dunkelbraunen Bändern auf weißem Grund, die kaum transparente Stellen aufweist. Auch der Schwanzbereich ist gestreift. Ein runder dunkler Fleck unterhalb des Auges ist typisch. Ähnlich wie rote Bienengarnelen kann auch die Hummelgarnele rötlich statt dunkel gefärbt sein.

Ihre Zeichnung ähnelt der von schwarzen Bienengarnelen des Grades SS mit V-Band, die Garnelen wirken jedoch weniger robust und sind kleiner.

Diese Hummelgarnelen stammen aus der chinesischen Provinz Guangdong.

Morphologie

C. venusta unterscheidet sich von *C. maculata,* die häufig in denselben Gegenden und manchmal sogar in den gleichen Bächen vorkommt, durch ihr teilweise glattes oder nur spärlich bezahntes, kurzes Rostrum.

Das Habitat

Man findet die Hummelgarnele in kleinen Bächen im Hügelland, manchmal zusammen mit

Wilde *Caridina venusta* in der chinesischen Provinz Guangdong.

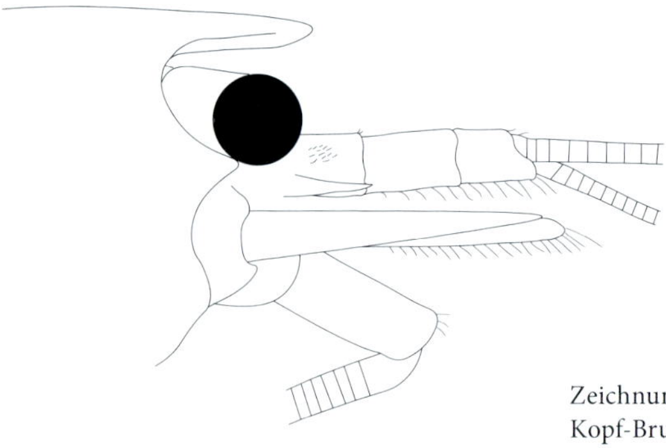

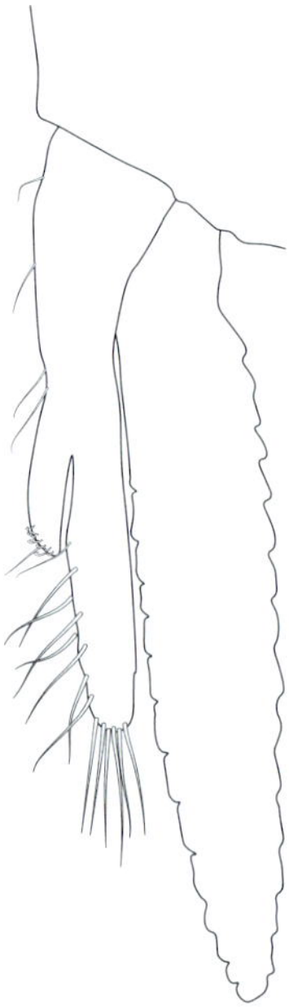

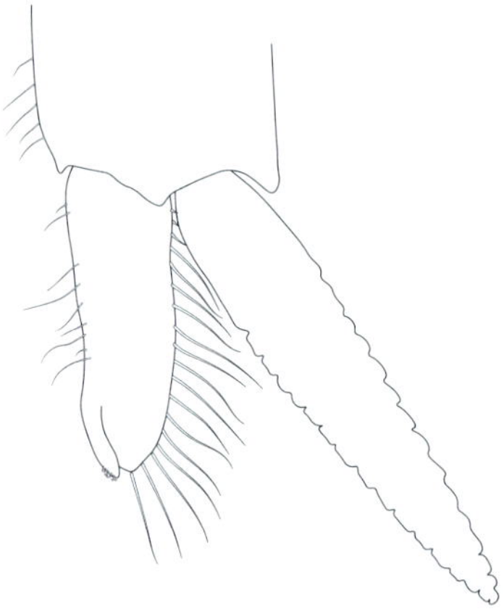

Zeichnung des Kopf-Brustpanzers (oben), des ersten Schwimmbeins (links) und des zweiten Schwimmbeins (rechts) von *Caridina venusta* nach der Beschreibung von Wang, Liang und Li, 2008.

Eine *Caridina venusta* mit dem typischen Wangenfleck unterhalb des Auges.

Habitat von *Caridina venusta* in der chinesischen Provinz Guangdong.

C. maculata. Sie lebt normalerweise zwischen Kieseln und auf steinigem Grund.

In ihrem Habitat lebt die Hummelgarnele in Wasser mit einem pH von 6,3, einem Leitwert von 25 bis 29 µS und einer Temperatur von 17,6 °C.

Caridina rubropunctata Đặng & Đô, 2007

Sie wird auch als Leopardgarnele bezeichnet und ist unregelmäßig im Handel erhältlich.

Ihr Muster hat ihr den Namen „Leopardgarnele" eingebracht. Sie ist transparent und hat über ihre ganze Körperfläche hinweg auffällige schwärzliche oder rötliche Punkte. Rostrum, Antennenbasis und Schwanzfächer sind orange. Je nach Temperatur kann die Leopardgarnele auch bläuliche Farbtöne aufweisen.

C. rubropunctata kommt in kleinen Bächen in der Region Van Lang im Distrikt Dong Hy in der vietnamesischen Provinz Thai Nguyen vor.

Beobachtungen legen nahe, dass sie einen neutralen pH-Wert und etwas härteres Wasser bevorzugt als der Rest der Garnelen der *serrata*-Gruppe, auch wenn es noch nicht viele Erfahrungen mit ihrer Haltung im Aquarium gibt.

Morphologie

Caridina rubropunctata ähnelt *C. serrata,* weil sie einen ähnlich langen Styloceriten hat und der Endopodit am ersten Schwimmbein beim adulten Männchen ungefaltet ist. Ihr Rostrum dagegen ist länger und reicht bis zum

Caridina rubropunctata.

Ende des zweiten Segments der Antennenbasis. Bei *C. serrata* reicht es nur bis zum Ende des ersten Segments.

Die Typusexemplare dieser Art sind leider verloren gegangen, und auch der Original-Fundort ist nicht eindeutig benannt. Im Moment wird versucht, neue Typusexemplare zu finden. Zur Zeit ist es daher leider nicht möglich, detaillierte Informationen über die Morphologie dieser Art zu geben.

Allerdings besagen Erfahrungen von Aquarianern, dass alleine die ungewöhnliche Färbung dieser Garnelenart ausreicht, um die Wildform sicher bestimmen zu können.

Da die Fundorte nicht bekannt sind, gibt es leider auch keine Angaben zu den Wasserwerten und zur Beschaffenheit der Habitate der Leopardgarnele.

Caridina sp. Galaxy Tiger

Diese *Caridina* ist im Hobby als Galaxy Tiger bekannt. Sie ist in unregelmäßigen Abständen im Handel erhältlich.

Den Namen „Galaxy" erhielt sie aufgrund ihrer auffallenden Färbung. Sie ist transparent mit dunklen Punkten auf dem Kopf-Brustpanzer und Streifen auf dem Hinterleib. Rostrum, Antennenbasis und Schwanzfächer sind orange. Je nach Temperatur kann sie bläuliche Töne annehmen.

Zwei Fundorte in Südchina sind bekannt.

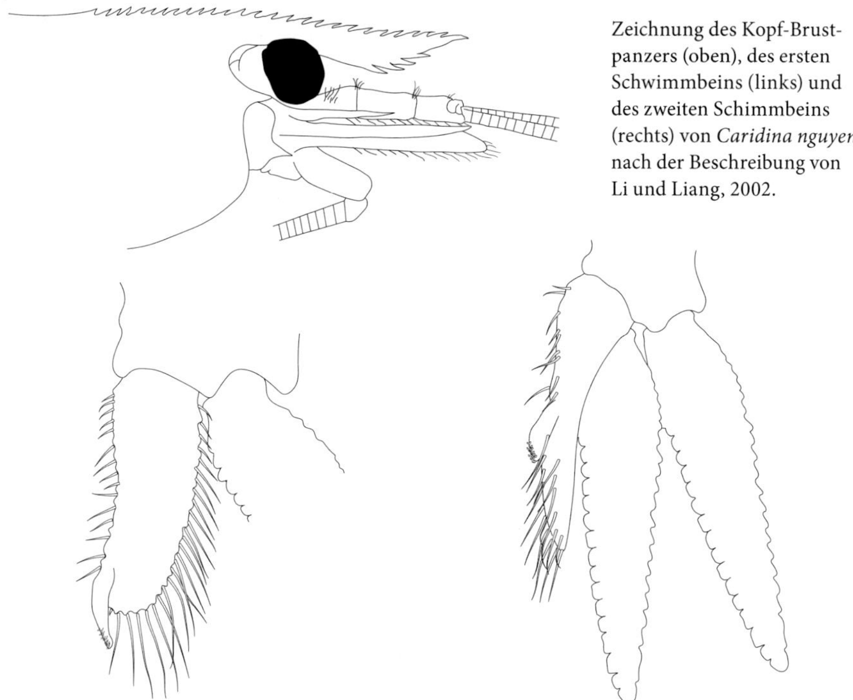

Zeichnung des Kopf-Brustpanzers (oben), des ersten Schwimmbeins (links) und des zweiten Schimmbeins (rechts) von *Caridina nguyeni* nach der Beschreibung von Li und Liang, 2002.

Morphologie

Das Rostrum der Galaxy Tiger ist stark gezähnt, die Zahl der Zähnchen hinter dem Orbitalrand ist ungewöhnlich hoch (11 – 15). Der Carpus des ersten Scherenbeins ist tief eingeschnitten.

Die Galaxy Tiger ähnelt *C. nguyeni*, einer Zwerggarnele, die aus einer Region an der Grenze zwischen Vietnam und China beschrieben wurde. Eine Genanalyse und ein Vergleich mit Typusexemplaren von *C. nguyeni* zeigten jedoch, dass sich die Galaxy Tiger von ihnen deutlich unterscheidet, und dass zudem mindestens zwei verschiedene Arten als Galaxy Tiger importiert wurden, obwohl sich die Musterung, die Farbe und sogar die Morphologie der beiden noch unbestimmten Garnelenarten stark ähneln.

Über das Habitat der wilden Galaxy Tiger gibt es leider keine Informationen.

Beobachtungen legen nahe, dass die Galaxy Tiger einen neutralen pH-Wert und etwas härteres Wasser bevorzugt als der Rest der *serrata*-Gruppe, auch wenn es nicht viele Erfahrungen mit der Haltung im Aquarium gibt. Sie kann im Aquarium nachgezogen werden, ist jedoch nicht so produktiv wie andere Arten der Gruppe (wie *C. rubropunctata*), und die Aufzucht ihrer Nachkommen gilt als etwas schwieriger.

Caridina rubropunctata.

Caridina sp. var. Galaxy Tiger.

Diese *Caridina* sp. wird teils mit Galaxy Tigern zusammen importiert. Sie wird auch als Spotted Tiger bezeichnet. Sie hat ein Punktmuster auf bläulichem Grund und teils auch eine feine weiße Strichelung.

Die Cheetah-Garnele hat ein feines braunschwarzes Punktmuster auf transparentem Grund, insbesondere auf dem Kopf-Brustpanzer. Anatomisch gleicht sie *Caridina cantonensis* aus Flüssen in den Bergregionen mit einer typischen schnellen Strömung.

Caridina sp. var. China Princess Bee. Diese Garnele bleibt kleiner als die anderen Arten und zeigt ein weißblaues Streifenmuster sowie größere Punkte, ähnlich wie *C. rubropunctata*.

Hochzuchten und Hybriden

Die Zwerggarnelen aus der Artengruppe um *Caridina serrata* sind im Hobby wohl die beliebtesten Aquariengarnelen. Sie bieten züchterisch unglaublich viele Möglichkeiten, durch Kreuzungs- und Selektionszucht neue Varianten zu erschaffen. Durch die Rekombination verschiedener Gene entstehen neue Farben und Muster.

Die Farbpigmente der Zwerggarnelen lassen sich grob in drei Hauptfarben einteilen, aus denen sich der Rest ergibt: Blau, Gelb und Rot. Ebenfalls stark vereinfacht könnte man sagen: Die Bienengarnele *C. logemanni* bringt reine Farben und die Weißfärbung mit, die Tigergarnele *C. mariae* steuert tiefe Farben und gestreifte Muster bei, und *C. cantonensis* bringt metallische Farben, Rückenstriche, Bauchlinien und Punkte ins Spiel.

Bees und Pure Line

Der Ausgangspunkt dieser Varianten war die Crystal Red oder Crystal Black (*C. logemanni*). Bei den heutigen Black und Red Bees ist jedoch nicht mehr sicher, ob es sich hier noch um reinrassige Bienengarnelen handelt, eine Vermischung mit Tigergarnelen steht im Raum. Im Abschnitt „Tibees“ gehen wir hierauf genauer ein. Auf den ersten Blick sind sich die Crystals und die Bees vor allem in den unteren Grades noch sehr ähnlich, jedoch könnte es sich genetisch gesehen um zwei verschiedene Formen handeln.

Durch selektive Zucht im Aquarium verdichteten sich die hellroten oder schwarzblauen und die weißen Farbpigmente stark, sodass es Tiere gibt, die absolut deckend gefärbt sind.

Bees werden nach der Verteilung und Qualität der weißen Farbflächen in aufsteigende Grades eingeteilt:

- Grade C/K0: Wildform
- Grade B/K2: Dreiband
- Grade A/K4: Vierband
- Grade S/K6: V-Band und Tiger tooth

Red Crystal V-Band.

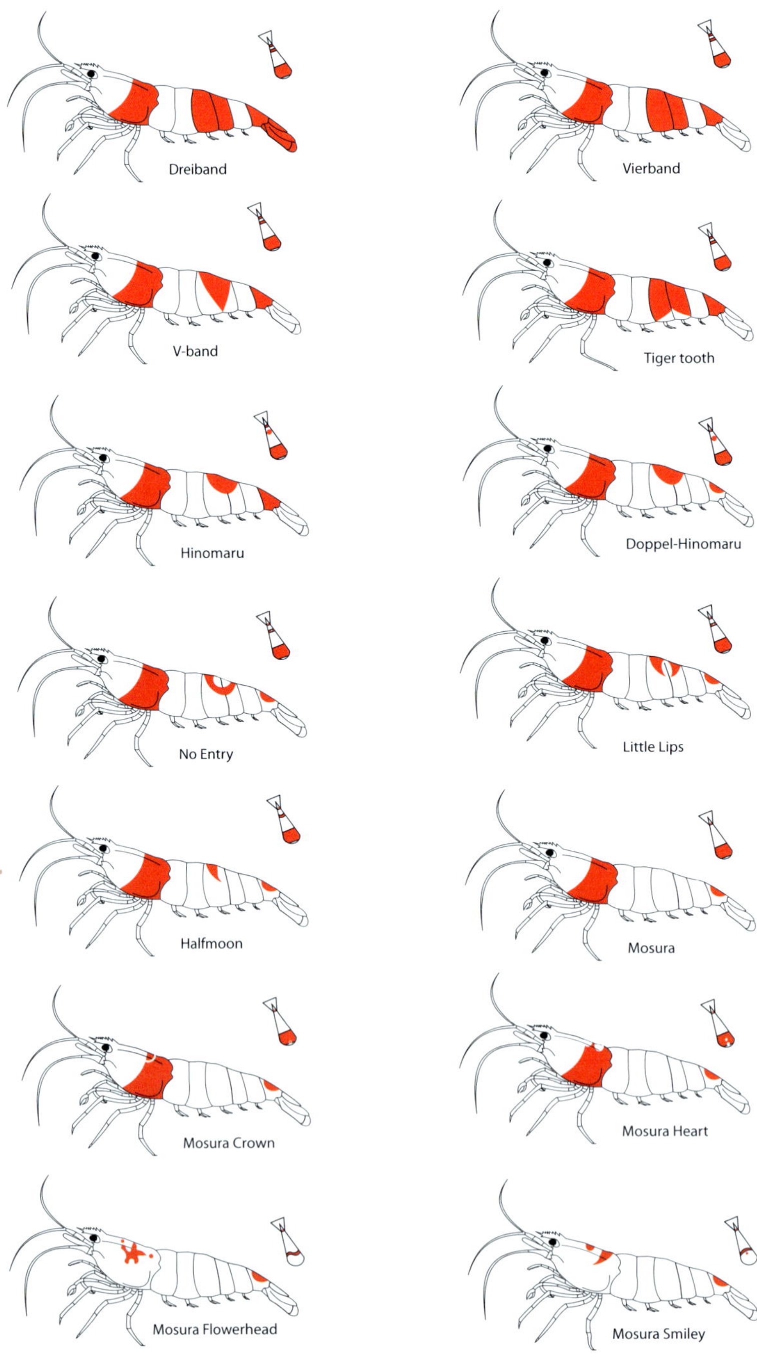

Dreiband
Vierband
V-band
Tiger tooth
Hinomaru
Doppel-Hinomaru
No Entry
Little Lips
Halfmoon
Mosura
Mosura Crown
Mosura Heart
Mosura Flowerhead
Mosura Smiley

- Grade SS/K8: Hinomaru
- Grade SS/K10: Doppel-Hinomaru, No Entry, Little Lips und Halfmoon
- Grade SSS/K12: Mosura, Crown und Heart
- Grade SSS/K14: Flowerhead und Smiley

Die auf Weiß selektierten Garnelen haben in den höheren Grades nur noch wenige rote oder schwarze Abzeichen auf dem Kopf-Brustpanzer. Hier sind idealerweise das Rostrum, die Beine und der Schwanzfächer durchgefärbt.

In jahrelanger Selektionsarbeit auf eine besonders intensiv deckende, strahlende Weißfärbung gezogene Bees werden als Pure Line angesprochen. Die ersten Exemplare waren Red Bees, die Linie heißt Pure Red Line (PRL). Ihr Rot ist intensiv und deckend. Gelbe und blaue Farbpigmente kommen nicht mehr vor. Eine Pure Black Line und eine Pure White Line (PBL/PWL) sind rein theoretisch auch denkbar, jedoch finden sich im Handel nur „normale" Black Bees und Snow Whites unter diesem Namen, die jedoch ebenfalls hohe

Schwarze und Rote Bienengarnelen mit niedrigem Grade (S oder K6).

Schwarze Bienengarnele mit mittlerem Grade (SS oder K8).

Rote Biene mit hohem Grade (SSS oder K12).

Super Crystal Red.

Super Crystal Black.

Schwarze Biene Grade SS.

Grades aufweisen und stark selektiert wurden.

Es wurde auch in die andere Richtung selektiert: Die farbigen Flächen nahmen zu, das Weiß wurde auf ein schmales Band im vorderen Kopfdrittel, am Schwanzfächer und auf einen schmalen Sattel auf dem Hinterleib reduziert. Diese Variante heißt Super Crystal Red beziehungsweise Super Crystal Black. Sie wurde im Jahr 2009 bekannt gemacht.

Super Crystal Red mit intensiver Farbe und einem schmalen weißen Band hinter den Augen und auf dem Schwanzfächer nennt man Santa; die Variante gibt es auch in Schwarz, jedoch ohne eigenen Namen. Laut einer Theorie wurden sie in jahrelanger Zuchtauslese aus wilden Bienengarnelen selektiert. Eine andere geht von einer Einkreuzung von Yellow King Kong aus, was zu der deckend roten Farbe geführt habe. Das würde die orangefarbenen Reflexe erklären, die man manchmal bei diesen Garnelen sehen kann.

Tigergarnelen

Die wildfarbene Tigergarnele gehört zur Art *C. mariae*. Sie kann verschiedene Farben aufweisen, in der Natur findet man Tigergarnelen mit schwarzem oder rotem Streifenmuster oder einer bläulichen Körperfärbung. Weitere Farbvarianten wurden durch Zuchtselektion oder durch Einkreuzen anderer Arten erzielt.

2002 wurde die schwarze Variante Black Tiger vorgestellt. Ihr Zustandekommen ist unbekannt. Mit den Ausgangstieren wurde selektiv gezüchtet, um die schwarzen Flächen zu vergrößern und die transparenten Stellen zu verringern. Ob andere Arten eingekreuzt wurden,

Tiefblaue Tigergarnele (Deep Blue) mit Orange Eyes.

ist nicht bekannt. Da viele Züchter in unterschiedlichen Ländern an der Black Tiger arbeiteten, ist eine Zufallskreuzung mit *C. logemanni* nicht auszuschließen.

Für die Black Tiger gibt es eine Grade-Tabelle, der die Farbdeckung zugrunde liegt. Die Grade-Bezeichnung beginnt mit BT und geht mit einer Nummer zwischen 1 und 6 weiter. BT-6 ist der niedrigste Grade, BT-1 der mit der besten Farbdeckung. Diese Tiger sind einschließlich der Beine und des Schwanzfächers schwarz gefärbt. Die Augen sind dunkel.

Die Gradeeinteilung im Einzelnen:

- Black Tiger Wild (BT-6)
- Black Line Tiger (BT-5)
- Swiss Cheese Tiger (BT-4)
- Naked Tail Tiger (BT-3)
- White Venter Tiger (BT-2)
- Black Diamond Tiger (BT-1)

Seit 2006 gibt es eine blaue Variante mit braunschwarzem Streifenmuster, deren Ursprünge im Dunkel liegen. Die Augen der Blauen Tigergarnele sind goldorangefarben. Die Farbe unterteilt sich in:

- Blonde Tigergarnele: leicht bläulich, fast transparent
- Himmelblaue Tigergarnele (Sky Blue): hellblau

Tiefblaue Tigergarnele mit Orange Eyes, Detailaufnahme.

- Indigoblaue Tigergarnele (Indigo Blue): mittelblau
- Tiefblaue Tigergarnele (Deep Blue): intensiv blau
- Rusty Red: blaue Tigergarnele mit rostrot gefärbter Oberseite

2007 wurden Schwarze Tigergarnelen BT-1 mit Blauen Tigern gekreuzt. Das Ergebnis: Schwarze Tigergarnelen mit orangefarbenen Augen (BTOE).

2009 wurden Schwarze Tigergarnelen BT-1 mit „Deep Blue"-Tigergarnelen gekreuzt. So entstand die Royal Blue Tiger, auch Poison Blue oder Preußischblaue Tigergarnele genannt. Sie ist vollständig tief dunkelblau gefärbt und hat orangefarbene Augen. Je dunkler die Farbe, desto begehrter die Garnele. Schwanzfächer und Schreitbeine sind idealerweise durchgefärbt.

Auch hier wird diskutiert, ob bei deckend gefärbten Tigergarnelen *C. logemanni* beteiligt sein könnte.

2018 wurden „Blaue Tigergarnelen" mit schwarzen Augen vorgestellt, die nach mehreren Generationen aus der Kreuzung von Royalblauen Tigergarnelen mit Aura Blue auftraten.

Golden Bee und Snow White

Besitzen vollständig weiße Garnelen eine orangefarbene Körperfarbe und sind sie nicht deckend weiß, nennt man sie Golden Bee, haben sie einen rötlichen Unterton, spricht man von Pink Golden oder Bleeding Heart. Die deckend weiße Form heißt Snow White. Durch strenge Selektionszucht kann man durchgefärbte Schreitbeine und Schwanzfächer erzielen.

Auch ihr Ursprung ist nicht bekannt, wenngleich sie wahrscheinlich einer (Zufalls-)Kreuzung von *C. logemanni* und *C. mariae* entsprangen. Sie erschienen im Jahr 2000 im Handel.

Bei den weißen Varianten ist das Auftreten eines „Rili"-Musters möglich. Diese Tiere haben ein breites transparentes Band in der Körpermitte, während Kopf und Schwanz weiß sind. Sie werden Skeleton genannt.

Taiwan- oder Shadow-Garnelen

Die erste Taiwangarnele, die 2006 auf den Markt kam, war eine Panda. Diese dunkeläugige Garnele hat drei intensiv schwarze und zwei leuchtend weiße Streifen. Das erste Drittel des Kopf-Brustpanzers und der Schwanzfächer sind ebenfalls weiß. Mit zunehmender Selektion lassen sich durchgefärbte Schreitbeine erzielen.

Durch weitere Selektionszucht wurde die Pigmentierung ausgedehnt: So entstand die Variante King Kong. Sie ist tiefschwarz und deckend gefärbt, mit einem bläulichen Schimmer und kleinen weißen oder bläulichen Abzeichen auf dem Schwanzfächer, dem zweiten Abdominalsegment und manchmal auch auf dem Kopf-Brustpanzer. Die Augen sind dunkel. Bei stärker selektierten Tieren sind auch die Schreitbeine und Fühler schwarz. Die weißen Abzeichen auf dem

Pink Golden Bee.

Golden Bee.

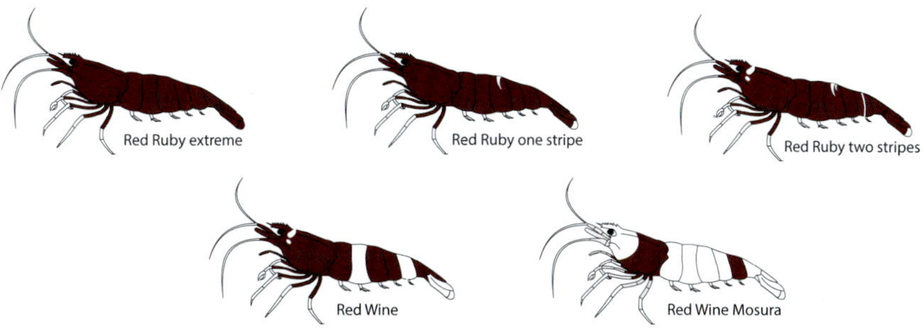

Snow White.

Schwarze King Kong.

Panda.

Red Ruby.

Red Wine.

Red Ruby, Detail des Kopfes.

Schwarze King Kong, Detail des Kopfes.

Hinterleib reichen seitlich nur bis etwa zur halben Höhe hinab. Später wurden Formen wie die King Kong (KK) Extreme gezüchtet, die bis auf weiße Punkte auf dem Schwanzfächer schwarz gefärbt ist, oder KK mit einem oder zwei Abzeichen auf dem Hinterleib.

Selektiert man diese Varianten nicht konsequent, werden die weißen Stellen wieder breiter, und man erhält wieder Pandas im Nachwuchs.

Etwas später wurde eine weitere Spielart der Taiwaner herausgezüchtet: Tiere mit verstärktem Weißanteil, sozusagen mit Bee-Mustern. Ist das Schwarz auf die letzten zwei Drittel des Kopf-Brustpanzers, das dritte Abdominalsegment und das Telson reduziert, spricht man von Shadow Hinomaru, ist das dritte Abdominalsegment weiß, von Shadow Mosura.

Auch rote Farbvarianten gibt es. Die Zeichnungen werden ebenso unterteilt wie bei den schwarzen Taiwan Bees, jedoch heißen die Tiere statt King Kong Red Ruby und statt Panda Red Wine. Auch die Red Ruby Extreme gibt es. In Asien behielt man diese Namen nicht bei, dort spricht man von Red King Kong und Red Panda.

Eine weitere Variante der Red Ruby nennt sich Dark Ruby Extreme oder Shadow Ruby. Ihr Rotton ist deutlich dunkler, fast schon granatrot.

Es gibt KK, die ihre Farbe verlieren und grünlich (Hulk-Garnelen) oder marineblau (Blue KK) werden. Diese Varianten kamen zum ersten Mal 2009 in den Handel.

Bei der Panda gibt es ebenfalls Farbverluste – hier ist es jedoch das Weiß,

Blue Shadow Mosura.

Blue Bolt.

Blue Bolt, Detail des Kopfes.

Red Bolt.

das verloren geht und die blaue Körperfarbe durchschimmern lässt. Diese Tiere nennt man Blue Panda. Wenn bei einer Shadow Mosura das Weiß die Körperfarbe durchscheinen lässt, spricht man von Blue Shadow Mosura.

Der Ursprung der Taiwan Bee liegt im Dunkeln. Versuche unter anderem von Monika Pöhler legen jedoch nahe, dass es sich um eine Kreuzung von *C. logemanni* und *C. mariae* handelt. Die ersten Taiwan Bees entstanden in einem Aquarium, in dem Red und Black Bees mit Snow White gehalten wurden. Bei der Snow White wird ein Tigereinfluss vermutet.

Blue und Red Bolt

Sie wurden ebenfalls 2009 vorgestellt. Die Blue Bolt ist hellblau, die Red Bolt rosa-orange. Die Farbigkeit entsteht durch eine zunehmende Auflösung der weißen Deckfarbe. Auch hier gibt es Abstufungen, sie sind jedoch umstritten, weil manche Züchter Garnelen anstreben, die an Kopf und Schwanz weiß sind und nur in der Körpermitte die abweichende Färbung zeigen, andere dagegen möchten eine möglichst gleichmäßig gefärbte Bolt – je dunkler, desto besser.

Der Ursprung der Bolts liegt ebenfalls im Dunkeln, jedoch könnte auch hier eine Kreuzung von *C. logemanni* und *C. mariae* vorliegen. Auch hier war wohl eine Snow White oder Golden Bee im Spiel, die offenbar ihre Weißdeckung vererbte.

Deutsche Pinto

2011 tauchte die erste Pinto-Garnele mit ihrem typischen Scheckmuster auf. Ihr Körper und Schwanzfächer sind weiß, der Kopf-Brustpanzer dagegen ist schwarz mit gleichmäßigen weißen Punkten. Gefärbte

Black Pinto Spotted Head.

Red Pinto Spotted Head.

Black Pinto Spotted Head.

Schreitbeine lassen sich durch intensive Selektionszucht festigen. Ihre genaue Entstehung ist nicht bekannt, man geht aber davon aus, dass *C. logemanni* und *C. mariae* gekreuzt wurden. Vermutlich wurde eine Crystal Spotted Head (Kreuzung aus Tigergarnele und Bienengarnele) mit Taiwanern verpaart.

Diese in Deutschland gezogene Form heißt Pinto Spotted Head. Sie gibt es in vier Varianten:

– Die Black/Red Pinto Zebra ist rot oder schwarz gefärbt und zeigt 4 bis 6 weiße Streifen auf dem Hinterleib, die maximal bis zur Hälfte der Flanken reichen. Die Spitzen des Schwanzfächers und das letzte Abdominalsegment sind weiß.

– Die Black/Red Pinto Cloud ist ein mittlerer Grade. Ihr Hinterleib ist auf der Oberseite bis zur Hälfte der Flanke weiß gefärbt.

– Auch die Black/Red Pinto Belly ist ein mittlerer Grade. Hier ist der Bauchbereich mit Ausnahme eines kleinen Flecks auf dem ersten oder zweiten Abdominalsegment weiß.

– Black/Red Pinto Spotted Head: Körper und Schwanzfächer sind weiß, der Kopf ist pigmentiert mit weißen Flecken.

Bei all diesen Varianten kann der Kopf-Brustpanzer 0 bis 5 weiße Punkte aufweisen.

Im Nachwuchs können Spotted Head Bees auftreten, bei denen die Punkte

Black Pinto Piano.

auf dem Kopf-Brustpanzer weniger gleichmäßig sind und die ein Bienenmuster aufweisen.

Asiatische Pinto

Parallel zu den deutschen Pintos wurden ab 2012 auch in Asien Pintos gezogen. Sie wurden mithilfe von *C. cantonensis* und Bienengarnelenkreuzugen mit Rückenstrich gezogen.

Die asiatischen Pintos haben niemals das Merkmal „Spotted Head". Es gibt ebenfalls gestreifte Varianten mit schmalen weißen Streifen, die nur bis zur Hälfte der Flanken reichen, jedoch sind diese Streifen schmaler, gleichmäßiger und eckiger. Diese Variante wird deshalb auch als Piano-Pinto bezeichnet.

Insbesondere am Schwanzende, aber auch auf dem restlichen Hinterleib kann es vorkommen, dass das Muster bis zur Bauchlinie reicht, und manche asiatischen Pintos haben einen Rückenstrich in unterschiedlich intensiver Ausprägung, oft auch nur auf dem Kopf-Brustpanzer.

Nanashi

Aus den asiatischen Pintos wurde 2014 die Nanashi gezüchtet. Die Grundfarbe ist rot oder schwarz mit drei klar ausgeprägten weißen Streifen am Ende des Hinterleibs, die über die ganze Höhe gehen, und zwei dünneren, kürzeren weißen Streifen weiter vorn, die nur bis zur Hälfte der Flanken reichen. Die Garnelen haben eine weiße Maske und können mit etwas Selektion auch durchgefärbte Beine entwickeln.

Black Pinto Piano.

Schwarze Nanashi.

Bei schwarzen Nanashi können die weißen Abzeichen bläulich schimmern, bei roten Exemplaren können sie einen rosa Farbton annehmen.

Wenn die Garnele nur zwei der oben genannten drei typischen Muster aufweist, handelt es sich um eine Nanashi niedrigen Grades. Alle drei Merkmale auf einer Garnele kennzeichnen ein Tier hoher Qualität.

Die Nanashi entstammt ursprünglich einer Kreuzung von *C. mariae* mit Bees, die in späteren Generationen mit Taiwan Bees verpaart wurden.

Bei der Zucht können auch Garnelen ohne eine Linienzeichnung auf dem Hinterleib auftreten, bei denen nur das erste Drittel des Kopf-Brustpanzers und der Schwanzfächer weiß sind. Diese „Nanashi Extreme" wird auch Dragon Tiger genannt.

Back Line und Fishbone

Diese Garnelen stammen aus Kreuzungen von *C. cantonensis* und Taiwangarnelen und waren die ersten Zeichnungsmuster, die als Ergebnis dieser Kreuzungszuchten auftraten.

Back-Line-Garnelen haben einen hellen bis weißen, ununterbrochenen Rückenstrich vom Rostrum bis zum Telson. Lediglich am Übergang vom Kopf-Brustpanzer zum Hinterleib kann hier eine kleine Unterbrechung

Schwarze und rote Nanashi.

Rote Nanashi (oben) und schwarze Nanashi (unten).

Rote Back Line.

Schwarze Back Line.

Rote Back Line.

Rote Back Line.

sichtbar sein. Die Grundfarbe war ursprünglich wie bei den weiteren in der Folge vorgestellten Caridina-Hybriden schwarz oder rot, einschließlich der Schreitbeine und des Schwanzfächers. Mittlerweile gibt es auch Stämme mit gelber, oranger oder grüner Grundfarbe. schwarz oder rot, einschließlich der Schreitbeine und des Schwanzfächers.

Bei der Fishbone-Zeichnung gehen auf dem Hinterleib vom hellen Rückenstrich schmale weiße Querstreifen aus. Der Schwanzfächer zeigt die Grundfarbe, die Uropoden haben weiße Spitzen.

Bei der Fishbone gibt es Abstufungen: Ist der Rückenstrich durchgehend und zeigt lediglich am Übergang vom Kopf-Brustpanzer zum Hinterleib eine kleine Unterbrechung, reichen die Querlinien nur bis maximal zur Hälfte der Flanken und sind die Beine wie bei einer Spinne gestreift, gilt dieses Tier als hochklassig.

Die Muster der Fishbone tendieren dazu, in den Folgegenerationen immer breiter zu werden, wenn nicht selektiert wird. Irgendwann ist die obere Hälfte des Hinterleibs dann komplett weiß, während die untere Hälfte rot oder schwarz ist. Diese Ausprägung nennt man Fishbone Cape.

Skunk

Die Skunk ist eine Garnele mit einem Rückenstrich, der nur auf dem Carapax sichtbar ist. Hinterleib und Schwanzfächer dagegen sind weiß. Diese Zuchtform wurde 2014 zum ersten Mal gezeigt.

Im Handel ist die Definition stark umstritten, weil teils auch Garnelen als Skunk bezeichnet werden, die lediglich einen Rückenstrich auf

Rote Fishbone.

Schwarze Fishbone.

Schwarze Fishbone.

Rote Fishbone.

Schwarze Fishbone.

Schwarze Galaxy Fishbone.

dem Kopf-Brustpanzer haben und ansonsten in der Grundfarbe gefärbt sind.

Die ursprüngliche Skunk-Färbung entstand durch verbreiterte Querlinien beim Fishbone-Muster, die verschmolzen und dadurch den ganzen Hinterleib bedeckten. Mit etwas Selektion lassen sich durchgefärbte Schreitbeine erreichen.

Galaxy

Die Galaxy-Zeichnung besteht aus einem kleinen unregelmäßigen weißen Punktmuster auf dem Kopf-Brustpanzer und dem Hinterleib der Garnele.

Diese Ausprägung kann bei verschiedenen Zeichnungen auftreten, so bei Zebra-Pintos, Nanashis, Fishbones … Zuerst wurde sie 2016 vorgestellt.

Diese Linie entsteht durch die Einkreuzung von Steel Head. Sie machen weiße, bläuliche oder rötliche Punktfarben möglich.

Die Punkte können dabei sehr fein und zahlreich sein, was dann auch als Snowflower oder Snowflake bezeichnet wird. Auch wenige und dafür große Punkte sind möglich. Ihre Verteilung ist immer unregelmäßig.

Boa

Diese Variante wurde aus der Galaxy Fishbone gezüchtet. Sie zeichnet sich durch ein besonders großes, relativ gleichmäßiges Punktmuster aus sowie durch eine unregelmäßige Verbreiterung der Fishbone-Zeichnung, einen Schwanzfächer mit goldenen Akzenten und einen metallischen Schimmer. Bei manchen Tieren ist die weiße Farbe auf dem Hinterleib eher blaumetallic oder metallic-rosé bis rot. Diese Tiere nennt man Blue oder Red Metallic Boa.

Diese Ausprägung ist schwierig zu züchten und erfordert viel Selektionsarbeit. Es gibt verschiedene Grades, die die Größe des Punktmusters (klein bis groß), die Farbtiefe und die Ausprägung des Fishbone-Musters berücksichtigen. Sind zwei der drei Kriterien ausgeprägt, spricht man von Grade B, sind alle drei vorhanden, von Grade A. Mit zunehmender Qualität der drei vorhandenen Kriterien ergeben sich dann die Grades S, SS und SSS.

Tibee

Aus der Kreuzung von Bienen- und Tigergarnelen erhält man Tibees, auch Tibis genannt, mit unterschiedlichen Farbmustern. Monika Pöhler beschrieb die genotypischen und phänotypischen Eigenschaften dieser Hybride über mehrere Generationen hinweg – eine sehr gut verständliche Erklärung und ein guter Einstieg in die Kreuzungs- und Linienzucht.

In der ersten Generation (F1) findet man demnach vorwiegend tigerähnliche Streifenmuster. Weiße Flächen auf dem Hinterleib (anfangs noch recht durchsichtig) zeigen jedoch den Bieneneinfluss. Viele Garnelen der ersten Generation sind unfruchtbar. Einige

Tiger × Bee.

Tiger × Taiwaner.

Aura × Taiwaner.

Tiger × Taiwaner nach intensiver Selektionszucht.

Tangerine × Taiwaner.

Tangerine × Taiwaner.

Tangerine × Taiwaner nach Selektionszucht – noch ist der Rückenstrich unterbrochen.

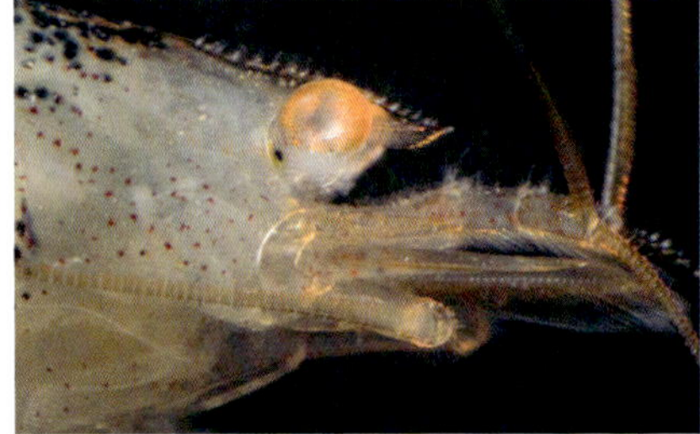

Tangerine × Bee mit Orange Eyes.

Weibchen produzieren keinen Eifleck oder erst sehr spät. Auch viele Männchen entwickeln sich nicht vollständig oder finden frisch gehäutete Weibchen nicht.

In der zweiten Generation (F2) treten schwarz-bräunliche uneinheitliche Muster auf, mit transparenten oder weißen Flächen dazwischen. Sie lassen sich in drei Phänotypen einteilen:

- Garnelen mit Tiger-Tooth- und V-Band-Mustern, mit schlechter Weißqualität, in großen Mengen.
- Ganz farbige oder ganz weiße Garnelen (Typ Golden / Snow White oder Black Tiger).
- Reine Farben im Hinblick auf die Streifenzeichnung. Rottöne oder sehr dunkles Blau ohne Beimischung anderer Pigmente, die eine Braunfärbung bewirken würden.

Konsequente Selektionszucht führt zu deckendem Weiß ohne transparente Stellen. Solche Tiere nennt man Fancy Tiger. Hier wurden keine Taiwan Bees eingekreuzt. In Asien gibt es jedoch „Fancy Tiger" mit Taiwanergenen. Sie sind dort unter dem Namen Thunder bekannt.

Taitibee

Ihnen liegt eine Kreuzung von Taiwanern mit Tigergarnelen zugrunde. In der Regel haben wir hier ein dichtes Weiß und intensive Farben. Sie sind teils schwierig von den Fancy Tigern zu unterscheiden, weil sich die Phänotypen in bestimmten Generationen zum Verwechseln ähnlich sehen.

Die erste Generation (F1) ist in der Regel nicht sonderlich gut gefärbt, mit schwarzer Farbe und einem tigerähnlichen Streifenmuster. Die F2 zeigt

Red Steel Head.

Blue Steel Head.

rote oder schwarze Farben und eine bessere Farbdeckung, in der F3 erhält man dann reine Farben und klar definierte Muster. Durch konsequente Selektion kann man klare Muster, reine, deckende Farben und gestreifte, durchgehend gefärbte Schreitbeine erreichen.

Den doch recht allgemeinen Namen hört man immer weniger häufig, weil die Musternamen überwiegen. Genau genommen handelt es sich zum Beispiel bei der Nanashi ebenfalls um eine Taitibee.

Weitere Hybriden von *C. mariae* und *C. cantonensis*

Mittlerweile werden im Hobby immer komplexere Hybriden gezüchtet. Die Kreuzung von *C. cantonensis* (Tangerine Tiger oder Aura Blue) mit Bees oder Taiwangarnelen spielt eine wichtige Rolle in der Entwicklung unterschiedlichster Zuchtformen.

Auch Tigergarnelen haben die Hybridzucht beeinflusst und für weitere neue Mustervarianten gesorgt. Diese Varianten sind schon seit 2012 im Hobby möglich, weil seit damals mehr oder weniger ständig Formen von *C. cantonensis* im Handel erhältlich sind.

Die Namensgebung ist durch die vielen Kreuzungsmöglichkeiten und genetischen Varianten sehr schwierig. Man spricht von Tangtibee, Tangtaitibee, Arataitibee, Auratibee, Taira etc.

Wegen der sehr komplexen Zusammenhänge kann man diese Garnelen nicht mehr mit einem Artnamen ansprechen. Bezeichnungen wie Tangtaitibee sind lang und verwirrend – und sehr ungenau, weil die Varianten sehr unterschiedlich aussehen können, je nachdem, in welcher Generation welche Art eingekreuzt wurde. Viele Züchter vergeben daher einfach Eigennamen für jede Variante.

Aura Green

Diese Garnele trat 2015 als Ergebnis einer Kreuzung von Aura Blue und Tangerine auf. Sie ist grünlich mit braunem Punktmuster.

Steel Head

Sie wurde 2014 aus Tangerine und Taiwan Bees gezüchtet. Jüngst wurden Blue Bolts eingekreuzt.

Die Steel Head hat einen roten, blauen, goldgelben oder orangefarbenen Kopf-Brustpanzer mit metallischem Schimmer mit kleinsten weißen Pünktchen. Der Hinterleib ist weiß, aber meist nicht deckend gefärbt. Der Farbkontrast zwischen vorne und hinten ist sehr auffällig und scharf. Der Schwanzfächer ist weiß und hat Streifen in der Farbe des Carapax. Durch Zuchtauslese lassen sich Tiere mit gefärbten Beinen erzielen.

In jüngerer Zeit tauchten Tiere mit Steel-Färbung auch auf dem Hinterleib auf. Sie werden als Crazy Blue oder Crazy Red bezeichnet. Sie sind teilweise deckend gefärbt.

Kopf einer Blue Steel.

Crazy Blue.

Dieser Phänotyp gehört in die große Familie der mit der Snow White verwandten Zeichnungen.

Orange Eyes (Devil, Ghost, etc.)

Die orangefarbene Augenfarbe wirkt sich auf die Färbung der Garnele aus. Es gibt einen engen Zusammenhang zwischen dem Merkmal der OE und der Weißfärbung. Lange sah es so aus, dass Garnelen mit dieser Augenfarbe keine weißen Pigmente auf dem Panzer bilden können. Manche OE-Garnelen haben jedoch weiße Punkte auf den Schwanzspitzen. Man geht hier von einem zweiten Einfluss aus, vermutlich von Weißen

Red Hollow Orange Eyes.

Red Hollow Orange Eyes.

Bienengarnelen. Es gibt Züchter, die die Weißfärbung gezielt mit OE zu kombinieren versuchen. Möglich ist es, aber der Weg ist lang.

Die erste Taitibee mit orangefarbenen Augen im Handel war vom Phänotyp her eine Red Ruby Extreme. Der Farbschlag nennt sich Red Devil. Später traten noch viele weitere Muster in der Kombination mit orangefarbenen Augen auf: phänotypische Taiwaner, Tiger, Galaxys, Zebra Pintos, Spotted Head etc. Die neueste Züchtung bei Drucklegung dieses Buches war die Black Devil. Taitibee-Garnelen mit Orange Eyes, die keine Extreme-Ausprägung

Weiße Bienengarnele.

besitzen, sondern andere Taiwanermuster zeigen, werden Devil Lapis genannt.

Als Black oder Red Ghost werden Garnelen mit transparenten Flächen bezeichnet, bei denen die Weißfärbung verschwunden ist. Sie haben schmale schwarze oder rote Streifen und orangefarbene Augen. Die Schreitbeine und der Schwanzfächer sind transparent, wobei sich auf den Uropoden rote oder schwarze Punkte befinden können.

Weiße Bienengarnele

Der White Bee fehlen die roten und schwarzen Pigmente. Sie zeigt das weiße Bienenmuster, die eigentlich farbigen Stellen sind transparent, ihre Augen schwarz. Es handelt sich hier um eine Art Albinismus. Die Schreitbeine und der Schwanzfächer sind durchsichtig, mit Ausnahme der Spitzen der Uropoden, die weiße Punkte tragen.

Durch züchterische Anstrengungen gibt es mittlerweile auch White Bees mit Panda- und Fishbone-Muster.

Calceo Bee, Dragon Blood und Red Scorpion

Diese Varianten sind seit 2016 bekannt.

Die Calceo Bee hat eine gelbliche Körperfarbe mit schmalen roten Streifen auf dem Hinterleib. Ihre Farbe erhielt sie ursprünglich durch eine Kreuzung von Yellow King Kong und Super Crystal Red. Mittlerweile gibt es die Calceos auch in Schwarz. Ihre Schreitbeine und der Schwanzfächer sind in der Regel transparent oder gelblich.

Red Calceo.

Black Calceo.

Dragon Blood.

Die Dragon Blood hat eine bläuliche Grundfarbe und eine schwarzblaue unregelmäßige Bänderung auf dem Hinterleib und im hinteren Drittel des Kopf-Brustpanzers. Ihr Ursprung liegt in einer Kreuzung von Calceo mit Taiwangarnelen.

Die Red Scorpion hat eine rote Farbe und sieht aus wie eine Calceo Bee ohne Gelbfärbung, bei der die roten Bänder sich unregelmäßig verbreitert haben. Auch sie entstand aus Taiwangarnelen. Die Schreitbeine und der Schwanzfächer sind transparent.

Alle drei Varianten haben dunkle Augen. Hin und wieder treten auch Exemplare mit orangefarbenen Augen auf.

Yellow King Kong

Trotz ihres Namens hat die Yellow King Kong nichts mit Taiwangarnelen zu tun, sie trägt auch keine Shadow-Merkmale. Es handelt sich hier um eine vollkommen gelbe Garnele mit intensiver durchscheinender Körperfarbe und schwarzen Augen. Sie wurde 2013 vorgestellt. Durch Zuchtselektion lassen sich gelbe Schreitbeine und ein gelber Schwanzfächer erreichen.

2016 wurden Yellow KK mit orangefarbenen Augen gezüchtet, und im Zuge dessen erschienen auch YKK OE mit orangefarbenen Akzenten auf dem Körper, Rili-Muster und Garnelen, die die gelbe Färbung nur auf dem Kopf-Brustpanzer zeigen.

Seit 2016 wird intensiv mit der YKK gezüchtet, und es gibt mittlerweile auch Tiere mit einem weißen Streifen- oder Linienmuster. 2018 wurde eine gelbe Variante vorgestellt, die ein Panda-Muster hat. Sie heißt Honey Bee. Auch Zebramuster auf gelbem Grund gibt es mittlerweile.

Metallic-Effekte

Diese Garnelen gibt es in den Farbschlägen Black, Red und Purple Metallic.

Die Metallic-Effekte kommen durch die Kreuzung von Taiwangarnelen

Yellow King Kong.

Yellow King Kong.

und Tigergarnelen, die Zucht umfasst jedoch viele Generationen. Da diese Tiere keinerlei Hinweis auf durch Tangerine vererbte Musterungen aufweisen, liegt nahe, dass diese Variante bei der Zucht der Metallic-Garnelen keine Rolle gespielt hat.

Die Metallic-Garnelen haben ein der Nanashi ähnliches Muster: eine dichte Pigmentierung mit metallischen Farbreflexen. Ohne eine entsprechende Beleuchtung sind diese Effekte nur schwer zu sehen.

Es gibt auch Tiere mit kurzen weißen Linienmustern auf dem Hinterleib. Die Linien sind meist sehr schmal und so kurz, dass sie nur bis zu einem Viertel der Flanken reichen. Nur der letzte Streifen geht bis nach unten. Die Garnelen haben in der Regel eine weiße Maske und einen weißen Schwanzfächer mit Abzeichen in der Farbe der Garnele.

Durch Zuchtselektion lässt sich die Färbung der Schreitbeine beeinflussen.

Nach und nach wurde die weiße Pigmentierung der Garnelen reduziert. Es gibt mittlerweile auch Metallic-Garnelen, die nur noch im vorderen Drittel ihres Kopf-Brustpanzers und auf den Spitzen ihres Schwanzfächers weiße Pigmentflecken aufweisen.

Caridina mit marinen Larvenstadien

In der Gattung *Caridina* gibt es eine Gruppe von Arten, die im Süßwasser leben, jedoch Brack- oder Meerwasser für die Fortpflanzung brauchen.

Die Weibchen dieser Arten entlassen ihre Larven in ihren Habitaten im Süßwasser der Flüsse. Sie werden von der Strömung in den Mündungsbereich oder ins Meer getragen, wo sie heranwachsen.

Anders als Arten, die sich vollständig im Süßwasser entwickeln, brauchen die Zoea-Larven dieser *Caridina*-Arten Meerwasser oder zumindest Brackwasser für ihre Entwicklung.

Während ihrer Entwicklungsphase im Salzwasser zählen die Zoea-Larven zum Meroplankton. Diese Lebewesen sind nur während eines begrenzten Lebensabschnitts Teil des Zooplanktons. Sie ernähren sich von Phytoplankton, feinem Zooplankton und von Bakterienkolonien. Wenn frisch geschlüpfte Larven nicht innerhalb von wenigen Tagen ins Salzwasser gelangen, können sie sich nicht entwickeln und sterben ab.

Caridina multidentata Stimpson, 1860

Diese *Caridina* ist eine der wohl bekanntesten Arten in der Aquaristik. Sie war eine der ersten Süßwassergarnelen, die im Handel erhältlich war.

Schon in den 1980er-Jahren war *C. multidentata* im Hobby präsent. Der japanische Aquariengestalter Takashi Amano machte sie berühmt. Er setzte sie gerne in seinen Aquascapes ein, weil sie häufig Algen erst gar nicht entstehen lassen. Aus diesem Grund ist ihr gängiger Name heute nicht mehr Yamatogarnele, sondern Amanogarnele. Auch unter ihrem alten Artnamen *Caridina japonica* findet man sie noch oft.

Für die Aquaristik ist die Amanogarnele dank ihrer Eigenschaft als Algenfresser interessant. Sie ist eine mächtige Verbündete im Kampf gegen die lästigen Gewächse.

Sie ist in Japan heimisch, wo sie in der Region Yamato vorkommt. Auch in Taiwan und Korea wurden mittlerweile Populationen gefunden.

Die Amanogarnele ist transparent, kann aber auch grau-bläuliche oder bräunliche Töne annehmen, vermutlich abhängig von der Temperatur und der Ernährung. Die Tiere haben ein feines braunschwarzes Muster. Bei den Männchen ist es als feine Punkte erkennbar, die bei den Weibchen auf den Flanken teilweise zu dünnen waagerechten Strichen verschmelzen. Ein heller dünner Rückenstrich ist ebenfalls charakteristisch.

Im Aquarium toleriert die Amanogarnele eine weite Spanne von Wasserwerten: pH 6–8, GH 5–20 °dGH, 100–500 ppm und eine Wassertemperatur von 15 bis 28 °C. Gerne frisst diese Garnele Fadenalgen – manche Arten lieber als andere –, und sie kümmert sich um alle möglichen Reste,

Habitat von *Caridina multidentata* auf Taiwan.

die im Aquarium anfallen. Auch handelsübliche Garnelenfutter werden dankbar genommen.

Ihre Lebenserwartung liegt bei sieben bis zehn Jahren.

In Gefangenschaft ist sie schwierig nachzuziehen, weil die Zoea-Larven ein eigenes Aufzuchtbecken mit Salzwasser brauchen und hinsichtlich der Ernährung ebenfalls recht anspruchsvoll sind.

Eiertragende Weibchen entlassen je nach Wassertemperatur nach 4 bis 6 Wochen die Larven. Die winzigen Eier entwickeln sich sichtbar: Anfangs sind sie grünlichgrau, werden aber gegen Ende der Tragezeit deutlich heller und leicht gelblich. Mit einer Lupe kann man die Larven in den Eiern erkennen. Wenn die Eier sich verfärbt haben, setzt man das Weibchen in ein Extrabecken mit Süßwasser, das bereits eingelaufen ist und das folgendermaßen eingerichtet wird: dieselben Wasserwerte wie im Heimataquarium, viele Algenbeläge, eine Temperatur von 20 bis 24 °C, 12 Stunden Beleuchtungsdauer und eine Belüftung über einen Luftschlauch mit Membranpumpe, der wenige große Blasen pro Minute produziert. Das Entlassbecken sollte nicht zu klein gewählt werden, weil ein Weibchen über 1000 Larven entlassen kann. Eine solch große Menge muss entsprechend gefüttert werden. In einem zu kleinen Aquarium würde dies die Wasserqualität zu stark beeinträchtigen. Alle diese Angaben entstammen dem Aufzuchtbericht von Hayashi und Hamano.

Wilde *Caridina multidentata* im Habitat.

Meist schlüpfen die Zoea-Larven während der Nacht. Sie können vier bis fünf Tage im Süßwasser überleben, daher braucht man nichts zu überstürzen. Meist entlassen die Weibchen die Larven über mehrere Tage hinweg. Sind alle Larven geschlüpft, wird das Weibchen herausgefangen. Dann gibt man 16,9 g Salz für Meerwasseraquarien pro Liter Aquarienwasser ins Becken – diese Menge verwendeten Hayashi und Hamano 1984 in ihrer Studie. Gefüttert wird beispielsweise mit flüssigem Algenfutter für die *Artemia*-Aufzucht.

Die Gebrüder Logemann aus Hamburg veröffentlichten einen detaillierten Zuchtbericht, eine gut geeignete Anleitung für eine gelungene Nachzucht der Amanogarnele.

Die Zoea-Larven durchlaufen neun Larvenstadien und brauchen dazu 23 bis 28 Tage. Bei einer Salinität von 16,9 ppt entwickeln sie sich am besten.

Morphologie

Caridina multidentata gehört zur Artengruppe um *Caridina weberi*, in der alle Mitglieder marine Larven haben.

Das Rostrum dieser Art ist sehr variabel. Bei manchen Populationen ist es sehr kurz, bei anderen ist es so stark verlängert, dass es bis zum Ende der Antennenbasis reicht. Erfahrungen in der

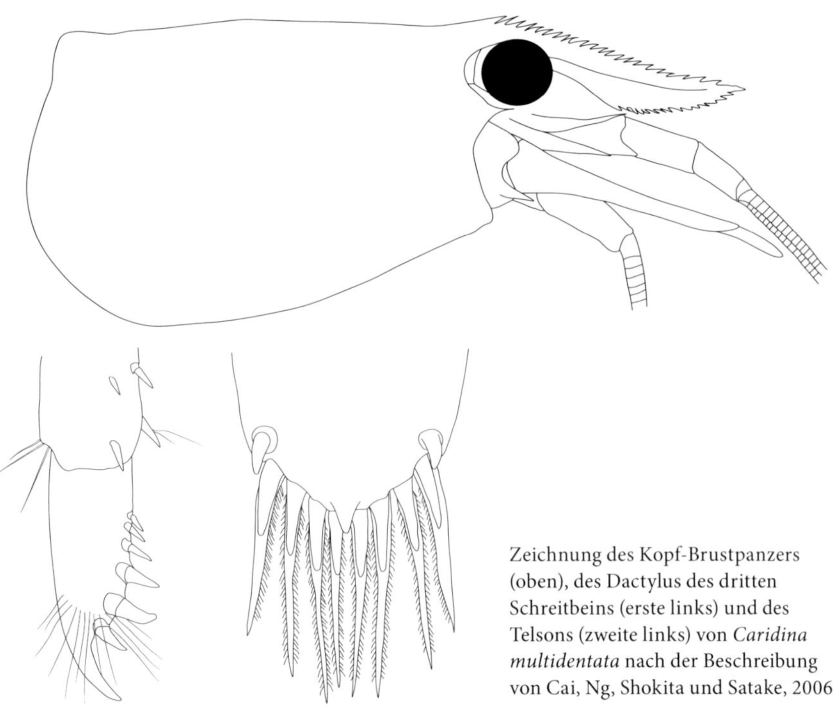

Zeichnung des Kopf-Brustpanzers (oben), des Dactylus des dritten Schreitbeins (erste links) und des Telsons (zweite links) von *Caridina multidentata* nach der Beschreibung von Cai, Ng, Shokita und Satake, 2006.

Aquaristik zeigen, dass man diese Art sehr gut anhand ihres Aussehens und ihrer für eine Zwerggarnele ungewöhnlichen Körpergröße bestimmen kann.

Eine mikroskopische Untersuchung zeigt die Zugehörigkeit zur Gruppe um *C. weberi*. Die Ausformung des Geschlechtsanhängsels der Männchen sowie die Anordnung der langen Borsten auf dem Telson sind typisch. Hier überragen die mittleren Setae die rechts und links sitzenden.

Innerhalb dieser Gruppe ist *C. multidentata* anhand der Setae auf dem Dactylus des dritten Schreitbeins gut zu identifizieren. Die erste spitze Borste auf dem Rand des Flexors ist kürzer als die zweite. Dies unterscheidet die Amanogarnele nicht nur von anderen Mitgliedern ihrer Artengruppe, sondern auch von allen anderen in der Gattung *Caridina* beschriebenen Arten.

Das Habitat

Wie die überwiegende Mehrheit der Arten in der Gruppe um *C. weberi* ist *C. multidentata* sehr weit verbreitet. Das Gebiet reicht von Japan über Taiwan bis Australien und Madagaskar nahe der afrikanischen Küste. Allerdings unterscheidet sich die von Madagaskar beschriebene *C. multidentata* nach unveröffentlichten Untersuchungen genetisch leicht von den anderen Populationen, daher wird sie heute als eigenständige Art behandelt.

Dieses große Verbreitungsgebiet ist der Larvalentwicklung im Meer geschuldet. Viele der Larven werden von der Meeresströmung verdriftet und gelangen so in die Mündungen weiterer Flüsse und Bäche.

In Japan und Taiwan findet man *C. multidentata* in Flüssen und Bächen mit steinigem Grund. Die Jungtiere wandern flussaufwärts, wenn sie sich nach ihrer Entwicklungszeit im Meer zur Junggarnele gehäutet haben. Die Amanogarnele wandert Zeit ihres Lebens tendenziell eher flussaufwärts. Meist findet man daher die größten Exemplare in den Oberläufen der Flüsse und Bäche. In diesen meist höher gelegenen Habitaten ist die Wassertem-

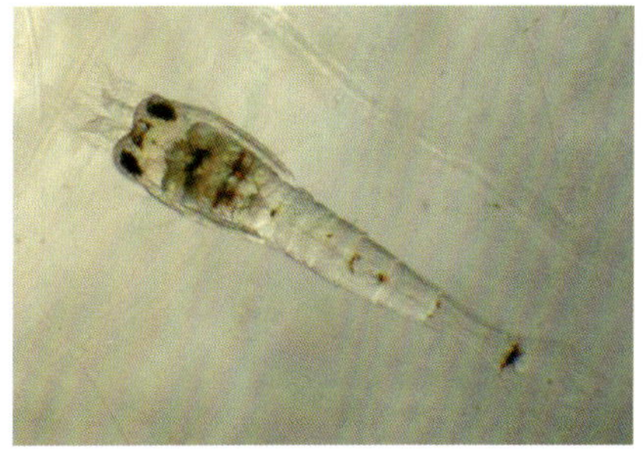

Zoea-Larven von *Caridina multidentata*.

Männliche *Caridina multidentata*.

Weibliche *Caridina multidentata*.

Caridina multidentata, Männchen und Weibchen im Vergleich.

Habitat von *C. multidentata* auf Taiwan.

Schwanzfächer von *Caridina multidentata*.

peratur recht niedrig. Aus diesem Grund braucht die Amanogarnele auch im Aquarium nicht unbedingt eine Heizung.

Caridina serratirostris de Man, 1892

Im Handel ist diese Art als Ninjagarnele bekannt, weil sie ihre Färbung unglaublich schnell wechseln und sich der Umgebung anpassen kann. Die Art ist sehr farbenfroh und kann von bläulich über rötlich, bräunlich oder schwarz auch unterschiedliche Streifenmuster ähnlich der Bienengarnele zeigen. Diese Garnele ist deutlich nachtaktiv und versteckt sich tagsüber gerne unter Steinen oder im Treibholz.

Vorkommen gibt es in Indonesien, Malaysia, auf Madagaskar, den Seychellen, Mauritius, in Nordost-Australien und auf den Fidschi-Inseln.

Die Ninjagarnele lebt im Süßwasser und in brackigen Flussmündungen. Für die Larvalentwicklung wird salziges Wasser benötigt. Die Zoea-Larven durchlaufen neun Larvenstadien und ein postlarvales Stadium. Die Entwicklungsdauer beträgt 34 bis 46 Tage, die optimale Salinität für die Entwicklung der Larven liegt bei 25,5 ppt.

Im Aquarium toleriert *C. serratirostris* sehr unterschiedliche Wasserwerte: pH 6–8, GH 6–20 °dGH und eine Temperatur von 22 bis 27 °C.

Die Eier sind orangerot bis dunkelbraun.

Morphologie

C. serratirostris zeichnet sich durch ihr gerades, sehr stark bezahntes Rostrum aus (5 bis 13 postorbitale Zähne), den langen Styloceriten, der fast bis zur Mitte des zweiten Segments der Antennenbasis reicht, und die mit 0,28 × 0,36 mm sehr geringe Eigröße.

Der Dactylus des fünften Schreitbeins ist mit nur 14 oder 15 spitzen Borsten

Caridina serratirostris.

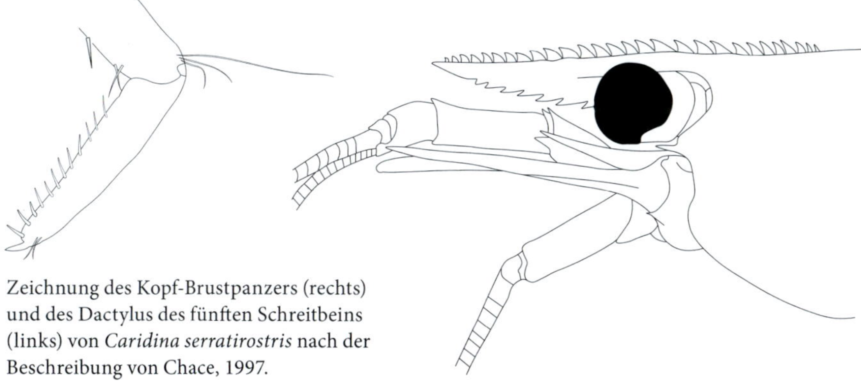

Zeichnung des Kopf-Brustpanzers (rechts) und des Dactylus des fünften Schreitbeins (links) von *Caridina serratirostris* nach der Beschreibung von Chace, 1997.

Kopf-Brustpanzer, Schwanzfächer und zwei Exemplare von *Caridina serratirostris.*

Habitat von *Caridina serratirostris* auf Taiwan.

Caridina serratirostris (oben) und *Caridina celebensis* (unten).

besetzt. *C. serratirostris* lässt sich von *Caridina celebensis*, einer sehr eng verwandten Art, durch die Kiemenformel unterscheiden. Bei *C. celebensis* fehlt die Kieme am ersten Schreitbein.

In der taxonomischen Literatur finden sich bislang nur diese beiden Arten. Da sich jedoch die Populationen auf den verschiedenen Inseln und Kontinenten genetisch etwas voneinander unterscheiden, wird ihre Gültigkeit von manchen Autoren bestritten. Auch die hohe Farbvariabilität der Individuen weckt Zweifel an der Arteinteilung. Eine unveröffentlichte genetische Untersuchung von *C. serratirostris* weist darauf hin, dass sich bis zu elf verschiedene Arten hinter diesem Namen verstecken könnten. Weitere genauere Untersuchungen sind hier auf jeden Fall angezeigt, um dieses taxonomische Rätsel zu lösen.

Das Habitat

Das Foto des natürlichen Habitats der Ninjagarnele zeigt einen kleinen Fluss nahe der Stadt Jialeshui. In den felsigen Küstengewässern von Pingtung, Taiwan, wurden die folgenden Werte gemessen: ein pH von 8,14, ein Leitwert von 419 µS und eine Temperatur von 32,7 °C.

Caridina celebensis de Man, 1892

C. celebensis ähnelt *C. serratirostris* stark. Bei einer kürzlich vorgenommenen Revision wurde festgestellt, dass sich *C. celebensis* lediglich durch die Abwesenheit einer Kieme am ersten Schreitbein von ihr unterscheidet.

In der wissenschaftlichen Literatur wird die Lebendfärbung von *C. celebensis* als rötlich mit weißem Rückenstrich beschrieben, während *C. serratirostris* ein typisches Flammenmuster zeigen soll. In der Realität findet man beide Farbformen in einem gemeinsamen Habitat. Die Färbung scheint keinen Einfluss auf die Anwesenheit oder Abwesenheit der vorher genannten Kieme zu haben. Daher lässt sich die Färbung nicht zur eindeutigen Artbestimmung heranziehen.

Verbreitung, Habitate und Wasserwerte sind identisch mit denen von *C. serratirostris*.

Caridina nilotica (P. Roux, 1833)

Caridina nilotica wurde als eine der ersten Arten in der Familie der Atyidae wissenschaftlich zunächst unter dem Namen *Pelias niloticus* beschrieben. Die Taxonomie und Verbreitung dieser Art haben lange Zeit für Verwirrung gesorgt.

Zunächst wurde die Garnele aus dem Nil beschrieben. Später kamen verschiedene Varianten und Unterarten in Afrika, Asien und Australien hinzu. Mittlerweile gelten fast alle diese Unterarten und Varianten als eigenständige Arten.

Heute wird weitgehend anerkannt, dass die Verbreitung der echten *C. nilotica* sich auf das Einzugsgebiet des Nils beschränkt. Im Handel ist diese Art nicht erhältlich, dennoch ist *C. nilotica* „sensu strictu" eigentlich eine für die Aquaristik interessante Garnele, weil sie nicht auf Salzwasser für die Vermehrung angewiesen ist.

Die Farbe von wilden *C. nilotica* im Habitat ist mehr oder weniger transparent, mit schwachen Zeichnungen auf dem Panzer, die denen von *C. gracilipes* oder *C. simoni* ähneln.

Morphologie

C. nilotica ist die Typusart der Artengruppe um *C. nilotica*. Zu diesem Komplex gehören verschiedene Arten aus diesem Kapitel, daher erwähnen wir diese Art ebenfalls, obwohl sie keine marinen Larvenstadien hat.

Die Garnelen dieser Gruppe haben ein langes, schlankes, manchmal nach oben gebogenes Rostrum, dessen oberer Rand proximal stark bezahnt ist. Der subdistale Teil dagegen ist glatt. Knapp hinter der Spitze liegen ein oder zwei Zähnchen.

Die Wildformen vieler Garnelen dieser Artengruppe stimmen nicht nur farblich überein, sondern auch in weiten Teilen ihrer Morphologie. Zur Artbestimmung werden daher mikroskopisch kleine Details herangezogen, wie die Länge der glatten Partien auf dem Rostrum, das Vorhandensein oder Fehlen einer Appendix interna am ersten Schwimmbein der Männchen, die Form der präanalen Carina, das Vorhandensein eines medialen Vorsprungs auf dem distalen Rand des Telsons und das Längenverhältnis der Glieder der Scherenbeine und der Schreitbeine. Die Mitglieder dieser Artengruppe leben typischerweise in Seen oder langsam fließenden Gewässern nahe der Flussmündungen.

Caridina brevicarpalis de Man, 1892

Im Handel wird sie als „Yellow Stone"-Garnele verkauft. Sie ist nur recht selten erhältlich.

Diese Garnele ist transparent mit einer orange-gelblichen Färbung

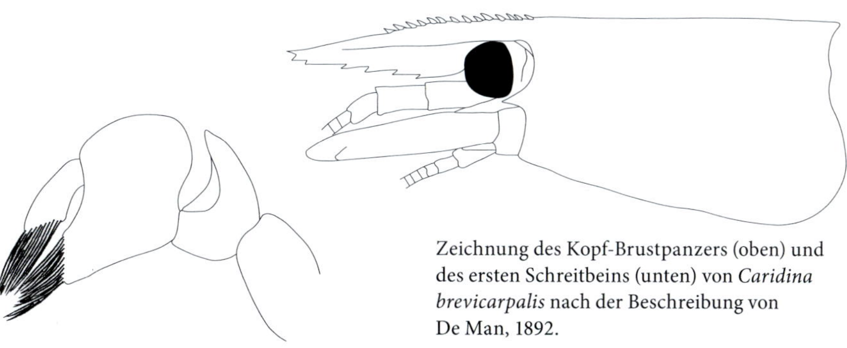

Zeichnung des Kopf-Brustpanzers (oben) und des ersten Schreitbeins (unten) von *Caridina brevicarpalis* nach der Beschreibung von De Man, 1892.

Caridina brevicarpalis.

und einem schwach ausgeprägten Rückenstrich. In der Natur sieht man häufig auch rote Exemplare.

Im Aquarium lässt sie sich in eher hartem Wasser mit einem neutralen pH-Wert und bei einer Wassertemperatur über 22 °C gut halten.

Man geht davon aus, dass ihre Larven auf Brackwasser angewiesen sind. Bislang wurde sie jedoch noch nicht nachgezogen.

Die Art ist auf Sulawesi und Waigeo, Indonesien, auf den Fidschi-Inseln und Taiwan verbreitet.

Morphologie

Kennzeichnend für *C. brevicarpalis* ist ihr langes Rostrum, das sogar etwas über die Antennenbasis hinausragt. Auf dem distalen Drittel des oberen Randes ist es unbezahnt. Die Rostrumformel ist 11 – 14 / 4 – 7. Die Zähnchen auf der Oberseite stehen etwas weiter auseinander.

Der Antennendorn befindet sich nahe am orbitalen Rand.

Der Carpus des ersten Schreitbeins ist ungewöhnlich kurz (*brevicarpalis* = *brevi* (Latein: kurz) *carpalis* (Latein: Carpus) = „mit einem kurzen Carpus"), so lang wie breit und am distalen Rand deutlich eingeschnitten.

Das Telson trägt stachelartige, ziemlich lange Borsten.

Diese Eigenschaften grenzen zusammen mit der variablen Verteilung der Zähn-

Habitat von *Caridina brevicarpalis* auf Taiwan.

chen auf dem oberen Rand des Rostrums die Art von *C. endehensis* ab, mit der sie eng verwandt ist und die ursprünglich als Variante von *C. brevicarpalis* beschrieben wurde.

Von allen anderen Mitgliedern der Artengruppe um *Caridina nilotica* unterscheidet sich *C. brevicarpalis* darin, dass sie keine subapikalen Zähnchen auf dem Rostrum aufweist, und durch ihren sehr kurzen und tief eingeschnittenen Carpus am ersten Schreitbein.

Das Habitat

Das typische Habitat im Süden Taiwans hat folgende Wasserwerte: einen pH von 8,14, einen Leitwert von 419 µS und eine Wassertemperatur von 32,7 °C.

Caridina simoni Bouvier, 1904

Bis vor ungefähr 10 Jahren war diese Garnele immer wieder im Handel zu finden. Seither wird sie nicht mehr regelmäßig importiert.

Caridina simoni kommt aus Sri Lanka.

Sie ist transparent, kann aber auch grünliche oder orangefarbene Töne annehmen. Häufig befindet sich auf dem Kopf-Brustpanzer eine V-förmige braune Zeichnung und eine gerade Linie auf dem Hinterleib.

Morphologie

C. simoni ist ebenfalls Teil der Artengruppe um *C. nilotica*.

Habitat von *Caridina simoni* auf Sri Lanka.

Das lange Rostrum ist typisch. Es hat eine leichte Aufwärtsbiegung und weist kurz vor der Spitze auf dem oberen Rand keine Bezahnung auf. Der obere hintere Rand dagegen ist stark bezahnt, nur subdistal befindet sich eine kleine Lücke.

Der Endopodit am ersten Schwimmbein der Männchen hat keine Appendix interna. Die präanale Carina ist flach ausgeprägt und weist keinen Dorn auf. Der distale Rand des Telsons hat keinen mittigen Fortsatz. Die Eier der Weibchen sind mittelgroß. Aus ihnen schlüpfen Zoea-Larven, die sich jedoch in reinem Süßwasser entwickeln können.

Die Larven durchlaufen drei Stadien und eines als Postlarve. Die Entwicklungszeit beträgt 4 bis 5 Tage.

Das Habitat

C. simoni ist die am häufigsten vorkommende Garnele mit der weitesten Verbreitung auf Sri Lanka.

Die Typuslokalität der Art ist der Kandy-See, ein künstlich angelegter See nahe eines berühmten Tempels. Heute ist das Gewässer leider sehr verschmutzt. Hier ausgesetzte Fische haben sich stark vermehrt, darunter Tilapien und Südamerikanische Welse.

Die Gefahr besteht, dass *C. simoni* aus diesem See verschwindet. Die Art ist jedoch in weiteren Seen und Flüssen vom Tiefland bis zum Bergland auf der gesamten Insel sehr weit verbreitet. Lediglich im Gebirge im Inneren der Insel gibt es keine Vorkommen. Da sie in sehr verschiedenen Gewässern lebt,

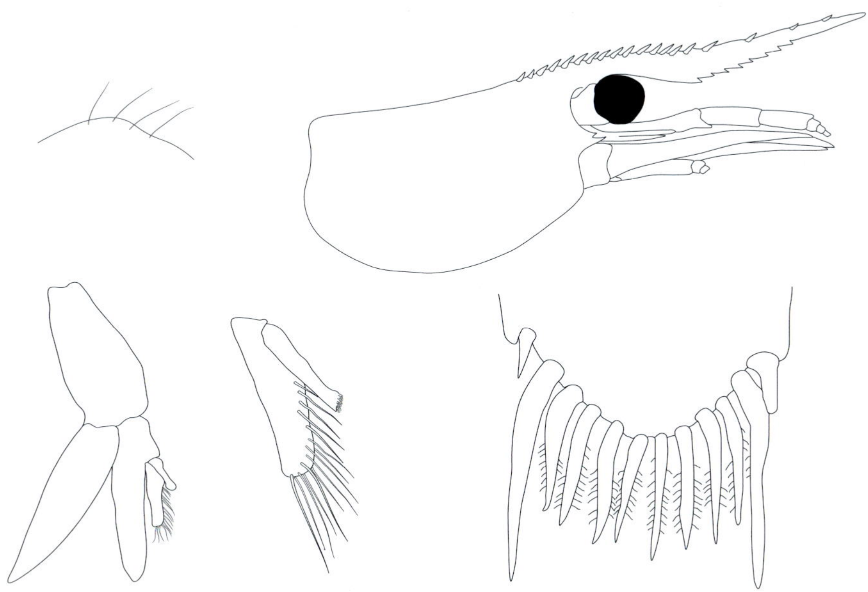

Zeichnung des Kopf-Brustpanzers (oben rechts), des zweiten Schwimmbeins (unten links), der Appendix masculina (unten Mitte), des Telsons (unten rechts) und der präanalen Carina (oben links) von *C. simoni* nach der Beschreibung von Richard und Clark, 2014.

kommt die Garnele auch im Aquarium mit unterschiedlichen Wasserwerten zurecht. In einem Bach in Zentral-Sri Lanka mit einer großen Population von *C. simoni* wurden beispielsweise ein pH von 7,9, eine Karbonathärte von 9 °dKH und eine Wassertemperatur von 24,9 °C gemessen.

Caridina gracilipes de Man, 1892

Caridina gracilipes ist im Indo-Pazifik weit verbreitet.

Es gibt Vorkommen auf Taiwan, den Philippinen, der Malaiischen Halbinsel, Sulawesi, Borneo, Sri Lanka und in Südchina. Große Populationen findet man in Flussmündungen und Lagunen mit Brackwasser, aber auch in reinen Süßwasserhabitaten wie Seen und Staubecken. Dort kann sich *C. gracilipes* offenbar in reinem Süßwasser fortpflanzen.

Die Garnelen sind transparent mit schwachen rötlichen Abzeichen.

Morphologie

Als typisches Mitglied der Artengruppe um *C. nilotica* hat sie ein langes Rostrum, das über den Scaphoceriten hinausreicht. Ein großer Teil des oberen Randes ist glatt, unterhalb der Spitze liegen 1 bis 2 Zähnchen. Die Rostrumformel ist 1–3 + 13–23 (17–20) + 1–3 / 2–22 (14–17).

Caridina simoni im Aquarium.

Caridina simoni im natürlichen Habitat.

Eine wilde *Caridina gracilipes.*

Der Endopodit des ersten Schwimmbeins eines überwiegenden Teiles der Männchen hat keine Appendix interna. In allen Populationen findet man jedoch auch Exemplare, bei denen dieser Anhang gut entwickelt ist.

Der Carpus des ersten Schreitbeins ist schlank und 2,0 bis 2,7 Mal länger als breit.

Die präanale Carina ist gut entwickelt und hat einen auffälligen hakenförmigen Dorn. Mittig am distalen Rand des Telsons befindet sich ein Fortsatz.

Eigröße: 0,24 bis 0,28 × 0,38 bis 0,55 mm.

Die Zoea-Larven durchlaufen drei Stadien und dann noch ein weiteres als Postlarve. Die Entwicklung dauert 4 bis 5 Tage. Die Larven werden in reinem Süßwasser groß.

Das Habitat

Caridina gracilipes lebt in Habitaten mit Brackwasser und auch in Seen und Staubecken mit Süßwasser. In hartem Wasser kann man sie deshalb auch zur Vermehrung bringen. *C. gracilipes* ist eine tropische Art und braucht eine höhere Wassertemperatur zwischen 25 und 30 °C.

Caridina typus H. Milne Edwards, 1837

Caridina typus ist die Typusart der Gattung *Caridina.* Sie wird mit einer Körperlänge von bis zu fünf Zentimetern von allen Zwerggarnelen der Gattung am größten.

Sie ist ein typischer Vertreter der Garnelen mit marinen Larvenstadien.

Nach der Entwicklungszeit im Meer wandern die Junggarnelen krabbelnd und schwimmend zurück in die Flüsse, wo sie sich stetig weiter flussaufwärts bewegen. Während ihrer gesamten Lebenszeit setzen sie diese Wanderung entgegen der Strömung fort. Aus diesem Grund findet man die größten Exemplare in den Oberläufen der Flüsse und Bäche.

Dieses Verhalten kann man bei *C. typus* auch im Aquarium beobachten. Die Garnelen krabbeln gerne gegen den Strom und gelangen so in ungesicherte Filter hinein. Hin und wieder verlassen sie auf ihrer Reise sogar das Aquarium, in der Regel dort, wo die Filterströmung ins Aquarium kommt. Um das zu verhindern, muss das Aquarium unbedingt abgedeckt werden – außerhalb des Wassers würden die Garnelen sterben.

C. typus ist gräulich-transparent mit kleinen dunklen und hellen Punkten, die sich entlang der Rückenlinie zu einem schwachen Rückenstrich verdichten können.

Caridina typus war eine Zeit lang die am weitesten verbreitete Art, von Japan über Taiwan, die Philippinen und Indonesien bis Australien und Madagaskar, und mit Vorkommen auf weiteren Inseln entlang der afrikanischen Ostküste. Genetische Untersuchungen haben jedoch gezeigt, dass sich hinter der Art *C. typus*, wie wir sie heute kennen, ein Artkomplex von mindestens 3 bis 4 noch unbeschriebenen Arten verbirgt.

Die Zoea-Larven durchlaufen neun Larvenstadien, an die sich noch ein Stadium als Postlarve anschließt. Die Entwicklungszeit beträgt 22 bis 44 Tage, der optimale Salzgehalt im Aufzuchtbecken liegt bei 25,5 ppt.

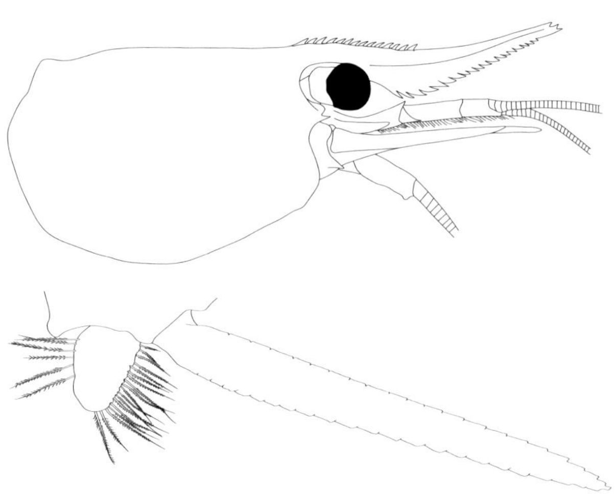

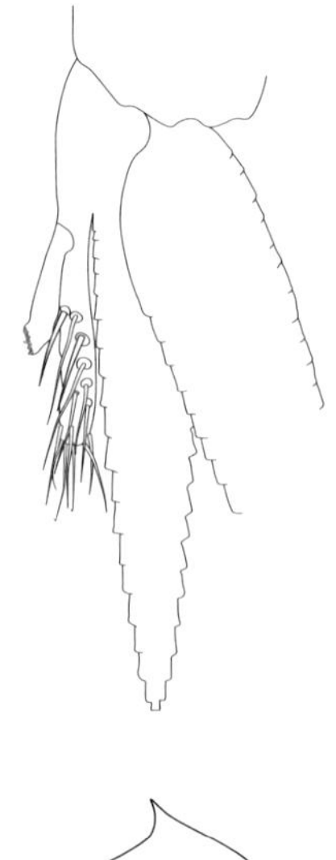

Zeichnung des Kopf-Brustpanzers (oben), des ersten Schwimmbeins (Mitte), des zweiten Schwimmbeins (rechts) und der präanalen Carina (unten) von *Caridina gracilipes* nach der Beschreibung von Cai, 2014.

Morphologie

Das kurze Rostrum ist typisch. Seine Oberseite weist keine Zähnchen auf, an der Unterseite sitzen 1 bis 4 davon.

Der Endopodit des ersten Schwimmbeins der Männchen zeigt eine gut entwickelte Appendix interna.

Der distale Rand des Telsons ist dicht mit mittelgroßen spitzen Borsten besetzt. Sie ragen minimal über die anderen Borsten auf dem Telson hinaus.

Die grünlichen Eier sind klein; im Durchschnitt messen sie 0,24 bis 0,39 × 0,39 bis 0,48 mm.

Das Habitat

Wie andere Arten mit marinen Larvenstadien ist auch *C. typus* sehr weit verbreitet und kommt in verschiedenen Süßwasserhabitaten vor. Die meisten Populationen leben in schnell fließenden Flüssen und Bächen mit steinigem Untergrund. Tagsüber verstecken sich diese Garnelen gerne unter Steinen und Kieseln.

Caridina villadolidi Blanco, 1939

C. villadolidi ist mit *C. typus* eng verwandt und zeigt sehr ähnliche Verhaltensweisen. Sie kommt in vergleichbaren Habitaten vor. Im Unterschied

Bei dieser *Caridina typus* kann man das kurze, am oberen Rand unbezahnte Rostrum gut erkennen.

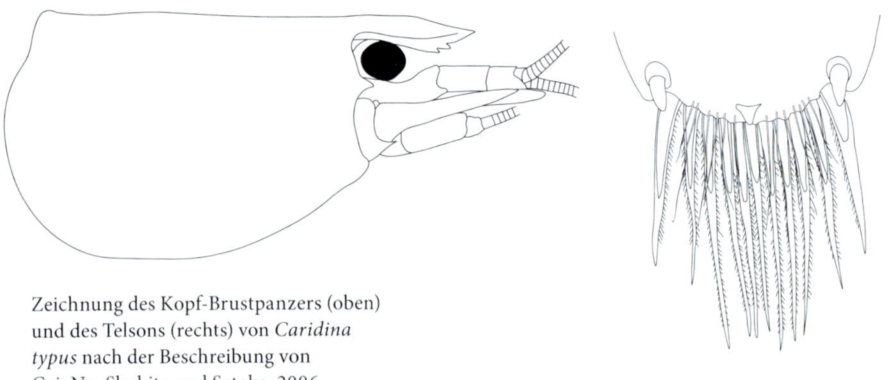

Zeichnung des Kopf-Brustpanzers (oben) und des Telsons (rechts) von *Caridina typus* nach der Beschreibung von Cai, Ng, Shokita und Satake, 2006.

zu *C. typus* findet man *C. villadolidi* jedoch hin und wieder im Handel.

Diese Garnele ist transparent gefärbt und mit vielen hellen und dunklen Pünktchen übersät, die ihr die typische „Salz-und-Pfeffer"-Färbung verleihen. Zum Schwanzende hin ist die Garnele halbtransparent bläulich gefärbt.

C. villadolidi ist auf Taiwan, den Philippinen, auf Sulawesi, Halmahera und in Sri Lanka verbreitet.

Morphologisch ist *C. villadolidi* der Art *C. typus* sehr ähnlich, sie unterscheidet sich von ihr jedoch durch das längere, gerade Rostrum, das bis zum Ende der Antennenbasis reicht.

Habitat von *Caridina typus* auf Taiwan.

Eine *Caridina typus* (oben) und Detailaufnahme des Telsons und der Uropoden (unten).

Caridina villadolidi.

Zeichnung des Kopf-Brustpanzers von *Caridina villadolidi* nach der Beschreibung von Cai und Ng, 2001.

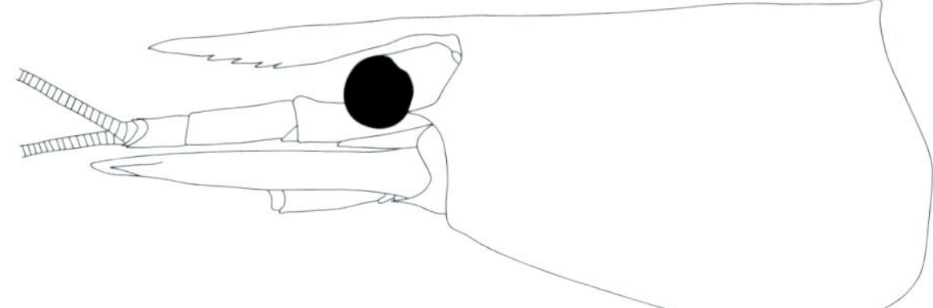

Habitat von *Caridina villadolidi* auf Taiwan.

Caridina villadolidi, Detailaufnahmen des Telsons und der Uropoden (oben) sowie des Rostrums (unten).

Artengruppe um *Caridina* cf. *babaulti* und *Caridina hodgarti*

Indien hat eine ausgesprochen vielfältige Garnelenfauna, und doch hat es nur eine Artengruppe wirklich in die Aquaristik geschafft, nämlich die um *Caridina* cf. *babaulti*. Sie umfasst fünf sehr eng verwandte Arten mit stark unterschiedlicher Färbung.

Nur eine davon, die man hierzulande auch im Handel antrifft, ist wissenschaftlich gültig beschrieben und hat damit einen validen Artnamen, nämlich *Caridina fernandoi*. Alle anderen Arten werden im Moment noch wissenschaftlich bearbeitet.

Caridina cf. *babaulti* Bouvier, 1918

Diese Garnele ist einer der wichtigsten Vertreter der indischen Garnelen in der Aquaristik. Hinter dem Namen verbirgt sich allerdings ein ganzer Artkomplex mit mindestens vier Vertretern auf dem indischen Subkontinent und zwei oder drei weiteren Arten auf der malaiischen Halbinsel. Die Farbe ist sehr variabel: grün, orangerot, braun, purpurfarben und bläulich. Manche Vertreter sind auch gestreift.

Im Aquarium lassen sie sich in weichem bis mittelhartem Wasser mit einem neutralen bis leicht sauren pH halten, was ungefähr den Wasserwerten in den Habitaten entspricht. Es gibt Züchter, die sie ohne größere Probleme in hartem Wasser mit einer GH zwischen 8 und 20°dGH halten. Die ideale Temperatur liegt bei 24 bis 26 °C. Ihre Lebenserwartung beträgt 1,5 Jahre.

Diese Garnelen vermehren sich in Süßwasser. Dennoch ist ihre Nachzucht etwas schwieriger als die anderer Garnelen aus der Gattung *Caridina*, was hauptsächlich an ihrer Larvalentwicklung liegt. Anders als bei der Gattung *Neocaridina* oder der überwiegenden Mehrheit aus der asiatischen Verwandtschaft der Bienengarnelen durchlaufen die Jungtiere der Artengruppe um *C. babaulti* einige planktonische Larvenstadien, ehe sie sich zur Junggarnele häuten.

Der Nachwuchs wächst ausgesprochen langsam heran. Daher braucht man ein gut laufendes Aquarium mit einer reichen Bioflora, damit die Jungtiere immer gut mit Futter versorgt sind. Gleichzeitig fressen diese Garnelen aber auch etwas weniger als andere Arten, daher sollte man angepasst und eher in kleineren Mengen füttern.

Beim Eingewöhnen sollte man etwas vorsichtiger vorgehen als bei anderen Vertretern der Gattung *Caridina*.

Bisher gibt es keine definitiven Erkenntnisse, ob sich die verschiedenen Arten der Artengruppe untereinander kreuzen können, die Erfahrungen verschiedener Halter sprechen allerdings dagegen.

Morphologie

Die Mitglieder der Artengruppe um *C. babaulti* kennzeichnet ein gerades oder leicht s-förmig geschwungenes Rostrum, das nicht über den äußeren Rand der Antennenbasis hinausreicht.

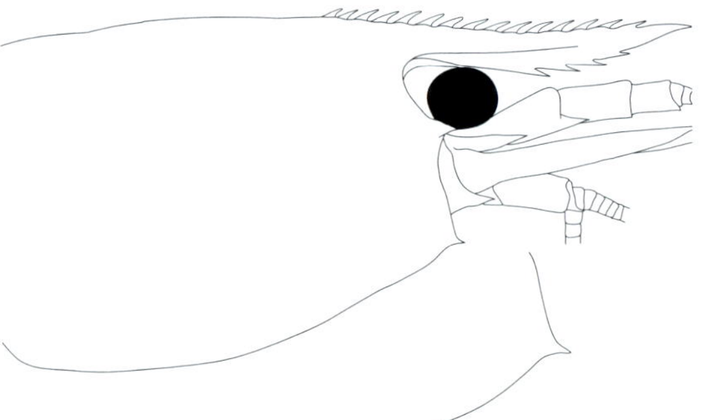

Zeichnung des Kopf-Brustpanzers von *Caridina* cf. *babaulti* var. Green. Gut sichtbar ist der charakteristische Pterygostomialdorn.

Caridina cf. *babaulti* var. Green.

Auf dem pterygostomialen Rand sitzt bei den meisten Arten ein kleiner Dorn.

Am dritten Maxillipeden- sowie am ersten bis vierten Schreitbeinpaar findet man gut entwickelte Epipoditen.

Am distalen Rand des Telsons sitzen seitlich zwei stachelförmige Borsten, die länger sind als die in der Mitte; die präanale Carina zeigt keinen Dorn.

Die Eigröße variiert von Art zu Art, in der Regel liegt sie jedoch in der Mitte zwischen der Größe der Eier bei Arten mit marinen Larvenstadien und der von Arten mit einer direkten Entwicklung im Süßwasser.

Das Habitat

Alle Garnelen, die unter dem Namen *Caridina* cf. *babaulti* im Handel sind, kommen aus Flüssen und Bächen nördlich des Brahmaputra im Nordosten von Indien, Bhutan und Nepal.

Caridina cf. *babaulti* var. Green

Die wohl bekannteste Vertreterin des Artkomplexes ist vermutlich die Giftgrüne Zwerggarnele. Sie ist intensiv, aber leicht transparent grün gefärbt, kann stimmungsabhängig vor allem bei Stress aber auch andere Farben zeigen. Erfahrungen im Hobby besagen, dass sie dann orangefarben oder gelblich werden kann.

Manche Tiere haben einen dünnen weißlichen bis gelblichen Rückenstrich. Bei genauer Beobachtung kann man feine hellblaue Pünktchen seitlich auf dem Kopf-Brustpanzer und dem Hinterleib erkennen.

Ihre Eier sind hellgrün oder gelblich, je nach Entwicklungsstufe.

Caridina cf. *babaulti* var. Stripes

Diese Variante ist durchscheinend grau und hat braune oder schwärzliche senkrechte Streifen auf dem Hinterleib. Viele Exemplare zeigen einen bräunlichen oder rötlichen Rückenstrich.

Die Eier sind braun.

Caridina cf. *babaulti* var. Malaya

Hinter dieser „Variante" verstecken sich gleich zwei sehr ähnlich aussehende Arten, eine aus Malaysia und eine aus Nordwest-Indien. Die Tiere sind ausgesprochen variabel und können violette, bläuliche bis braune Farben zeigen.

Große Weibchen haben häufig einen – manchmal unterbrochenen – weißlichen bis gelblichen Rückenstrich und kurze weiße Abzeichen quer über dem letzten Drittel ihres Hinterleibs.

Die Eier sind braun.

Caridina cf. *babaulti* var. Brown oder Rainbow

Diese Variante kommt erst seit Kurzem in den Handel. Sie ist durchscheinend gefärbt. Bei den Männchen herrschen Zimttöne vor, manche Exemplare haben ein schwaches Streifenmuster, das jedoch deutlich weniger stark ausgeprägt ist als bei der Variante „Stripes". Die Weibchen sind bronzefarben bis braun.

Häufig haben die Tiere einen gleichfarbigen oder etwas helleren Rückenstrich.

Caridina fernandoi Arudpragasam & Costa, 1962

Sie findet man nur sehr selten im Handel, weil aus Sri Lanka nicht regelmäßig Garnelen importiert werden. Der Artname ist ein Synonym von *C. kempi* und *C. babaulti basrensis.*

Diese Garnele ist meist braun gefärbt und hat einen gelblichen bis weißlichen Rückenstrich und schwach ausgeprägte helle Querbänder, ähnlich wie *Caridina* cf. *babaulti* var. Malaya.

Caridina cf. *babaulti* var. Stripes.

Caridina cf. *babaulti* var. Rainbow.

Caridina cf. *babaulti* var. Malaya.

Sie vermehrt sich in Süßwasser, obwohl aus den Eiern Zoea-Larven schlüpfen, die durch verschiedene Larvenstadien gehen. Im Aquarium hält man sie am besten in mittelhartem Wasser bei einer GH über 6 mit einem neutralen pH von 6,5 bis 7,5 und einer Wassertemperatur von 20 bis 26 °C.

Bisher wurde *C. fernandoi* für eine auf Sri Lanka endemische Art gehalten, Untersuchungen zeigen jedoch, dass diese Art vom Nahen Osten bis einschließlich Sri Lanka verbreitet ist.

Morphologie

C. fernandoi ist *Caridina* cf. *babaulti* var. Malaya morphologisch sehr ähnlich und lässt sich von dieser nur durch detaillierte morphologische Vermessungen und durch Gensequenzierungen unterscheiden.

Unter allen *Caridina*-Arten von Sri Lanka ist diese Garnele die einzige mit einem gut sichtbar bezahnten Rostrum, gut entwickelten Epipoditen am ersten bis vierten Schreitbein und glatten stachelförmigen Borsten am distalen Rand des Telsons. Ihre Rostrumformel lautet: (5–6) 16–20/6. Die Eigröße beträgt 0,86 × 0,52 mm.

Das Habitat

C. fernandoi findet man auf Sri Lanka häufig in kleineren Bächen und in großen Flüssen mit kiesigem und felsigem Grund oder in Laubansammlungen. Sie bewohnt auch Seen. In bergigen Gegenden über 1500 Meter über dem Meeresspiegel kommt sie nicht vor, ebenso wenig wie im Brackwasser.

Caridina hodgarti Kemp, 1913

Im Handel findet man sie häufig als Grüne Nashorngarnele. Sie wird nur unregelmäßig importiert und teilweise mit *Caridina* cf. *babaulti* var. Green verwechselt, einer anderen leuchtend grünen Art, die in derselben Gegend verbreitet ist.

Der Körper von *C. hodgarti* ist mit neongrünen Farbzellen bedeckt, die in leicht wellenförmigen Linien angeordnet sind. Die meisten Exemplare zeigen ein leuchtendes Grün, es gibt aber auch braune Exemplare. Bei Stress oder Krankheit werden diese Garnelen gelb oder rot.

C. hodgarti lebt in kleinen bis mittelgroßen Bächen, die sich aus dem südlichen Himalaya in den Brahmaputra in Nordost-Indien ergießen.

Teilweise findet man *C. hodgarti* in ähnlichen Gewässern wie die Giftgrüne Zwerggarnele *Caridina* cf. *babaulti* und manchmal sogar in den gleichen Biotopen. Trotzdem ist die Grüne Nashorngarnele im Hobby nicht weit verbreitet. In Gefangenschaft wird sie meist nicht alt. Sie scheint im Aquarium weiches und leicht saures Wasser zu bevorzugen. Die Eier dieser Art sind im Vergleich zu anderen Arten, die sich im Süßwasser vermehren können, etwas kleiner, dennoch braucht auch *C. hodgarti* kein Salzwasser für die Larvalentwicklung und kann sich in reinem Süßwasser fortpflanzen. Ihre Eier sind grünlich.

Über eine Nachzucht im Aquarium ist nicht viel bekannt.

Caridina cf. *babaulti* var. Rainbow.

Caridina hodgarti. Foto: Chris Lukhaup

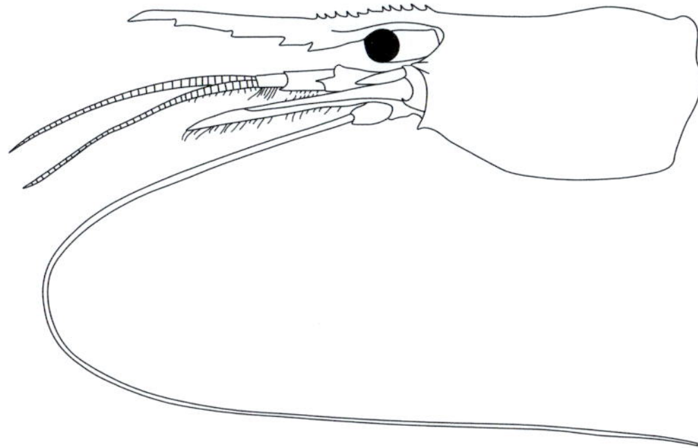

Zeichnung des Kopf-Brustpanzers von *Caridina hodgarti* nach der Beschreibung von Kemp, 1913.

Caridina cf. *babaulti* var. Green.

Caridina aus Sulawesi

Sulawesi ist der indonesische Name der Insel Celebes zwischen den Philippinen und Borneo. Hier leben unzählige Garnelenarten, die hier endemisch sind. Einige von ihnen gehören wohl zu den schönsten Garnelen, die wir in der Aquaristik pflegen. Sie sind seit 2007 im Hobby vertreten und gelten als nicht ganz einfach in der Haltung.

Die meisten der bunten Garnelen leben in zwei Gewässersystemen auf Zentralsulawesi. Das größere der beiden nennt sich Malili-Seensystem. Es besteht aus einigen Seen, die durch Flüsse miteinander verbunden sind und so ein riesiges Süßwassersystem bilden. Die Hauptseen heißen Matano, Towuti, Mahalona, Lontoa und Masapi. Das zweite System besteht aus dem Pososee und seinen Zuflüssen. Er liegt weiter nördlich und ist mit dem Malili-System nicht verbunden.

In diesen beiden Seensystemen lebt die überwiegende Mehrzahl der auf Sulawesi endemischen Arten. Sie unterscheiden sich stark von den Garnelen in den Bächen und Flüssen auf Sulawesi. Interessanterweise sind die allermeisten Arten aus den Seen im Gegensatz zu denen aus den Flüssen sehr farbenfroh.

Die Seen und die sie verbindenden Flüsse zeichnen sich durch ihr Wasser aus: Es ist weich und hat dennoch einen hohen pH-Wert.

Die Wasserwerte im Pososee sind: pH 8,1, 5 °dGH, 4 °dKH, Temperatur 27 bis 29,5 °C und Leitwert 109 µS/cm.

Im Matanosee werden die folgenden Werte gemessen: pH 8,5, GH 7 °dGH, KH 5 °dH, Leitwert 175 µS/cm und Temperatur 28,7 °C.

Im Towutisee herrschen folgende Bedingungen: pH 8,5, GH 6 °dGH, KH 4 °dH, Leitwert 146 µS/cm und Temperatur 29,2 °C.

Aquarienhaltung

Es gibt unter den Sulawesigarnelen einige, die sich besser für die Haltung im Aquarium eignen als andere. Sie sind anpassungsfähiger und können abweichende Wasserwerte und Aquarieneinrichtungen besser verkraften. Die meisten Arten, vor allem aus den Seen, brauchen jedoch ein speziell für sie eingerichtetes Artaquarium.

Sie brauchen passende Wasserwerte, und sie vertragen Nitrat, Nitrit und Ammonium ganz besonders schlecht.

Mittlerweile sind im Handel einige Salze zur Remineralisierung von Osmosewasser erhältlich, mit denen man den Tieren optimale Wasserbedingungen bei einem pH-Wert von ca. 8,5 schaffen kann. Der Bodengrund und die zur Dekoration verwendeten Steine dürfen nichts ans Wasser abgeben, damit sie die Wasserwerte nicht beeinflussen. Das Wasser wird allein durch das passende Mineralsalz eingestellt!

Der Filter sollte optimal arbeiten. Besonders Ammonium ist bei einem so hohen pH-Wert gefährlich, weil es sich hier in großen Mengen zum sehr giftigen Ammoniak umwandelt. Die Filterbakterien müssen zuverlässig arbeiten und zu den Verhältnissen im Aquarium passen. Eine zu hohe Bakteriendichte gilt es jedoch zu vermeiden.

Für die Garnelen spielt die Beleuchtung keine Rolle: Im Habitat leben sie im Schatten größerer Felsen. In einem Sulawesi-Aquarium spielen jedoch Algen als Nährstoffzehrer und Hauptfutter für die Garnelen eine wichtige Rolle, und sie brauchen Licht. Nachzuchten aus der Aquaristik gehen meist deutlich besser an Kunstfutter als Wildfänge, die sich ausschließlich von Aufwuchs ernähren.

Die Temperatur wird mittels eines elektrischen Heizstabes eingestellt. Im Gegensatz zu den meisten anderen Zwerggarnelen in der Aquaristik brauchen die Arten aus den Seen von Zentralsulawesi eine konstant hohe Wassertemperatur von 29 °C.

Regelmäßig sollte Wasser gewechselt werden. Auch erfahrene Züchter handhaben dies so.

Manche der besonders farbigen Arten sind recht klein, dennoch sollte das Aquarium ein Mindestvolumen von 50 Litern haben. In kleineren Becken kommt es eher zu Schwankungen bei der Temperatur und bei den Wasserwerten, die nicht gut vertragen werden.

Grundsätzlich sollten Arten aus verschiedenen Seen nicht gemischt werden, generell ist eher ein Artbecken zu empfehlen. Es gibt einige wenige Berichte über eine Hybridisierung verschiedener Sulawesigarnelen.

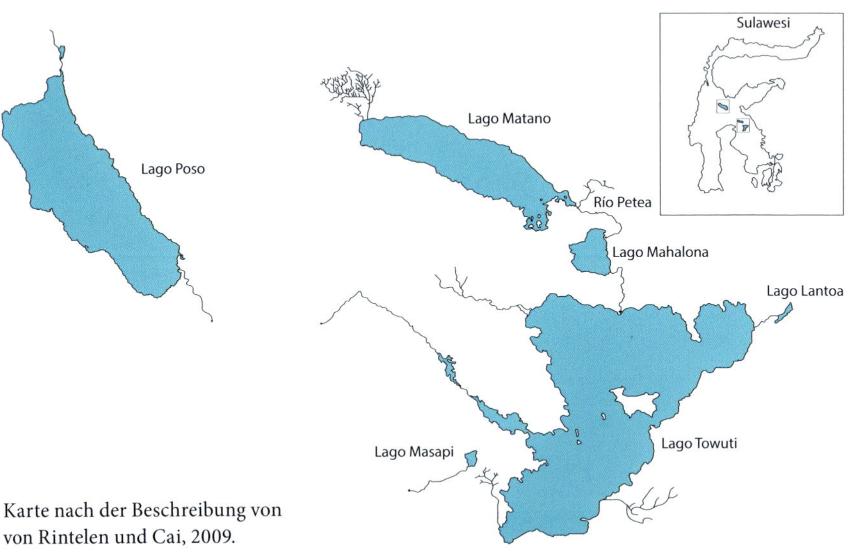

Karte nach der Beschreibung von von Rintelen und Cai, 2009.

Caridina caerulea.

Caridina caerulea von Rintelen & Cai, 2009

Diese Garnele ist als Blaufußgarnele oder Blue Leg Poso im Handel. Schreitbeine, Rostrum und Schwanzfächer sind leuchtend blau. Sie ist die einzige Sulawesigarnele mit solch einer auffälligen Blaufärbung.

Ihr bläuliches Rostrum ist auffallend lang. Die Fühler sind orangefarben, der Körper ist rötlich bis orangefarben und durchscheinend.

C. caerulea ist im Pososee endemisch. Sie ist mittlerweile die häufigste Posogarnele im Handel. Früher spielte auch *C. ensifera* eine wichtige Rolle.

Ihre Eier sind grünlich.

Die Blaufußgarnele gilt als relativ einfach zu haltende, gut für Einsteiger in die Sulawesigarnelenhaltung geeignete Art. Sie nimmt handelsübliches Garnelenfutter besser an als andere Arten, und im Aquarium toleriert sie einen pH-Wert ab 7,5 aufwärts.

Man kann sie auf den ersten Blick mit *Caridina ensifera* verwechseln, einer weiteren Garnele aus dem Pososee. Diese besitzt jedoch keine blauen Pigmente, sondern hat eine orangerote und weiße Zeichnung sowie orangefarbene Punkte auf dem Schwanzfächer.

Morphologie

C. caerulea lässt sich sehr einfach anhand ihrer blauen Färbung des Schwanzfächers, der Beine und des Rostrums erkennen.

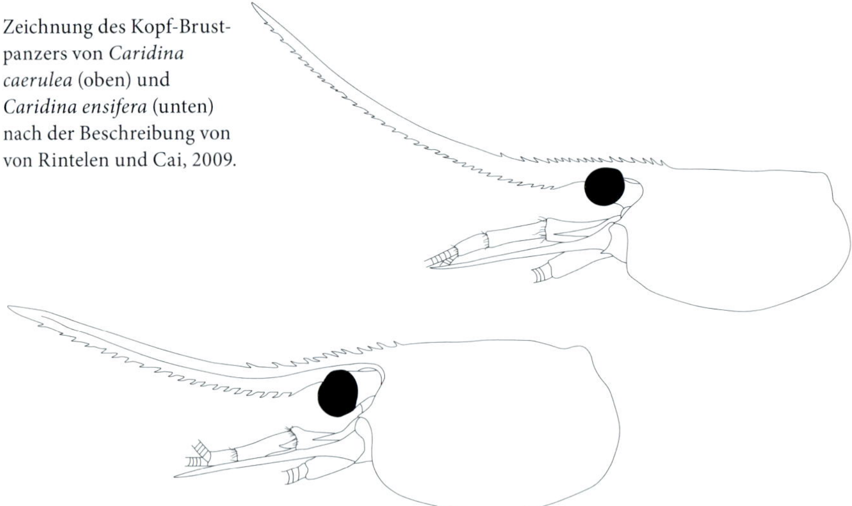

Zeichnung des Kopf-Brustpanzers von *Caridina caerulea* (oben) und *Caridina ensifera* (unten) nach der Beschreibung von von Rintelen und Cai, 2009.

Eine mikroskopische Untersuchung zeigt das charakteristische lange Rostrum, das nach oben gebogen ist. Im distalen mittleren Teil des oberen Randes ist es glatt.

Zwar hat das Rostrum der Art *C. ensifera*, die zusammen mit *C. caerulea* vorkommt, dieselbe Form, jedoch lassen sich die beiden Arten anhand der jeweiligen Bezahnung des Rostrums gut unterscheiden. *C. caerulea* weist mehr Zähnchen auf (dorsal 11–20, ventral 26–48) als *C. ensifera* (dorsal 9–15, ventral 16–29).

Das Habitat

C. caerulea findet man in allen Teilen des Pososees, jedoch nicht in seinen Zuflüssen. Die Art lebt auf unterschiedlichen Substraten, aber sie bevorzugt offenbar felsigen Grund und große Steinbrocken.

Caridina ensifera Schenkel, 1902

Caridina ensifera ist die am häufigsten im Pososee vorkommende Garnele. Diese Art findet man überwiegend auf Felsen, aber auch sehr zahlreich auf ins Wasser gefallenen Bäumen oder zwischen Baumwurzeln. Nachts kann man *C. ensifera* in großen Schwärmen dicht unterhalb der Wasseroberfläche schwimmen sehen.

Die Art kann man anhand ihrer Farbgebung gut erkennen: Sie hat zwei auffällige orangerote Punkte auf den äußeren Uropoden des Schwanzfächers. Die meisten Exemplare haben ein unregelmäßiges Muster aus weißen Punkten und kurzen Streifen auf dem Hinterleib.

Morphologie

Die Morphologie von *C. ensifera* ist der von *C. caerulea* sehr ähnlich.

Beide Arten kann man anhand ihrer Färbung und der Zahl der Zähnchen auf dem Rostrum gut auseinanderhalten (siehe *C. caerulea*).

Das Habitat

C. ensifera ist im Pososee endemisch. In den Zuflüssen kommt sie nicht vor. Die Art lebt auf verschiedenen Substraten, jedoch bevorzugt sie offenbar Steine und Holz.

Caridina sp. var. White Orchid

Die White Orchid ist ebenfalls eine Art aus dem Pososee, die bisher noch nicht wissenschaftlich beschrieben wurde.

Im Vergleich zu *C. caerulea* oder *C. ensifera* ist sie deutlich kleiner und auch anders gefärbt.

Ihr ganzer Körper ist mit dunkelroten und weißen Punkten übersät. Auf

Caridina sp. var. White Orchid.

Zeichnung des Kopf-Brustpanzers von *Caridina* sp. var. White Orchid.

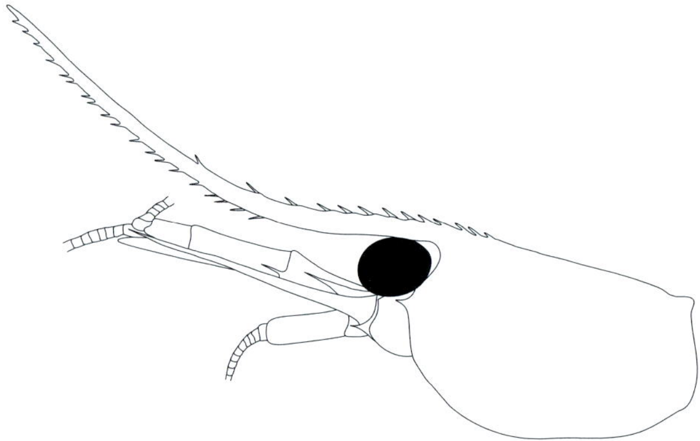

den außenliegenden Uropoden des Schwanzfächers befinden sich auffällige schwarze und weiße Abzeichen.

Auch die White Orchid gilt als eher einfach zu haltende Garnele, obwohl sie etwas weniger gut an Garnelenfutter geht als *C. caerulea*. Sie frisst sehr gerne Kieselalgen.

Ihre Eier sind dunkelbraun.

Morphologie

Morphologisch ähnelt die White Orchid *C. caerulea* und *C. ensifera*, aber ihre geringere Größe und ihre sehr deutlich von den anderen beiden Arten abweichende Färbung machen ihre eindeutige Bestimmung recht einfach.

Das Habitat

Die White Orchid ist ebenfalls im Pososee endemisch. Dort findet man sie nur an Stellen mit groben Kiesablagerungen in Ufernähe. Sie kommt dort zusammen mit *C. longidigita* vor.

Andere Caridina-Arten aus dem Pososee

Es gibt im Pososee noch weitere *Caridina*-Arten, die in unregelmäßigen Abständen in den Handel kommen.

Zu ihnen gehören *Caridina longidigita* Cai und Wowor, 2007 (als „Pink Boxer" im Handel) und eine weitere unbeschriebene Art mit roter Körperfärbung und weißen Punkten.

Caridina longidigita ist im Aquarium schwierig zu halten. Überwiegend liegt dies an ihrer Ernährung. Sie fächert aktiv nach kleinen Schwebeteilchen im Wasser. Die Scheren von *C. longidigita* sind zu Fächern umgebildet, was für eine Garnele aus einem See sehr ungewöhnlich ist.

Ihre Färbung ist transparent mit einem feinen rötlichen und weißlichen Punktmuster. Die distalen Teile der Schreitbeine sind orangefarben. Manche Züchter von *C. longidigita* berichten, dass sich die Art relativ einfach halten und züchten lässt,

Caridina ensifera.

Der Pososee.

wenn man sie mit anderen Sulawesigarnelen aus dem Pososee vergesellschaftet.

Sehr selten wird eine leuchtend rote Garnele mit auffälligen weißen Punkten zusammen mit *C. ensifera* importiert.

Caridina caerulea.

Caridina longidigita.

Caridina longidigita.

Der Pososee unter Wasser.

Caridina caerulea.

Auch diese Art ist noch unbeschrieben. Im Habitat findet man sie unter großen Felsbrocken. Über die Haltung und Zucht dieser schönen Garnele gibt es leider keine Berichte.

Caridina dennerli von Rintelen & Cai, 2009

Die Kardinalsgarnele gilt als eine der schönsten Arten aus den Alten Seen auf Sulawesi.

Ihre Färbung ist dunkelrot mit einem feinen weißen Punktmuster, das bei manchen Exemplaren auch bläulich sein kann. Die zu Scherenbeinen umgewandelten ersten beiden Schreitbeinpaare sind leuchtend weiß, ebenso wie ein Band am Ende des Schwanzfächers.

Diese Art ist im Matanosee endemisch.

Auch wenn sie etwas schwieriger zu füttern ist als *C. caerulea,* gilt die Kardinalsgarnele doch als eine der am einfachsten zu haltenden Garnelen aus dem Malili-Seensystem. Das macht sie für Einsteiger in die Sulawesigarnelenhaltung geeignet. Im Aquarium toleriert sie einen pH-Wert ab 7,5 aufwärts. Sie braucht eine konstante Wassertemperatur von ungefähr 29 °C.

Ihre Nachkommenzahl ist niedrig, die Weibchen tragen nur 6 bis 14 dunkelbraune Eier.

Zwar gibt es wenige Berichte über Hybriden oder Varianten, jedoch hat die Kardinalsgarnele mindestens drei von der Wildform abweichende Farbformen: zunächst die sogenannte „Blue Ghost", die blau mit weißen Punkten ist; dann eine transparente Variante ohne rote Pigmente, die nur eine weiße Strichzeichnung auf dem

Caridina dennerli.

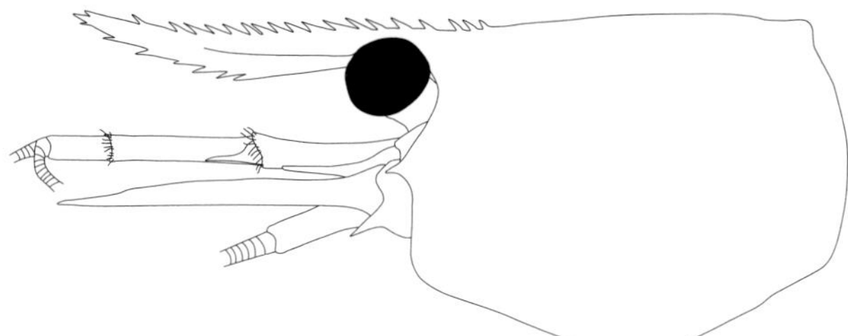

Zeichnung des Kopf-Brustpanzers von *Caridina dennerli* nach der Beschreibung von von Rintelen und Cai, 2009.

Übergang vom Kopf-Brustpanzer zum Hinterleib zeigt, und zum Dritten die „Ivory" genannte Variante, die ebenfalls transparent ist, aber das charakteristische weiße Punktmuster aufweist.

Morphologie

Caridina dennerli hat ein sichelförmiges Rostrum. In Spiritus eingelegte Exemplare lassen sich leicht mit *C. holthuisi* verwechseln, einer weiteren Art aus dem Matanosee und den Flüssen des Malili-Systems.

Diese Arten lassen sich mikroskopisch nur von Fachleuten auseinanderhalten. Lebende Exemplare jedoch sind so unterschiedlich gefärbt, dass sogar Laien sie auf einen Blick unterscheiden können. Keine andere Süßwassergarnele ist so gefärbt und gemustert wie die Kardinalsgarnele.

Das Habitat

C. dennerli lebt auf felsigem Grund. Tagsüber halten sich die Garnelen vorwiegend in Felsspalten und zwischen Steinbrocken auf. Die Kardinalsgarnele lebt nur im Matanosee, nicht in den Flüssen, die den See mit anderen Teilen des Malili-Systems verbinden.

Gefahren für C. dennerli und andere Arten des Malili-Systems:

Seit einigen Jahren wird ein dramatischer Einbruch bei den Populationsdichten von *C. dennerli* in ihrem Lebensraum beobachtet. Dies liegt unter anderem daran, dass vor einiger Zeit Flowerhorn-Cichliden in den See gelangt sind. Leider ist diese Art – genauso wie andere endemische Garnelenarten aus dem Matanosee – akut vom Aussterben bedroht.

Die nicht heimischen Fische ernähren sich von Primärkonsumenten wie Insektenlarven oder Garnelen, die ihrerseits feine Algen fressen. Die Primärkonsumenten sind nun seltener geworden oder verstecken sich häufiger, mit Folgen für das Biotop. Das Substrat im Matanosee ist mittlerweile zum Großteil von Algen und Detritus bedeckt, und der Anblick der Unterwasserlandschaft im See hat sich dramatisch verändert. Leider sind die eingeschleppten Fische mittlerweile auch schon in den Mahalona- und Towutisee vorgedrungen. Untersuchungen ergaben, dass auch die Ökosysteme in diesen Seen bereits beginnen, sich drastisch zu wandeln.

Flowerhorn-Cichlide. Foto von Ezequiel Pérez

Caridina sp. var. trimaculata.

Caridina sp. var. trimaculata.

Galaxy Shrimp.

Caridina sp. var. trimaculata

Diese Art ist unbeschrieben. Sie wird unter dem Namen „Dreipunktgarnele" oder „Three Spots Red Bee" verkauft. Namensgebend waren die drei oder mehr weißen Punkte auf ihrem Kopf-Brustpanzer. Auch auf dem Hinterleib sitzen einer oder mehrere weiße Punkte, ebenso wie auf jedem Uropoden. Der Körper ist leuchtend rot.

Diese Art lebt zwischen Schotter und Felsbrocken im Uferbereich des Matanosees. Wie *C. dennerli* wird auch diese Art durch die eingeschleppten Fische im See stark dezimiert.

Sie gilt als mittelschwierig zu halten. Gemäß ihres Mikrohabitats wird sie wie jede andere auf Hartsubstrat lebende Sulawesigarnele gehalten.

Ihre Eier sind braunrot.

Unterwasserbilder des Matanosees. Das Bild oben zeigt den Zustand im Jahr 2007, unten den von 2019. Die Veränderung im Ökosystem ist deutlich sichtbar: dicke Ablagerungen von Detritus und Cyanobakterien auf den Felsen.

Caridina sp. var. Matano Red.

Der Matanosee.

Der Mahalonasee unter Wasser. Auch hier leben Flowerhorn-Cichliden.

Unklar ist, ob diese Art mit der sogenannten „Galaxy" in Beziehung steht. Diese Garnele wurde zunächst als Hybrid bezeichnet, es gibt jedoch Hinweise, dass es sich hier ebenfalls um eine Wildform handelt, die im Matanosee in größeren Tiefen lebt. Sie ist dunkelbraun bis schwarz und ist mit weißen Punkten übersät. Ihre Schreitbeine sind gefärbt.

Caridina sp. var. Matano Red

Im Frühjahr 2019 konnte im Norden des Matanosees erneut ein Exemplar dieser Art zwischen großen Steinen gefangen werden.

Diese rot gefärbten Garnelen sind deutlich kleiner und auch um einiges scheuer als die meisten anderen Arten aus den Großen Seen. Man sollte sie nicht mit anderen rot gefärbten Sulawesigarnelen zusammen halten, weil sie ihre Färbung verändern können – die Arten sind dann nur noch schwer auseinanderzuhalten.

Ihre Eier sind rötlich-braun.

Die Matano Red zählt zu den mittelschwierig zu haltenden Garnelen aus Sulawesi.

Caridina sp. var. Mini Six Banded

Im Matanosee findet man diese Art an verschiedenen Stellen. Sie kommt sogar beim öffentlichen Badestrand der Stadt Soroako vor. Im Handel findet man diese Garnele jedoch nur selten. Eventuell werden die sehr klein bleibenden Arten einfach nicht stark genug nachgefragt, oder die Fänger nehmen sie aufgrund ihrer geringen Größe gar nicht erst mit.

Diese Art ist rot oder orangerot gefärbt und zeigt weiße bis hellblaue Querstreifen oder Flecken. Die Scherenbeine und die Fühler sind rot, ihre Eier ebenfalls.

Die Art lebt in tieferen Zonen in den Spalten zwischen großen Felsbrocken, wo sie vor den Flowerhorn-Cichliden und vor anderen Räubern gut geschützt ist.

Über ihre Haltung im Aquarium gibt es leider keine Informationen.

Caridina sp. var. Malili Red

Diese Garnele ist ähnlich gefärbt wie die Art *Caridina* sp. var. Matano Red, bleibt aber deutlich kleiner. Sie lebt zwischen Felsbrocken und Geröllansammlungen im Towutisee.

Anders als bei der Matano Red ist bei der Malili Red das erste Fühlerpaar (das längste) rot oder orange gefärbt (bei der Matano Red ist es weiß), und das Rostrum ist sehr kurz und dünn.

In Deutschland wurde diese Art bereits erfolgreich im Aquarium gezüchtet. Leider gibt es dennoch nicht viele Informationen über die Aquarienhaltung.

Die Eier dieser Art sind rot.

Caridina sp. var. Mini Six Banded.

Caridina sp. var. Malili Red.

Der Towutisee.

Zeichnung des Kopf-Brustpanzers von *Caridina glaubrechti* nach der Beschreibung von von Rintelen und Cai, 2009.

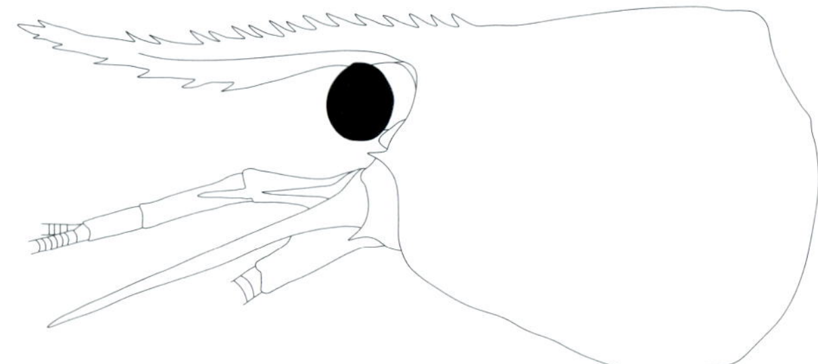

Caridina glaubrechti. Foto von Chris Lukhaup

Caridina glaubrechti von Rintelen & Cai, 2009

Sie ist auch als Red Orchid oder Brown Camo bekannt. Ihre Farbe ist ein dunkles Rot bis Braun mit einem feinen weißen Punktmuster auf dem ganzen Körper. Auch kurze, feine weiße Streifen sind möglich.

Sie lebt im Towutisee.

Die Red Orchid gilt als mittelschwer zu halten.

Ihre Eier sind rotbraun.

Morphologie

C. glaubrechti hat ein schlankes, langes Rostrum mit 11 bis 17 weiter auseinander stehenden Zähnchen auf der Oberseite und 5 bis 16 Zähnchen auf der Unterseite.

Keines der Schreitbeine hat einen Epipoditen. Manchmal trägt das erste Scherenbein jedoch einen solchen Anhang, der allerdings reduziert ist.

Die Morphologie ähnelt der von *C. striata* und *C. woltereckae* stark, die drei Arten lassen sich jedoch schon allein anhand der völlig unterschiedlichen Färbung sehr einfach auseinanderhalten.

Das Habitat

Vorkommen dieser Art sind auf den westlichen Teil des Towutisees beschränkt. Man findet sie ausschließlich auf Hartsubstrat wie Felsen oder grobem Kies.

Caridina profundicola von Rintelen & Cai, 2009

Im Handel ist sie als Sun Stripe Shrimp bekannt, was an ihrer transparenten Färbung und dem Muster aus leuchtend gelben bis orangefarbenen Streifen liegt. Sie wird nur selten angeboten.

Diese Art stammt aus dem Towutisee.

Ihre Eier sind grünlich.

Morphologie

C. profundicola unterscheidet sich von allen anderen Arten aus dem Malili-System durch die charakteristische Dreiecksform an der Unterseite ihrer Rostrumbasis. Das Rostrum ist zudem sehr schlank. Es ist auf der Oberseite mit 16 bis 25 und auf der Unterseite mit 13 bis 24 Zähnchen besetzt.

An allen Schreitbeinen fehlen die Epipoditen.

Das Habitat

C. profundicola lebt in tiefen Wasserzonen im Towutisee, wo sie zwischen Felsen und großen Steinbrocken gefunden wird. Selten halten

Caridina profundicola.

Zeichnung des Kopf-Brustpanzers von *Caridina profundicola* nach der Beschreibung von von Rintelen und Cai, 2009.

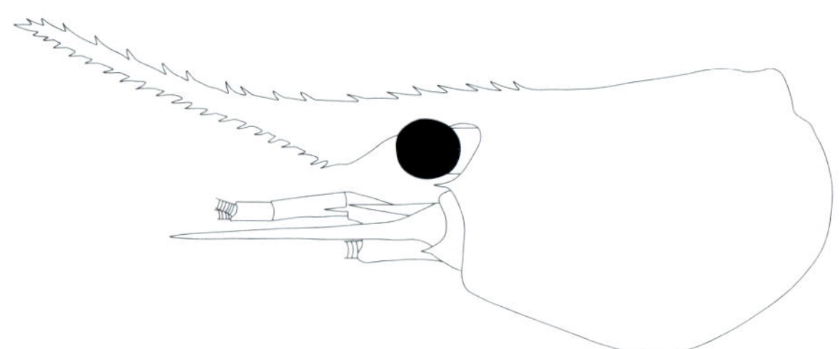

Caridina sp. Tigri. Foto von Chris Lukhaup

sich ihre Jungtiere in Ansammlungen von Laub in Ufernähe auf.

Da *C. profundicola* eher in tiefem Wasser vorkommt, wird sie nur selten gesammelt und kommt nicht sehr häufig in den Aquaristikhandel.

Caridina sp. Tigri

Im Handel ist diese Art auch als Towuti Red Tigri, *Caridina* tigri (was kein gültiger Artname ist) oder Red Bengal Shrimp bekannt. Ihre dunkelrote Grundfarbe wird von weißen und transparenten Streifen unterbrochen. Sie sieht *C. spongicola* und *C. woltereckae* ähnlich.

Laut den Exporteuren wird diese Art im Towutisee gefunden.

Sie gilt als schwierig zu halten.

Die Weibchen tragen ca. 30 rotbraune Eier.

Caridina spinata Woltereck, 1937

C. spinata ist als Goldfleck- oder Goldpunktgarnele, Rotgelbe Towutigarnele, Yellow Nose, Yellow Stripe, Yellow Cheek oder Red Goldflake bekannt. Die Tiere sind rot mit goldgelben Abzeichen. Fühlerbasis, Schreitbeine und Schwanzfächer sind gelb gefärbt, die Fühler selbst sind immer weiß.

Die Art kommt aus dem Towutisee.

Die Garnele gilt als mittelschwer zu halten.

Ihre Eier sind braunrot.

Die Variante „Yellow Stripe" hat gelbe Bänder auf dem Hinterleib und kleine Punkte auf dem Kopf-Brustpanzer. Bei der Yellow Cheek sind diese Punkte deutlich größer und die Linien auf dem Hinterleib kürzer. Yellow Nose dagegen ist überwiegend rot und hat nur eine gelbe Fühlerbasis und einen gelben Schwanzfächer.

Offenbar kann sich diese Art mit anderen Sulawesigarnelen kreuzen. Daher sollte sie im Artbecken gehalten werden, ausgenommen natürlich, jemand macht gezielte Kreuzungsversuche.

Die Varianten findet man immer nur an jeweils einer Stelle. Es steht zur Debatte, ob es sich hier um Farbformen, Standortvarianten, Unterarten oder gar um unerkannte, kryptische Arten handelt.

Morphologie

C. spinata und *C. profundicola* sind die größten Arten, die im Malili-System vorkommen. Sie haben ein recht langes Rostrum, das weit über den Scaphoceriten hinausragt.

Caridina spinata var. Yellow Stripe.

Zeichnung des Kopf-Brustpanzers von *Caridina spinata* nach der Beschreibung von von Rintelen und Cai, 2009.

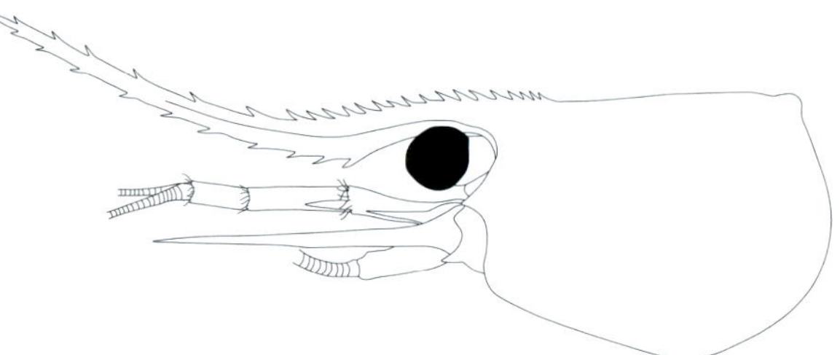

Caridina spinata var. Yellow Nose.

C. spinata kann man von *C. profundicola* anhand der Rostrumform unterscheiden – bei der Goldpunktgarnele fehlt die dreieckige Basis.

Das Rostrum ist auf der Oberseite mit 14 bis 24 Zähnchen besetzt, auf der Unterseite sind es 5 bis 12.

Die Epipoditen sind auf das erste Schreitbeinpaar beschränkt. An der präanalen Carina sitzt ein gut sichtbarer Dorn.

Das Habitat

Ähnlich wie *C. profundicola* lebt auch *C. spinata* zwischen grobem Kies

Zeichnungen des Kopf-Brustpanzers von *Caridina woltereckae* (oben) und *Caridina spongicola* (unten) nach der Beschreibung von von Rintelen und Cai, 2009.

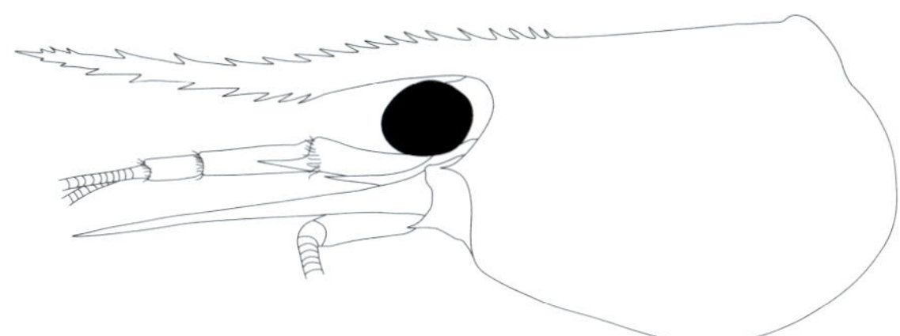

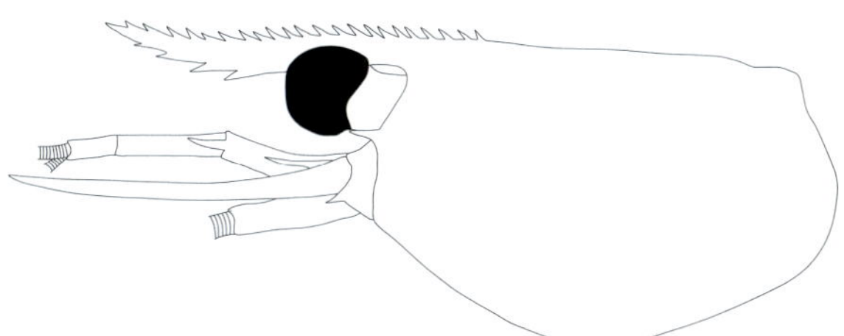

Caridina woltereckae.

und Felsbrocken in tieferem Wasser. Man findet sie praktisch im gesamten Towutisee.

Caridina woltereckae Cai, Wowor & Choy, 2009

Die Harlekingarnele zeigt auf rotem Grund ein charakteristisches Längsband seitlich auf dem Hinterleib und drei weiße Querstreifen auf dem Kopf-Brustpanzer. Die Schreitbeine und Antennenbasis können orangefarben sein, die Scherenbeine sind weiß.

C. woltereckae lebt ausschließlich im Towutisee.

Sie gilt als schwierig zu halten.

Die Weibchen tragen 20 bis 30 rotbraune Eier.

Morphologie

Das schlanke Rostrum ragt weit über den Scaphoceriten hinaus. Auf der Oberseite sitzen 13 bis 22 Zähnchen und 3 bis 13 auf der Unterseite. Auf dem distalen Teil stehen die Zähnchen auf der Oberseite weniger dicht.

Das erste Schreitbeinpaar hat einen Epipoditen, beim Rest fehlt dieser Anhang. Die präanale Carina besitzt keinen Dorn.

Die Morphologie dieser Art kann mit anderen Arten verwechselt werden, die Zeichnung ist jedoch eindeutig. Es gibt noch eine weitere Art mit einer sehr ähnlichen Zeichnung – *C. spongicola* Zitzler und Cai, 2006. Sie lebt jedoch ausschließlich auf Süßwasserschwämmen und wird nicht für die Aquaristik exportiert.

Das Habitat

Ebenso wie die zuvor vorgestellten Arten lebt auch *C. woltereckae* in ihrer Heimat im Towutisee ausschließlich auf harten Substraten wie Felsen und grobem Kies.

Caridina spongicola Zitzler & Cai, 2006

Caridina spongicola sieht *C. woltereckae* von der Farbe wie auch von der allgemeinen Morphologie her sehr ähnlich. Beide Arten bewohnen jedoch vollkommen unterschiedliche Mikrohabitate.

Diese Art findet man nicht im Handel (obwohl sie den Handelsnamen Celebes Beauty trägt), und ihre Haltung im Aquarium ist fast unmöglich, weil sie ausschließlich auf einem noch unbeschriebenen Süßwasserschwamm lebt.

Morphologie

Morphologisch gleicht sie *C. woltereckae*, sie bleibt jedoch kleiner und hat ein kürzeres Rostrum.

Schwamm und *Ottelia mesenterium* unter Wasser im Towutisee.

Caridina spongicola auf Süßwasserschwämmen im Towutisee.

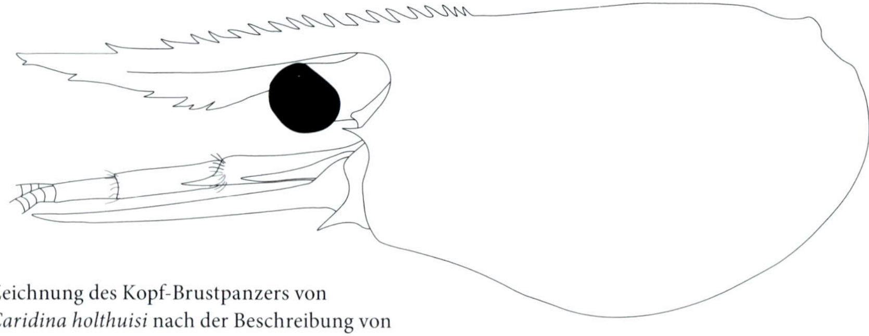

Zeichnung des Kopf-Brustpanzers von *Caridina holthuisi* nach der Beschreibung von von Rintelen und Cai, 2009.

Das Habitat

Diese interessante Art findet man nur auf einem sehr groß werdenden Süßwasserschwamm, der ausschließlich in einem kleinen Gebiet nahe der Mündung des Larona-Flusses auf schlammigem Weichsubstrat zwischen *Ottelia mesenterium* vorkommt.

Bis zu 137 Garnelen fand man auf einem Schwamm. Dort weiden sie die Oberfläche ab und sitzen in den Öffnungen, den Oscula, des Schwammes.

Caridina holthuisi von Rintelen & Cai, 2009

Der Handel kennt sie als Towuti Tiger, Matano Tiger oder Six Banded Shrimp.

Die Färbung ist variabel: deckend weiß, grau oder braun, hin und wieder auch schwarz oder mit weißen Querbändern. Die Garnele kann ihre Farbe ändern und sich auf unterschiedlichen Substraten tarnen.

Sie kommt im Matano-, Mahalona- und Towutisee und im Petea-Fluss vor. *C. holthuisi* gilt als mittelschwierig zu haltende Garnele. Ihre Eier sind gelbbraun.

Morphologie

Das Rostrum von *C. holthuisi* ist im Vergleich zu anderen Arten in den Alten Seen recht kurz und gerade. Es hat 14 bis 28 Zähnchen auf der Ober- und 3 bis 7 Zähnchen auf der Unterseite.

Nur das erste und zweite Schreitbeinpaar weisen Epipoditen auf, bei den weiteren Schreitbeinen fehlen sie. An der präanalen Carina sitzt ein Dorn.

Im Allgemeinen ist *C. holthuisi* morphologisch der Art *C. masapi* recht ähnlich, die ihr Vorkommen ebenfalls im gesamten Malili-System hat. *C. holthuisi* unterscheidet sich von ihr jedoch durch ihr etwas längeres, an der Oberseite überwiegend bezahntes Rostrum. Bei *C. masapi* ist das Rostrum distal ein Stück weit unbezahnt, was sehr auffällig ist. Lebende Exemplare beider Arten lassen sich anhand der stark unterschiedlichen Färbung sehr leicht auseinanderhalten.

Caridina holthuisi, verschiedene Farben und Muster.

Caridina lanceolata.

Das Habitat

Anders als die meisten anderen Arten aus dem Malili-System kommt *C. holthuisi* nicht auf Hartsubstrat wie Felsen oder grobem Kies vor. Die Garnelen halten sich typischerweise in Laubansammlungen auf oder sitzen auf untergegangenem Treibholz.

Caridina lanceolata Woltereck, 1937

Diese Garnele ist transparent und hat ein feines, dichtes rötliches bis orangerotes Punktmuster. Manche Exemplare weise kleine weiße Streifen auf.

Sie kommt in den Seen Mahalona, Matano und Towuti vor. Es handelt sich um eine weit verbreitete Art, die vorwiegend in beschatteten Zonen lebt, allerdings findet man sie nur selten im Handel. Vermutlich liegt das an ihrer eher unauffälligen Färbung.

Sie gilt als mittelschwer zu halten.

Ihre Eier sind grünlich.

Morphologie

C. lanceolata kann man sehr einfach an ihrem charakteristischen langen, schlanken Rostrum erkennen. Auf der Unterseite weist es wenige, weit auseinanderstehende Zähnchen auf.

Dieses Merkmal teilt sie sich mit einer einzigen weiteren Art, *C. hodgarti* aus Nordindien.

Das Habitat

Diese Art gilt als Generalist, der auf verschiedenen Substraten in allen Malili-Seen und in den mit ihnen verbundenen langsam fließenden Flüssen vorkommt. Die stärksten Populationen findet man vorwiegend in beschatteten Zonen des Mahalona- und Towutisees,

Zeichnung des Kopf-Brustpanzers von *Caridina lanceolata* nach der Beschreibung von von Rintelen und Cai, 2009.

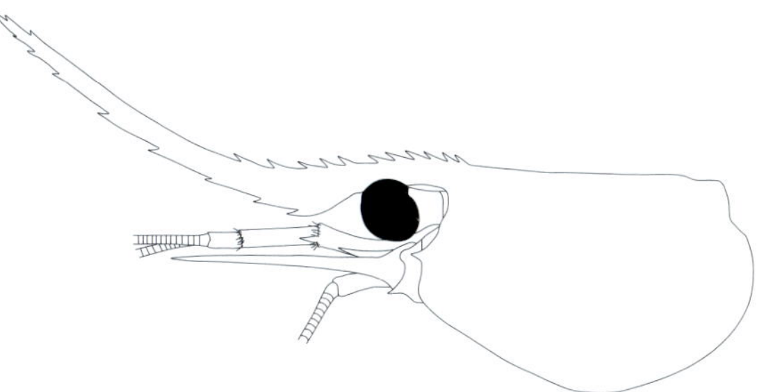

Caridina loehae.

wo sie zwischen den Stämmen und Zweigen ins Wasser gefallener Bäume in Ufernähe leben. Sie schwimmen gerne in großen Schwärmen oder ruhen zwischen den Wurzeln und im Treibholz.

Im Matanosee fand man die Art vor einigen Jahren noch in großer Zahl in der dichten Ufervegetation. Mittlerweile ist *C. lanceolata* in diesem See offenbar ausgestorben, was vermutlich daran liegt, dass hier Cichliden eingeschleppt wurden, die die Bestände stark dezimieren.

Caridina loehae von Rintelen & Cai, 2009

Ihre Handelsnamen sind Orange Delight oder Mini Blue Bee. Die Grundfarbe ist rötlich, mit einem feinen weißen Punktmuster über dem ganzen Körper und drei kurzen dünnen Linien auf dem Hinterleib. Bei Stress verblasst die Farbe zu einem transparenten Orangerot.

C. loehae lebt im Matano- und Towutisee sowie im Petea-Fluss.

Zeichnung des Kopf-Brustpanzers von *Caridina loehae* nach der Beschreibung von von Rintelen und Cai, 2009.

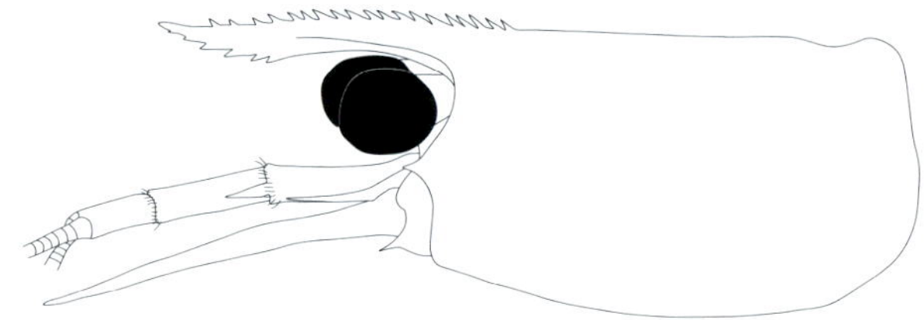

Diese Garnele gilt als mittelschwer zu halten.

Ihre Eier sind leuchtend rot.

Morphologie

Charakteristisch ist die geringe Körpergröße. Weiterhin hat *C. loehae* ein sehr dünnes, leicht konvexes Rostrum, das ungefähr bis zum zweiten Segment der Antennenbasis reicht. Auf der Oberseite sitzen 14 bis 20 Zähnchen, auf der Unterseite befinden sich 1 bis 8.

Am ersten und zweiten Schreitbein sitzen Epipoditen, die an den weiteren Beinpaaren fehlen. Die präanale Carina besitzt keinen Dorn.

Diese Art kann man mit *C. spinata* verwechseln, sie unterscheidet sich jedoch durch ihr kürzeres, dünneres Rostrum. Bei lebenden Exemplaren

Caridina masapi.

Zeichnung des Kopf-Brustpanzers von *Caridina masapi* nach der Beschreibung von von Rintelen und Cai, 2009.

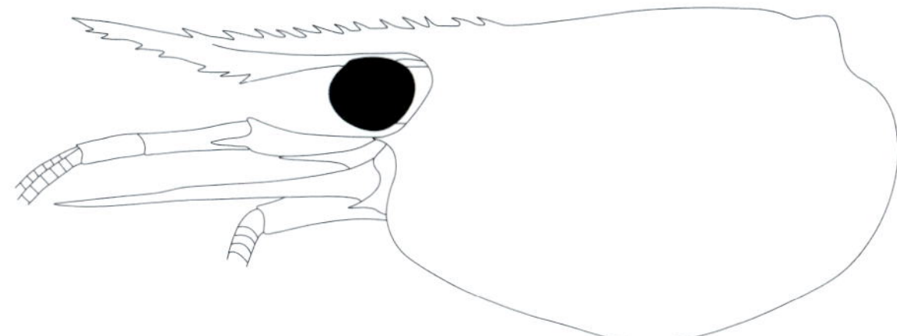

erkennt man an der Zeichnung deutlich, dass es sich um eine andere Art handelt. Hier stehen die wenigen weißen Streifen und Pünktchen von *C. loehae* den leuchtend gelben Abzeichen und der gelben Fühlerbasis bei *C. spinata* gegenüber.

Das Habitat

C. loehae lebt zwischen Steinen und im Kies nahe am Ufer in den Seen und Flüssen im Flachwasser.

Caridina masapi Woltereck, 1937

Diese Garnele wird als „Sulawesi Tiger" verkauft, hin und wieder auch als „Towuti Tiger" – diese Bezeichnung ist jedoch einer Verwechslung mit *C. holthuisi* geschuldet, einer Art, die häufig zusammen mit *C. masapi* vorkommt. Die letztere hat jedoch keine so ausgeprägte Streifenzeichnung.

Sie ist äußerst farbvariabel. Die Tiere sind häufig transparent mit braunem Streifen- und Fleckenmuster auf dem Carapax und dem Hinterleib. Häufig ist ein ausgeprägterer dunkler vertikaler Streifen auf der Wange.

C. masapi findet man in den Seen Mahalona, Matano, Masapi und Towuti; auch in den Flüssen des Malili-Systems gibt es Vorkommen.

Sie gilt als einfach zu halten.

Ihre Eier sind grünlich.

Caridina masapi.

Morphologie

C. masapi hat ein langes, leicht s-förmig geschwungenes Rostrum, das bis über die Antennenbasis hinausreicht und auf dem letzten distalen Viertel der Oberseite keine Zähnchen hat. Auf der Oberseite sitzen 7 bis 21 Zähnchen und 3 bis 10 auf der Unterseite.

Am 2. bis 5. Schreitbein fehlen die Epipoditen. An der präanalen Carina sitzt ein auffälliger Dorn.

Diese Garnele ist ein typischer Generalist und kommt auf verschiedenen Substraten vor. Die Farbe von *C. masapi* ist auch aus diesem Grund deutlich unauffälliger als die vieler anderer Arten aus dem Malili-System.

Das Habitat

Sie ist im gesamten Malili-System verbreitet, sowohl in den Seen wie auch in den Flüssen. Sie ist dabei nicht auf ein bestimmtes Substrat spezialisiert.

Caridina striata von Rintelen & Cai, 2009

Hier gibt es zwei Farbvarianten: eine mit roten Längsstreifen auf hellem Grund, deren ersten beiden Schreitbeine weißlich gefärbt sind und die einen großen gelben Fleck auf den Uropoden hat. Sie ist als Red Line oder Rotstreifengarnele bekannt. Die zweite Variante hat einen tiefroten Körper, ein schwächeres Streifenmuster mit wenigen kurzen Querstreifen auf der Oberseite und

Caridina striata.

Zeichnung des Kopf-Brustpanzers von *Caridina striata* nach der Beschreibung von von Rintelen und Cai, 2009.

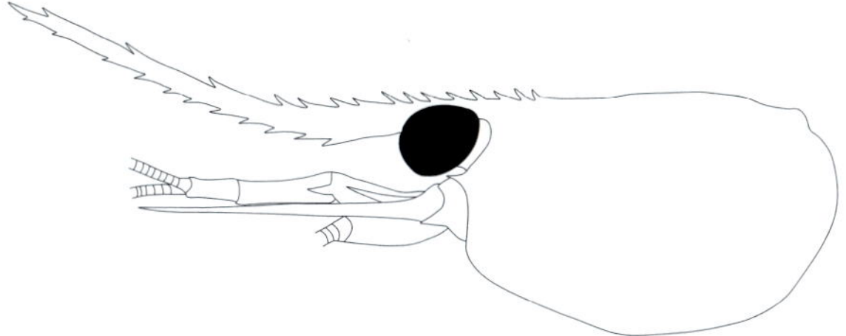

Caridina sp. Mini Striata.

zwei auffälligen rot-weißen Flecken auf dem Schwanzfächer. Sie wird im Handel als Blue Dot Red Line oder Mini Striata geführt.

Die Färbung der beiden Varianten ist nicht veränderlich. Die starken Unterschiede legen nahe, dass es sich hier um zwei kryptische Spezies handeln könnte.

C. striata lebt in den Seen Mahalona und Towuti und an weiteren Orten im Malili-System.

Sie gilt als schwierig zu halten. Erfahrene Sulawesigarnelen-Züchter berichten von Problemen bei der Zucht, die spätestens ab der zweiten Generation auftreten.

Die Eier sind rotbraun.

Morphologie

Das Rostrum dieser Art ist nicht sehr dicht bezahnt, und die Zähnchen auf der Oberseite stehen in einem größeren Abstand zueinander.

Konserviertes Material kann mit Proben von *C. woltereckae* und *C. glaubrechti* verwechselt werden, lebende Tiere erkennt man jedoch gut an ihrem charakteristischen Längsstreifenmuster in Verbindung mit den weißen Scherenbeinen.

Caridina boehmei Klotz & von Rintelen, 2013

Diese Garnele ist auch als Sulawesi Bee oder Mambo Bee bekannt. Sie ist schwarz-weiß gebändert und ähnelt der Schwarzen Bienengarnele aus China. Sie kommt nicht häufig in den Handel.

Diese Garnele stammt aus den Flüssen Zentralsulawesis und wird insbesondere im Puawu-Fluss gefunden.

Sie gilt als mittelschwer zu halten.

Ihre Eier sind braunrot.

Morphologie

Das Rostrum von *C. boehmei* ist kurz und reicht nicht einmal bis zum distalen Rand des ersten Segments der Antennenbasis. Die Rostrumformel lautet 0 + 0–2 (0–1) / 0–2 (0–1).

Caridina boehmei ähnelt *C. sulawesi* Cai und Ng, 2009, die ebenfalls ein kurzes, wenig bezahntes Rostrum und große Eier hat.

Diese neue Art lässt sich von *C. sulawesi* durch die Form und Bedornung der Appendix masculina am zweiten Schwimmbein unterscheiden.

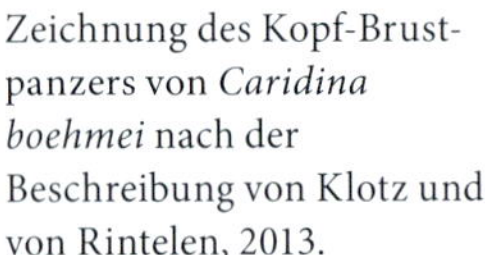

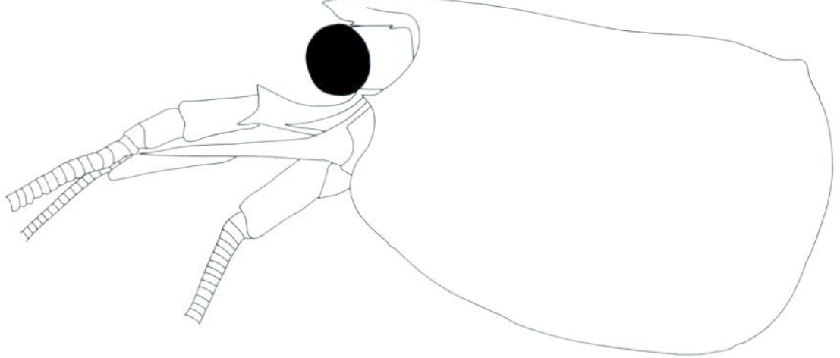

Zeichnung des Kopf-Brustpanzers von *Caridina boehmei* nach der Beschreibung von Klotz und von Rintelen, 2013.

Caridina boehmei.

Sie ist sackförmig, ist 6,91 bis 8,11 Mal länger als der breiteste distale Teil und am inneren und äußeren Rand mit zahlreichen langen Dornen besetzt. Dagegen ist bei *C. sulawesi* die Appendix masculina sehr schlank (10,73 bis 12,38 Mal so lang wie die größte distale Breite) und keulenförmig. Sie ist mit kurzen, kräftigen Borsten besetzt, die in zwei Reihen über die gesamte Länge des inneren Randes verteilt stehen.

Das Habitat

Zu beachten ist, dass *C. boehmei* in Habitaten lebt, deren Wasser deutlich kühler als das der Alten Seen auf Sulawesi ist. Die in einem Fluss gemessene Temperatur betrug lediglich 23 bis 25 °C.

Weitere Wasserparameter sind: pH 8,3, GH 12 °dGH, KH 6 °dKH und ein Leitwert von 289 Mikrosiemens.

Caridina parvidentata Roux, 1904

In der Aquaristik kennt man sie als Malawa Shrimp oder Sulawesi-Inlandsgarnele. Sie ist meist transparent mit einem feinen schwarzbraunen und teils auch weißen Streifenmuster. Selten findet man schwarze, braune oder bläuliche Exemplare.

Sie stammt aus Flüssen im Westen von Sulawesi.

Von eher farblosen *Caridina*-Arten aus Südchina unterscheidet sie sich durch den fehlenden Epipoditen am dritten und vierten Schreitbeinpaar.

Haltung und Zucht sind extrem einfach. Sie verträgt ein weites Spektrum an Wasserwerten: pH 6–8, GH 6–20, KH 2–12 und eine Temperatur von 20 bis 30 °C. Sie frisst jedes angebotene Garnelenfutter.

Caridina parvidentata.

Die Weibchen tragen 5 bis 15 rotbraune Eier.

Morphologie

Caridina parvidentata wurde zuerst von J. Roux aus einer Quelle nahe der Stadt Malawa in der Region Maros im Südwesten von Sulawesi beschrieben. Sie wurde zunächst als Unterart von *Caridina pareparensis* angesehen, die man in derselben Inselregion findet.

In derselben Arbeit beschreibt J. Roux eine weitere Art, *Caridina linduensis* aus dem Lindu-See, die ebenfalls mit *C. pareparensis* verwandt ist.

Später kamen weitere Arten wie *C. sulawesi, C. leclerci, C. dali* und *C. kaili* dazu. Die molekulargenetische Analyse warf die Frage auf, ob es sich hier wirklich um verschiedene Arten oder lediglich um Synonyme von *Caridina pareparensis* handelte. Abgesehen von dieser taxonomischen Frage unterscheidet sich die Art (oder Arten) von allen anderen in der Gattung *Caridina* durch ihre charakteristisch geformten Geschlechtsanhängsel, also die Endopoditen der ersten Schwimmbeine bei den Männchen. Sie sind nahezu rechteckig, mit deutlichen Ecken am distalen Rand. Die Appendix masculina am zweiten Schwimmbein ist sehr schlank und von kurzen, starken, stachelförmigen Härchen in zwei Reihen umgeben.

Die Geschlechter unterscheiden sich stark. Am gebogenen Dactylus des dritten Schreitbeins bei den Männchen sitzen stachelförmige Härchen; der innere distale Rand des Protopoditen am dritten Schreitbein ist dicht mit kleinen stachelförmigen Härchen besetzt. Bei den Weibchen dagegen ähneln Dactylus und Propodus denen anderer weiblicher *Caridina*-Arten.

Das Habitat

Die Sulawesi-Inlandsgarnele lebt in kleinen Bächen und Bewässerungsgräben im gesamten Westen von Sulawesi.

Anders als viele *Caridina*-Arten aus Asien findet man *C. pareparensis* auch in Karstgebieten, was ihre Toleranz gegenüber hartem Wasser im Aquarium erklärt.

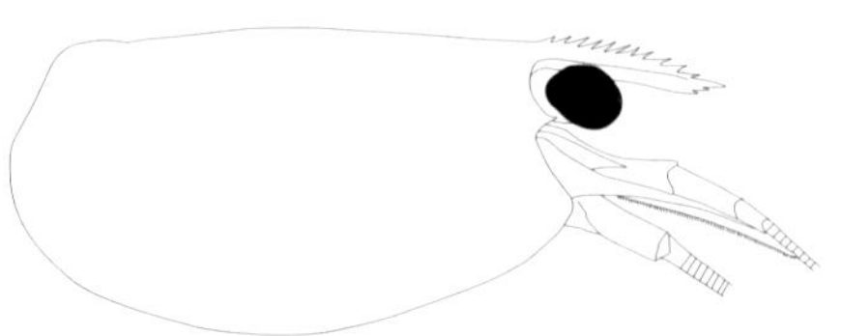

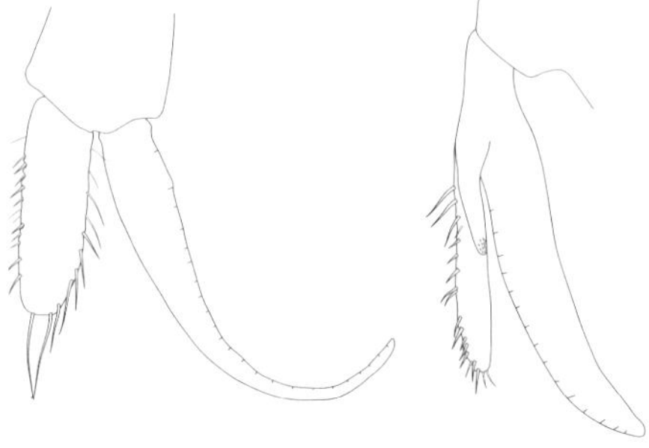

Zeichnung des Kopf-Brustpanzers, des ersten Schwimmbeins (links) und des zweiten Schwimmbeins (rechts) von *Caridina parvidentata* nach der Beschreibung von Cai und Ng, 2009.

Habitat von *Caridina parvidentata*.

Trimaculata, Matano Red und Yellow Stripe.

Caridina dennerli.

Brackwassergarnelen

In der Familie der Atyidae gibt es auch Arten, die nicht nur für die Entwicklung ihrer Larven Brackwasser brauchen, sondern auch im Erwachsenenstadium in salzigen Habitaten leben.

Die Zoea-Larven entwickeln sich dabei im Brackwasser, und auch die adulten Tiere bleiben in diesen Habitaten oder begeben sich zeitweise ins Süßwasser.

Im Aquarium hält man diese Arten in Wasser mit einem pH-Wert von 7–8,5, einer hohen Wasserhärte (GH 8–20°dGH) und oft bei einer Temperatur von 22 bis 26 °C. Es gibt für diese Arten keine Standardempfehlung hinsichtlich der Salinität, mit 10,08 bis 10,15 g pro Liter fährt man jedoch meist gut.

Die Larven ernähren sich von mehrzelligen Kleinstorganismen: Algen und anderem Phytoplankton sowie Rädertierchen. Bei manchen Arten fressen die erwachsenen Tiere auch handelsübliches Garnelenfutter.

Die Einrichtung eines Aquariums mit Brackwasser für die Garnelenzucht ist recht komplex, es gibt jedoch einige Ratschläge, wie man ein solches Projekt erfolgreich stemmen kann. Das Aquarium sollte mittelgroß bis groß sein und über eine gute Beleuchtung verfügen, damit die Algen im Brackwasserbecken gut wachsen. Man braucht sowohl Aufwuchsalgen als auch Schwebealgen im Freiwasser, die von den Larven verwertet werden können. Das Aquarienwasser sollte demnach immer leicht grünlich sein.

Ein Aquarienfilter ist nicht unbedingt notwendig, weil man in einem solchermaßen aufgestellten Aquarium nicht viel bis gar nicht füttern muss, vorausgesetzt, die Garnelen finden im Becken ausreichend Mikroorganismen. Gut ist in jedem Fall die Verwendung einer regelbaren Luftpumpe, die wenige große Blasen pro Minute abgibt. Das Wasser sollte nur mäßig stark bewegt werden.

Ein Brackwasseraquarium für *Halocaridina rubra.* Das Aquarium ist stark veralgt, der Sauerstoffgehalt bei 24 °C liegt bei 8 mg/l und fällt niemals unter 6 mg/l. In herkömmlichen Aquarien liegt der Sauerstoffgehalt tagsüber meist bei über 10 mg/l und fällt während der Nachtstunden leicht ab.

Habitat von *Caridina gracilirostris* auf Sri Lanka.

Caridina gracilirostris De Man, 1892

Im Handel kennt man sie als Rote Nashorngarnele, Pinocchiogarnele oder Red Nose Shrimp.

Diese transparente Garnele hat ein auffallendes, intensiv rotes Rostrum. Manchmal verschwindet diese Färbung im Aquarium und das Rostrum wird durchsichtig.

Ihre Schwimmweise ist typisch: Sie bewegt sich helikopterartig im Wasser fort, mit schräg nach oben gestrecktem Schwanz und nach unten weisendem Kopf. Diese Fortbewegungsweise zeigt sie jedoch nur in hohen Aquarien mit entsprechendem Wasserstand.

Im Aquarium hält man sie in alkalischem Wasser mit einem pH von 7–8, einer hohen Gesamthärte von 8 bis 15 °dGH und einer Temperatur von 24 °C – neben dieser gibt es noch weitere, zum Teil abweichende Empfehlungen. In ihren natürlichen Habitaten kommt die Rote Nashorngarnele fast ausschließlich in Brackwasser vor, in Flussmündungen und Lagunen. Daher sollte man sie auch im Aquarium in Brackwasser mit einer Salinität von 10,08 bis 10,12 g Salz pro Liter halten.

Die Larven brauchen für ihre Entwicklung definitiv Brackwasser. Sie wurden schon verschiedentlich im Aquarium nachgezogen, wenn auch selten. Die Eier sind weißlich und werden mit zunehmender Reife grünlich.

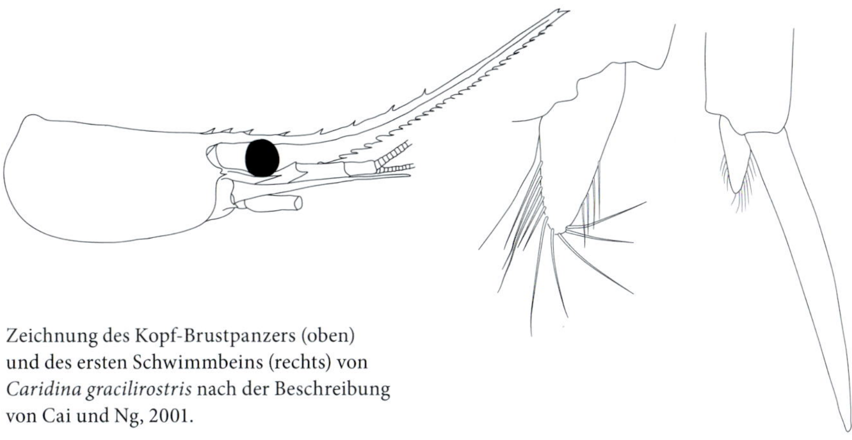

Zeichnung des Kopf-Brustpanzers (oben) und des ersten Schwimmbeins (rechts) von *Caridina gracilirostris* nach der Beschreibung von Cai und Ng, 2001.

Caridina gracilirostris.

Morphologie

Die Form des Rostrums von *Caridina gracilirostris* ist charakteristisch. Nur sie hat ein nach oben geschwungenes Rostrum, das ungefähr doppelt so lang ist wie die Länge des Kopf-Brustpanzers und dessen basaler Teil an der Oberseite mit nur sehr wenigen Zähnchen (unter 10) besetzt ist. Der Endopodit am ersten Schwimmbein der Männchen hat keine Appendix interna.

Das Habitat

Diese Garnele lebt in den Brackwasserbereichen in der Mündung vieler Flüsse und in Brackwasser-Lagunen in tropischen Gebieten im östlichen, südöstlichen und südlichen Teil Asiens. In den stehenden Gewässern der Lagunen findet sich die Rote Nashorngarnele oft in sehr großer Zahl. Im Süßwasser trifft man *C. gracilirostris* so gut wie niemals an.

Caridina gracilirostris, Kopf-Brustpanzer (oben) und die typische Schwimmhaltung (unten).

C. gracilirostris wird sehr häufig als „Süßwassergarnele" verkauft. In der Aquaristik ist sie wegen ihrer interessanten, grazilen Körperform und ihrem auffälligen roten, sehr langen Rostrum beliebt.

Damit sie ihr volles Verhaltensspektrum ausleben kann und im Aquarium länger als wenige Wochen überlebt, braucht sie ein großes Aquarium mit leichtem Brackwasser und einer Wassertemperatur von konstant 24 bis 30 °C.

Detailaufnahme des Rostrums von *Caridina gracilirostris.*

Caridina thambipillai Johnson, 1891

Zuerst wurde diese Garnele als *C.* cf. *propinqua* geführt.

Die Färbung der Tiere im Handel ist intensiv orangerot, was die Namen Mandarinengarnele oder Sunkist-Garnele erklärt. Die Farbe kann sich im Aquarium verlieren, mit der Zeit werden die Tiere bräunlich transparent.

Die Art stammt aus Indonesien und Malaysia.
Viele Autoren empfehlen einen niedrigen pH-Wert, weiches Wasser und eine Wassertemperatur von 24 bis 26 °C. Es gibt wenig Erfahrungen mit diesen Garnelen in der Aquaristik, adulte Exemplare lassen sich jedoch auch sehr gut in Brackwasser halten. Für die Vermehrung braucht die Mandarinengarnele definitiv Brackwasser.

Morphologie

C. thambipillai gehört zur Artengruppe um *C. laevis*. Ihr Rostrum ist konvex geformt und die Epipoditen an den hinteren Schreitbeinen sind reduziert.

Die Rostrumformel ist 3 + 12 – 15 / 3 – 4. Der Carpus am ersten und zweiten Scherenbein ist recht dünn, 2,8 bis 3,0 Mal so lang wie breit am ersten und 8,5 bis 8,8 Mal so lang wie breit am zweiten Bein. Die Appendix masculina am zweiten Schwimmbein ist recht dick und wirkt wie aufgeblasen. Sie ist dicht mit relativ starken stachelförmigen Härchen besetzt.

Das Habitat

In Indonesien und Malaysia findet man die Art sowohl in torfigen Sumpfgebieten mit niedrigem pH wie auch in Seen und Lagunen mit Brackwasser.

Caridina thambipillai, oben ein Exemplar, das nach einiger Zeit im Aquarium bräunlich wurde, unten ein typisch orangefarbenes Tier.

Die Erfahrungen mit dieser Art in der Aquaristik sind rar, wenngleich sie hin und wieder erfolgreich gezüchtet wurde. Dabei war die Salinität des Wassers 10,08 bis 10,10 g/l, mit vielen Schwebealgen. Wenn die Larven sich zur fertigen Garnele umgewandelt haben, können sie sowohl in Süß- wie auch in Brackwasser gehalten werden.

Die Garnelen wie auch die Larven halten sich am Aquarienboden auf. Sie bevorzugen den Schatten und zeigen sich recht lichtscheu.

Kopf-Brustpanzer (A), das 1. Schreitbein (B), der Dactylus des 3. Schreitbeins beim Männchen (C) und Weibchen (D), das 1. (E) und 2. Schwimmbein (F) von *Caridina thambipillai* nach der Beschreibung von Cai et al., 2014.

Caridina temasek.

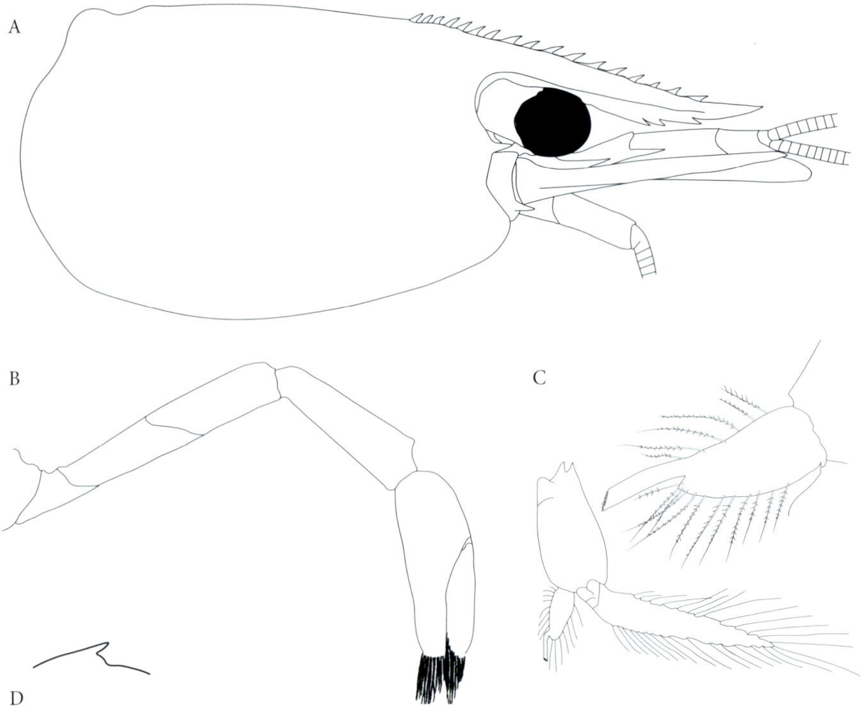

A

B

C

D

Zeichnung des Kopf-Brustpanzers (A), des ersten Schreitbeins (B), des ersten Schwimmbeins (C) und der präanalen Carina (D) von *Caridina temasek* nach der Beschreibung von Cai et al., 2007.

Caridina temasek Choy & Ng, 1991

Zuerst wurde die Art aus Singapur beschrieben, mittlerweile hat man jedoch auch Vorkommen in anderen Ländern der Malaiischen Halbinsel gefunden.

Diese Garnelenart ist eng mit *C. laevis* und *C. propinqua* verwandt, zwei Arten, die im Brackwasser in Mangrovenwäldern und Lagunen vorkommen. Aus diesem Grund taucht *C. temasek* in diesem Kapitel auf, obwohl sie große Eier hat und sich in Süßwasser fortpflanzt.

Die Farbe der Garnele ist weitgehend transparent mit einem schwach ausgeprägten hellen Rückenstrich.

Es gibt Vorkommen in Singapur, Malaysia und Thailand.

Morphologie

C. temasek gehört zur Artengruppe um *C. laevis* und hat das für diese Garnelen typische konvexe Rostrum sowie reduzierte Epipoditen an den hinteren Schreitbeinen.

Sie hat ein verhältnismäßig langes Rostrum, das nur leicht konvex gebogen ist. Die Rostrumformel ist (4–6) 14–18 / 2–6. Es ragt beim Männchen leicht über das erste Segment der Antennenbasis hinaus und reicht bei den Weibchen bis zur Mitte des zweiten Segments oder sogar über diesen Abschnitt hinaus.

Die Epipoditen am ersten und zweiten Schreitbein sind gut entwickelt, während sie am dritten bis fünften Beinpaar zurückgebildet sind oder ganz fehlen.

Der distale Rand des Telsons hat keine mittige Spitze, und die präanale Carina trägt einen charakteristischen Dorn.

Am Endopoditen des ersten Schwimmbeins bei den Männchen sitzt eine gut entwickelte Appendix interna.

Die Eigröße beträgt 0,44 bis 0,54 × 0,70 bis 0,80 mm, die Farbe der Eier ist braun.

Von *C. thambipillai* unterscheidet man *C. temasek* vor allem anhand der Eigröße, die Form der Geschlechtsanhängsel der Männchen und dadurch, dass sich das dritte Schreitbeinpaar bei Männchen und Weibchen nicht unterscheidet, also keinen Geschlechtsdimorphismus aufweist.

Das Habitat

An der Typuslokalität von *C. temasek* in Singapur, einem kleinen Waldbach, der in einen Stausee mit Süßwasser fließt, wurden die folgenden Parameter gemessen: pH 6,5, ein Leitwert von 150 µS und eine Wassertemperatur von ungefähr 30 °C.

Männliche *Halocaridina rubra*.

Weibliche *Halocaridina rubra*.

Detailaufnahme des Kopf-Brustpanzers von *Halocaridina rubra*.

Eier tragendes Weibchen von *Halocaridina rubra*.

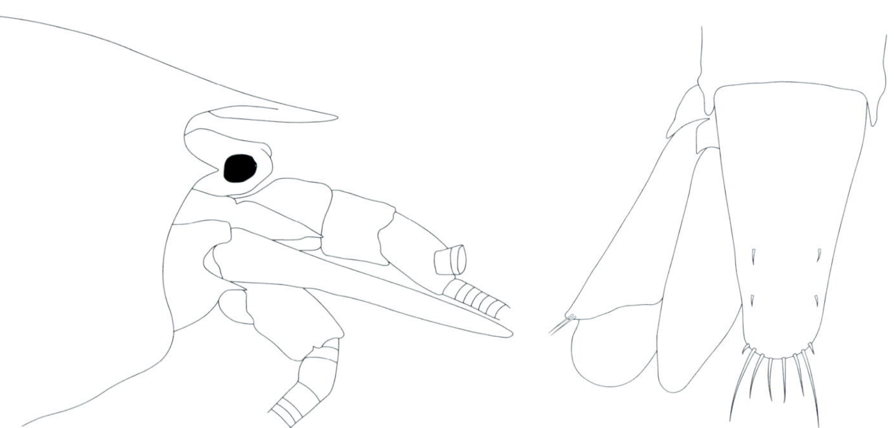

Zeichnung des Kopf-Brustpanzers (links) und des Telsons mit Uropodenfalte (rechts) von *Halocaridina rubra* nach der Beschreibung von Holthuis, 1963.

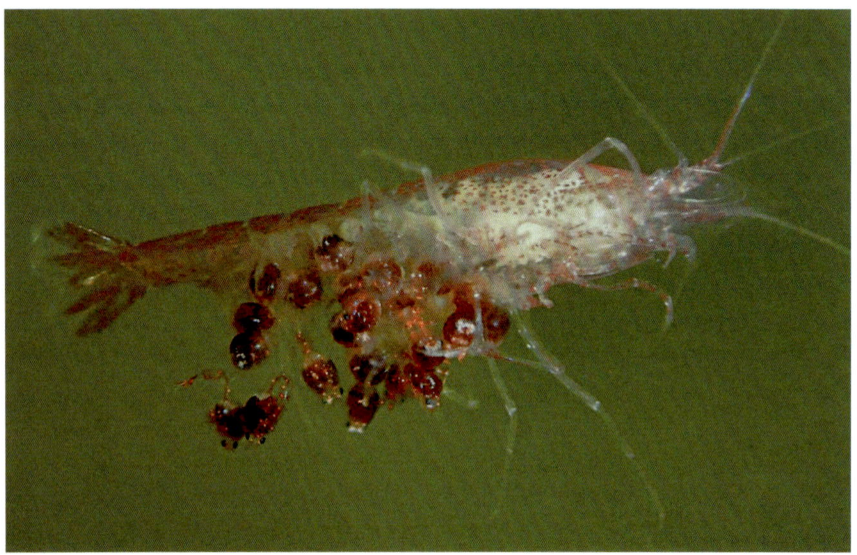

Eine *Halocaridina rubra* entlässt ihre Larven. Foto von Maurici Romero

Halocaridina rubra Holthuis, 1963

Diese durchsichtige bis tiefrote Garnele ist als Hawaiigarnele oder Opae Ula bekannt, was auf Hawaiianisch „rote Garnele" bedeutet.

Sie kommt nur auf Hawaii vor, wo sie in großer Zahl in salzigen Gewässern mit indirekter Verbindung zum Meer lebt, in Tümpeln und Höhlen im Vulkangestein. Wie die meisten Arten, die in solchen Habitaten leben, ist *H. rubra* gut an das

Leben unter Extrembedingungen angepasst.

Die Tiere bleiben mit nur 1,2 bis 1,4 cm relativ klein. Deshalb, und weil sie recht scheu sind, sollte man sie in größeren Gruppen pflegen.

H. rubra wird mit über 10 Jahren sehr alt. Es gab schon Exemplare im Aquarium, die ein Lebensalter von 20 Jahren erreichten.

Im Aquarium sollte man sie in Brackwasser mit einer Salinität von 10,12 g/l und einer Wassertemperatur von 24 °C halten. Dort sollte es viele Algen und Biofilme geben, weil die Hawaiigarnele schwer an Kunstfutter zu gewöhnen ist.

Die Jungtiere durchlaufen eine Larvenphase, während der sie unbedingt auf Brackwasser angewiesen sind. Sie dauert 3 bis 4 Tage. Danach häuten sich die Larven zur Junggarnele, die aussieht wie eine Miniaturversion der Eltern.

Die Eier sind intensiv rot.

Ihre hohe Lebenserwartung macht sich der Handel zunutze. *H. rubra* wird als Besatz der sogenannten Ecospheren genutzt, in denen sie häufig sterben, weil sie schlicht verhungern, Erschütterungen ausgesetzt sind, weil die Gefäße überhitzen etc.

Morphologie

H. rubra erkennt man an ihrer rötlichen Färbung und den stark reduzierten Augen, die nur noch einen winzigen Pigmentpunkt besitzen.

Unter dem Mikroskop sieht man ein kurzes, unbezahntes Rostrum, eine reduzierte Kiemenformel ohne Arthrobranchien und Podobranchien, einen distal tief ausgeschnittenen Carpus am ersten und zweiten Scherenbein und die Uropodenfalte, eine geschwungene Linie auf dem distalen Teil des äußeren Uropoden mit zwei beweglichen stachelförmigen Borsten.

Das Habitat

H. rubra lebt in Vertiefungen und Spalten in vulkanischem Gestein mit unterirdischer Verbindung zum Meer, in einer Mischung aus Meer- und Regenwasser. Die Garnelen sind enger mit anderen höhlenbewohnenden Gattungen verwandt als mit *Caridina* oder *Neocaridina*.

Eier tragende Weibchen und die Jungtiere verbergen sich meist in tieferen Zonen. Adulte Tiere kann man in der Dämmerung häufig beobachten, wie sie auf den Steinen wachsende Algen abweiden.

Potamalpheops miyai Yeo & Ng, 1997

Dieser kleine Knallkrebs ist als Purple Zebra Shrimp im Handel. Er gehört nicht zur Familie der Atyidae, sondern zu den Alpheiden. Weil er ähnliche Ansprüche wie die Hawaiigarnele hat, findet er hier dennoch Erwähnung.

Von den elf Arten der Gattung ist nur *P. miyai* in der Aquaristik vertreten.

Dieser recht kleine Knallkrebs wird nur 1,5 cm groß.

Die Tiere sind durchsichtig und haben lilafarbene Streifen, was ihnen ihren Handelsnamen eingebracht hat.

Sie kommen aus Indonesien und von Taiwan; die Tiere für die Aquaristik werden für gewöhnlich in Brackwassertümpeln in Taiwan gefangen.

Im Aquarium brauchen sie Brackwasser mit einer Salinität von 10,10 bis 10,15 g/l und einer Temperatur von 24 bis 28 °C. Die Knallkrebse sollten Algen und Biofilme vorfinden oder mit Lebendfutter gefüttert werden. An Kunstfutter sind sie nur schwer zu gewöhnen. In Süßwasser lassen sie sich nicht dauerhaft halten; bei diesen Versuchen starben die Tiere schon nach kurzer Zeit.

Ihre Eier sind leuchtend grün. Bisher ist über Nachzuchten im Aquarium nicht viel bekannt.

Morphologie

P. miyai kann man wie alle Arten der Gattung *Potamalpheops* einfach von Garnelen unterscheiden, weil ihre Scherenbeine anders geformt sind.

Anders als die Atyiden mit ihren distal mit Borsten besetzten Scheren, die darauf spezialisiert sind, Aufwuchs vom Substrat zu schaben oder Partikel aus dem Wasser zu filtern, sehen die kleinen Scheren von *Potamalpheops* denen der Palaemoniden wie *Palaemon*- oder *Macrobrachium*-Arten sehr ähnlich. Sie eignen sich dazu, lebende Beute wie kleine Würmer oder Insektenlarven festzuhalten.

Anders als bei den Palaemoniden ist jedoch der Carpus des zweiten Scherenbeins in fünf Segmente unterteilt.

Das Rostrum von *P. miyai* ist unbezahnt und reicht nicht über die Augen hinaus. Die Uropodenfalte ist mit einem seitlichen Dorn und einer stachelförmigen beweglichen Borste sehr charakteristisch. Weiterhin wird die Falte von etwa 24 Zähnchen gesäumt.

Das Habitat

Die Knallkrebse der Gattung *Potamalpheops* findet man meist in Lagunen oder Seen mit Brackwasser, wo sie sich unter Treibholz oder in einer Laubschicht verstecken. Auch in kleinen Höhlungen in der Uferwand kann man sie entdecken.

Auf Taiwan wird die Art in künstlich für die Fischzucht angelegten Seen mit Brackwasser gezogen. Die Knallkrebse werden mit einem Senknetz gefangen, das mit Schwung gegen die Wand des Teichs geschlagen wird, wo die Tiere sich in den Wurzeln der Ufervegetation verstecken. Die Salinität dieser Seen wird durch die Gezeiten und durch einströmendes Regenwasser beeinflusst.

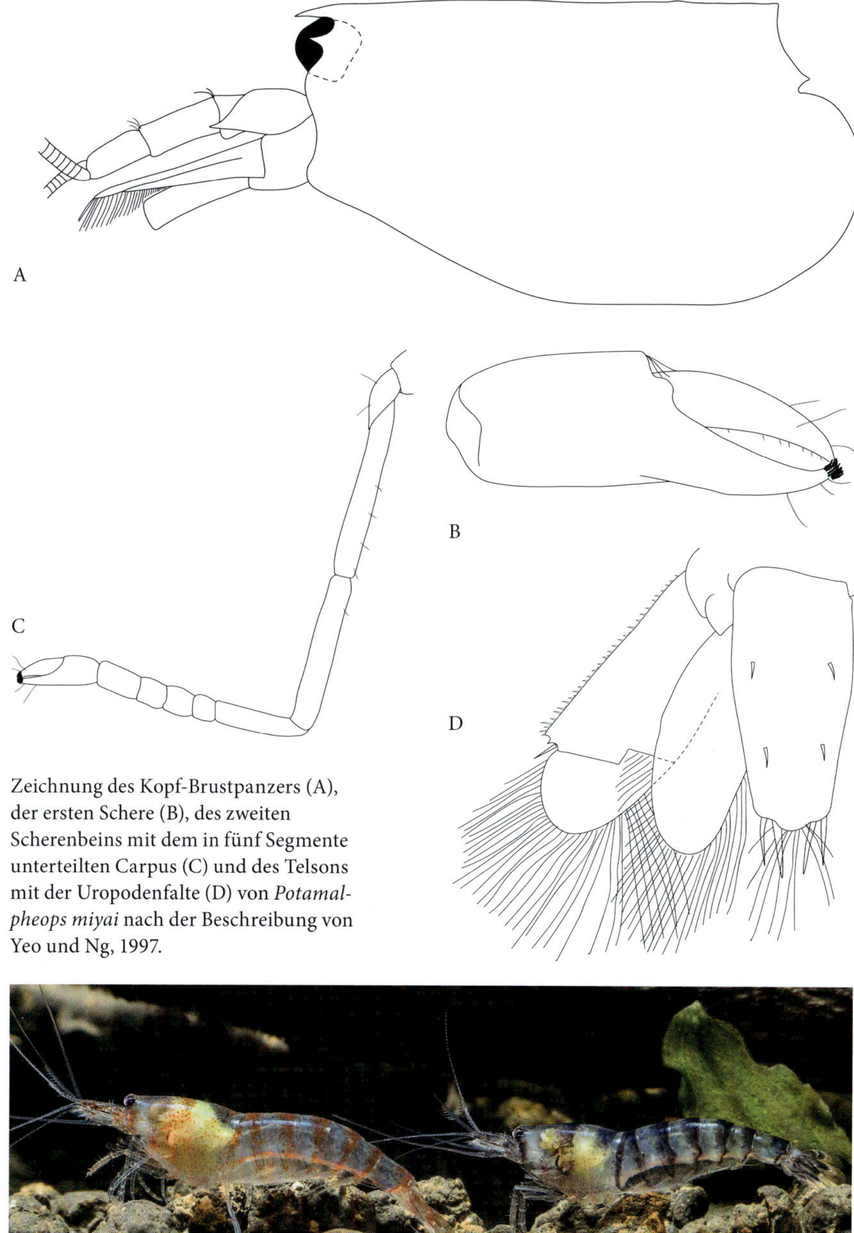

Zeichnung des Kopf-Brustpanzers (A), der ersten Schere (B), des zweiten Scherenbeins mit dem in fünf Segmente unterteilten Carpus (C) und des Telsons mit der Uropodenfalte (D) von *Potamalpheops miyai* nach der Beschreibung von Yeo und Ng, 1997.

Unterschiedliche Färbungen von *Potamalpheops miyai*.

Detail des Kopf-Brustpanzers.
Das Tier frisst einen Grindal-Wurm (*Enchytraeus buchholzi*) (oben), Detailaufnahme der Schwimmbeine mit befruchteten Eiern (Mitte) und Eier tragendes Weibchen (unten) von *Potamalpheops miyai*.

Habitat von *Potamalpheops miyai* auf Taiwan.

Habitat von *Caridina temasek*.

Gattung *Paracaridina*

Die Gattung *Paracaridina* wurde 1999 innerhalb der Familie der Atyidae errichtet. Sie wurde für Garnelen geschaffen, die zwar allgemeine morphologische Merkmale von *Caridina* tragen, denen jedoch die innere Kieme (Arthrobranchie) am ersten Schreitbein fehlt.

Über die Kiemen erfolgt bei Garnelen der Gasaustausch. Sie liegen in der Kiemenkammer im Kopf-Brustpanzer. Je nach Lage und Anordnung unterscheidet man drei Typen: die Pleurobranchien, die an den Seitenwänden der Kiemenkammer entspringen, die Arthrobranchien, die an der Membran zwischen der Wand des Kopf-Brustpanzers und dem ersten Schreitbeinsegment, der Coxa, befestigt sind, und die Podobranchien, die an der Coxa der Schreitbeine ansetzen.

Die Gattung enthält nur fünf beschriebene Arten: *P. chenxiensis, P. guizhouensis, P. leptocarpa, P. longispina* und *P. zijinica*.

In der Wissenschaft ist die Gattung zwar anerkannt, jedoch wird seit 2006 sowohl in genetischen als auch in morphologischen Studien diskutiert, ob es sinnvoll ist, eine Gattung über die Anwesenheit oder Abwesenheit einer Arthrobranchie zu definieren.

In der Aquaristik ist die Gattung nicht übermäßig stark verbreitet, und nur vier Arten oder Varianten sind regelmäßig im Handel zu bekommen: *Paracaridina zijinica, Paracaridina* sp. var. Blue Bee, *Paracaridina* sp. var. Raccoon Tiger und *Paracaridina* sp. var. Caverna.

Sie brauchen im Aquarium ähnliche Bedingungen wie die Garnelen aus der Artengruppe um *C. serrata* oder wie Arten der Gattung *Neocaridina*.

Paracaridina zijinica Liang, 2002

Zunächst wurde diese Art als *Paracaridina meridionalis* geführt. Im Handel ist sie als Camouflage Tiger, Mustang-, Larry- oder Hummelgarnele bekannt.

Paracaridina zijinica lebt in kleinen Bächen nahe des Xinfeng-Stausees im Westen der Stadt Heyuan in Südchina.

Sie ähnelt *C. logemanni,* wirkt jedoch etwas zarter. Das Muster besteht aus

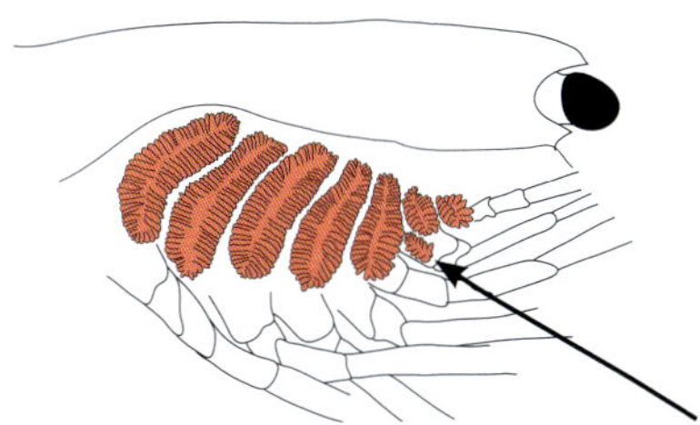

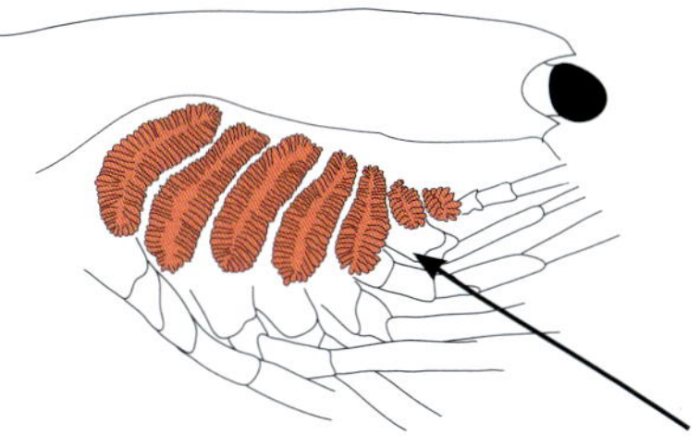

Zeichnung der Kiemenformel von *Caridina* (links) und *Paracaridina* (rechts). Bei der Gattung *Paracaridina* fehlt die Arthrobranchie am ersten Schreitbein.

Eine *Paracaridina zijinica* mit Detailaufnahme der hellen Pigmentierung auf dem Kopf-Brustpanzer.

gleichmäßigen bis unregelmäßigen dunkelbraunen bis schwarzen und weißen Bändern, wobei der weiße Teil häufig transparent ist. Auf dem Kopf-Brustpanzer tragen die Tiere oft ein helles Abzeichen in Form eines Omega oder eines „W" in der schwarzen Zeichnung. Neben den dunklen gibt es auch rötliche Exemplare, die spontan in den Populationen auftreten können. Die Muster dieser Garnelenart sind recht variabel.

Im Aquarium hält man sie idealerweise in leicht saurem, weichem Wasser, ähnlich wie Bienengarnelen. Sie vertragen aber auch Parameter, die eher für die Haltung von *Neocaridina* empfohlen werden.

Ihre Lebenserwartung beträgt 1,5 Jahre.

Die Eier sind rotbraun und werden 0,61 bis 0,66 × 1,02 bis 1,13 mm groß.

Morphologie

P. zijinica kann man durch die reduzierte Kiemenformel von anderen bienenartigen Garnelen unterscheiden. Ihnen fehlt die Arthrobranchie am ersten Schreitbein.

Das Rostrum ist kurz, gerade und reicht knapp über die Augen hinaus, maximal bis zum distalen Rand des ersten Segments der Antennenbasis. Die Rostrumformel ist 3 – 8 + 2 – 3 / 1 – 2.

Der Stylocerit reicht über den distalen Rand der Antennenbasis hinaus.

Das Habitat

Die Art lebt in den oberen Abschnitten der Bäche nahe dem Xinfengjiang in Südchina. In ihren Habitaten in der Natur wurden keine Fische oder anderen Räuber gefunden.

Wilde *Paracaridina zijinica* in China.

Habitat von *Paracaridina zijinica* in China.

Die Garnelen leben dort in den Wurzeln der Ufervegetation nahe den stärker durchströmten Bereichen und in Ansammlungen von Falllaub.

Der Leitwert des Wassers im Habitat ist mit 7 µS ausgesprochen niedrig. Karbonate sind nicht nachweisbar. Der pH-Wert liegt bei ca. 5,4 und die Wassertemperatur beträgt 16 °C.

Paracaridina sp. var. Blue Bee

Im Handel wird diese Garnele wegen ihrer Farbe Blue Bee oder Schoko Bee genannt. Die Mehrheit der Tiere ist braun gefärbt und hat feine weiße Streifen. Andere sind dunkelblau, braun-violett oder selten auch rot. Die Weibchen zeigen dabei eine intensivere Färbung als die Männchen.

Diese Garnele fällt durch ihre geringe Körpergröße auf – sie ist die kleinste der in der Aquaristik vertretenen Zwerggarnelen.

Die Blue Bee gehört einer noch nicht wissenschaftlich beschriebenen Art an und hat daher keinen Artnamen. Ein Grund dafür liegt darin, dass nicht bekannt ist, wo diese schöne kleine Garnele in der Natur vorkommt.

Porträt einer *Paracaridina* sp. var. Blue Bee.

Die verhältnismäßig großen Eier sind rot bis rotbraun.

Paracaridina sp. var. Raccoon Tiger

Diese Garnele hat ihr Vorkommen in Vietnam. Sie wurde bislang noch nicht wissenschaftlich beschrieben, ähnelt morphologisch aber stark *C. haivanensis*.

Ihr Muster aus braunschwarzen Streifen und Punkten ist typisch, ihre Farbe üblicherweise transparent. Vereinzelt gibt es bläuliche Exemplare mit einem orangefarbenen Schwanzfächer. Das Streifenmuster ist dicker ausgeprägt als bei *C. trifasciata*.

Ihre Lebenserwartung im Aquarium beträgt zwei Jahre, adulte Exemplare können bis 2,5 cm groß werden.

Die Raccoon Tiger lebt in kleinen und mittelgroßen Bächen in Vietnam.

Paracaridina cucphuongensis (Đặng 1980)

Auch diese *Paracaridina* wird in Vietnam gefangen. Man kennt sie auch unter dem Namen *P. caverna*. Sie lebt in kleinen Bächen im Nationalpark Cuc Phuong.

Ihre Färbung ähnelt der von *C. rubropunctata*, jedoch hat sie mehr und kleinere Punkte. *P. cucphuongensis* ist auch mit *C. clinata* verwandt. Von ihr kann man sie anhand des kürzeren, nur spärlich bezahnten Rostrums unterscheiden.

Zeichnung des Kopf-Brustpanzers (oben), des ersten Schwimmbeins (links) und des zweiten Schwimmbeins (rechts) von *Paracaridina zijinica* nach der Beschreibung von Wang, Liang und Li, 2008.

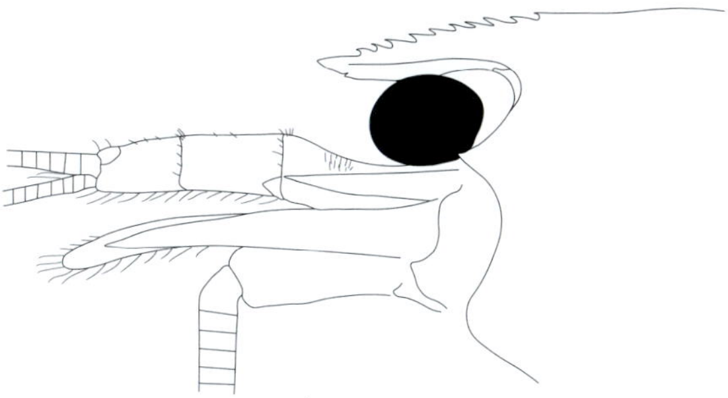

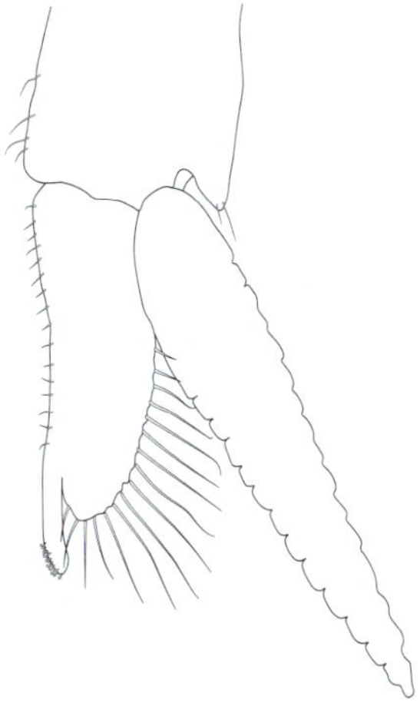

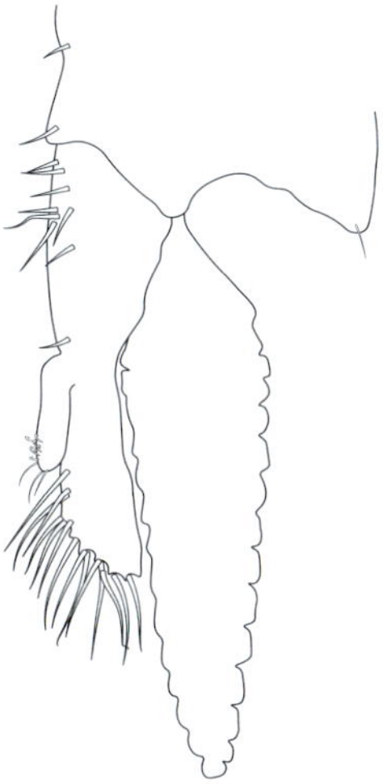

Paracaridina cucphuongensis.

Habitat von *P. zijinica* in China.

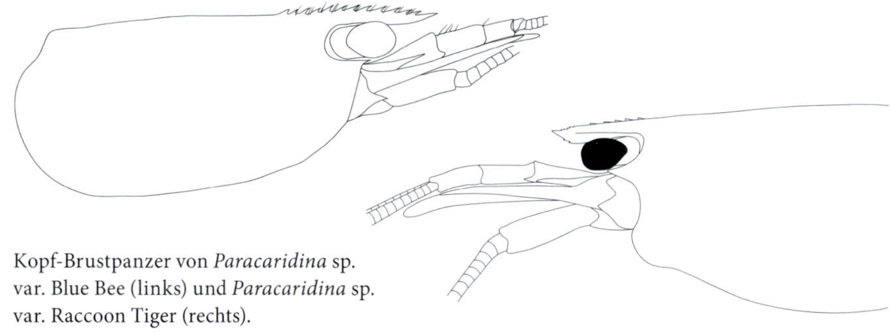

Kopf-Brustpanzer von *Paracaridina* sp. var. Blue Bee (links) und *Paracaridina* sp. var. Raccoon Tiger (rechts).

Paracaridina sp. var. Blue Bee.

Paracaridina sp. var. Raccoon Tiger.

Großarmgarnelen

Die Familie der Palaemonidae gehört zur Ordnung der Zehnfußkrebse und enthält über 950 bekannte Arten. Hier finden sich Süßwasser-, Brack- und Salzwassergarnelen, mit einem deutlichen Schwerpunkt auf Meerwasserbewohnern. Auch die stark unterschiedliche Größe der Garnelen dieser Familie ist auffällig – wir haben hier kleine Garnelen und Arten, die bis 30 cm Körperlänge erreichen können.

Grundsätzlich handelt es sich um räuberische, territoriale Garnelen. Im Aquarium müssen daher viele Versteckplätze für die einzelnen Tiere vorhanden sein.

Hier konzentrieren wir uns auf die kleineren, aquaristisch interessanten Arten aus der Familie der Palaemoniden.

Im Süßwasser gibt es zwei Hauptgattungen: *Macrobrachium* und *Palaemon*. In der Aquaristik sind diese Garnelen so schlicht wie unpräzise als Glasgarnelen bekannt.

Die Gattung *Macrobrachium* ist durch ein auffallend stark entwickeltes zweites Schreitbeinpaar gekennzeichnet, das bei einigen Arten besonders beeindruckend ausgeprägt ist. Bei Krebsen dagegen ist das erste Scherenbeinpaar das größte. Von anderen Palaemoniden kann man die Gattung *Macrobrachium* gut an den zwei Dornen auf dem Kopf-Brustpanzer unterscheiden: den Antennen- und den hepatischen Dorn. Die Gattung *Palaemon* dagegen hat auf dem Carapax einen Antennendorn und einen Branchiostegal-Dorn.

Lange Zeit wurden die Gattungen *Palaemonetes, Exopalaemon* und *Couteriella* als unterschiedliche Gattungen gewertet, nach einer Revision der Unterfamilie der Palaemoninae von De Grave und Ashelby im Jahr 2013 wurden sie zur Gattung *Palaemon* zusammengefasst.

Die Gattung *Macrobrachium* braucht ein Aquarium mit vielen Verstecken, wo die aggressiven und territorialen Tiere tagsüber in Deckung gehen können. Viele erfahrene Halter finden die Gattung extrem faszinierend, weil diese großen Garnelen ein hoch entwickeltes Sozialverhalten zeigen.

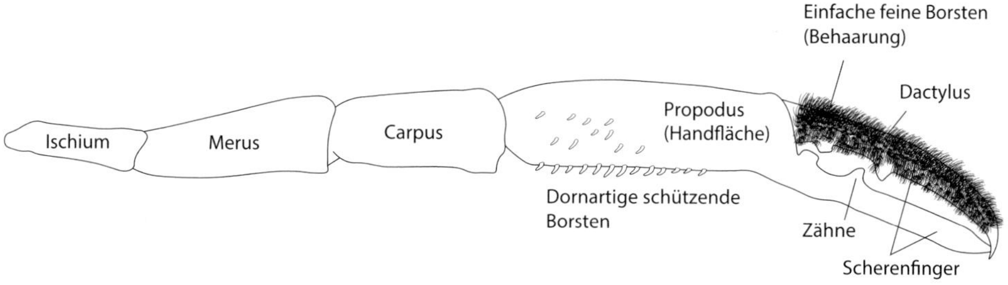

Meist sind die Tiere dämmerungs- oder nachtaktiv. Sie machen Jagd auf andere Aquarienbewohner, insbesondere Zwerggarnelen oder kleinere Fische sind willkommene Beutetiere. Erst Fische ab einer Größe von 10 cm werden von den kleineren Arten nicht mehr angegriffen, das sollte bei der Besatzwahl berücksichtigt werden.

Macrobrachium lanchesteri (De Man, 1911)

Diese *Macrobrachium*-Art gehört zu den beliebtesten Großarmgarnelen in der Aquaristik – wobei die Gattung insgesamt eher selten gehalten wird.

Sie stammt ursprünglich aus Südostasien, wurde jedoch zusammen mit *M. rosenbergii* zunächst für die Aquakultur nach Hawaii eingeschleppt.

Ihre Färbung ist variabel. Häufig findet man transparente Exemplare mit drei markanten braunen oder schwarzen Linien auf dem Kopf-Brustpanzer: einer, die von den Fühlern bis zur hinteren Kante verläuft, einer L-förmigen nahe derselben Kante und einer dritten, die oberhalb der zweiten liegt. *M. lanchesteri* erreicht eine Körperlänge von 5 bis 10 cm. Die Weibchen werden größer als die Männchen.

Man braucht große Aquarien für eine Gruppe dieser Garnelen. Das Wasser sollte weich bis mittelhart und der pH-Wert leicht sauer oder neutral sein. Die ideale Wassertemperatur beträgt 25 bis 29 °C. Die Art verträgt eine höhere Belastung mit Stickstoffverbindungen als Zwerggarnelen.

Die Glasgarnele ist ein unkomplizierter Fresser und nimmt gerne jegliches im Handel erhältliches Garnelenfutter. Bei ihrer Ernährung sollte man auf eine ausreichende Zufuhr tierischer Proteine achten. Ihre Lebenserwartung beträgt drei Jahre.

Macrobrachium lanchesteri.

Aus den Eiern schlüpfen am Ende der Tragezeit planktonische Larven, die sich jedoch vollständig in Süßwasser entwickeln. Die Eigröße beträgt 0,6 bis 0,7 × 0,8 bis 1,0 mm, ein Weibchen kann zwischen 59 und 543 Eier tragen. Die Eifarbe ist grünlich und wird mit zunehmender Entwicklung bernsteinfarben.

Morphologie

M. lanchesteri hat ein gerades oder leicht nach oben geschwungenes Rostrum, das an der gesamten Oberseite bezahnt ist. Die Rostrumformel ist 1–2 + 4–6 + 1–2 / 2–7 (3–4).

Bei der Gattung *Macrobrachium* werden sowohl der bewegliche Dactylus als auch der unbewegliche distale Teil des Propodus als Scherenfinger bezeichnet, der breite Teil des Propodus auch als Handfläche. Bei *M. lanchesteri* sind die Scherenfinger deutlich kürzer als die Handfläche. Im gelenknahen hinteren Viertel der Schneideflächen der Schere sitzen zwei kleine Zähne; bei voll entwickelten Männchen sind sie vollständig behaart.

An der Uropodenfalte sitzen zwei Dorne: ein kürzerer beweglicher und ein fester weiter außen.

Die Art kann man einfach von anderen kleineren Macrobrachien oder von Jungtieren größerer Arten unterscheiden, weil bei ihr der distale Rand des Scaphozeriten gleichmäßig abgerundet ist. Bei anderen Arten der Gattung ist er einseitig auf der Innenseite stärker konvex ausgeprägt.

Das Habitat

M. lanchesteri kommt häufig in gefluteten Reisfeldern vor, aber auch in Seen und Flüssen in Myanmar, Thailand und Laos. In anderen Gegenden wie beispielsweise Hawaii oder Sulawesi wurde sie für die Aquakultur eingebürgert. Sie bevorzugt offene, unbeschattete Gewässer mit etwas höheren Wassertemperaturen.

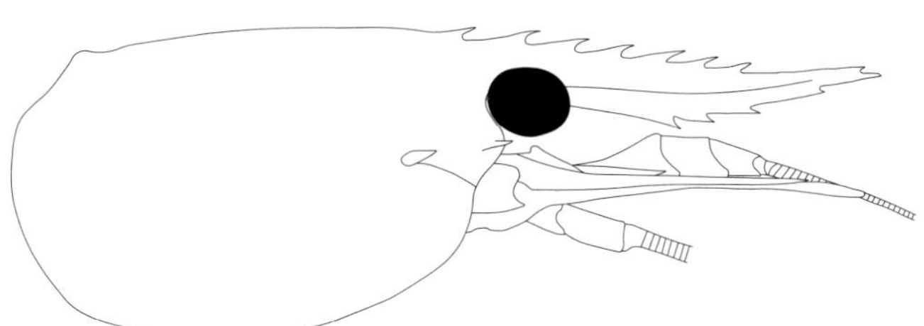

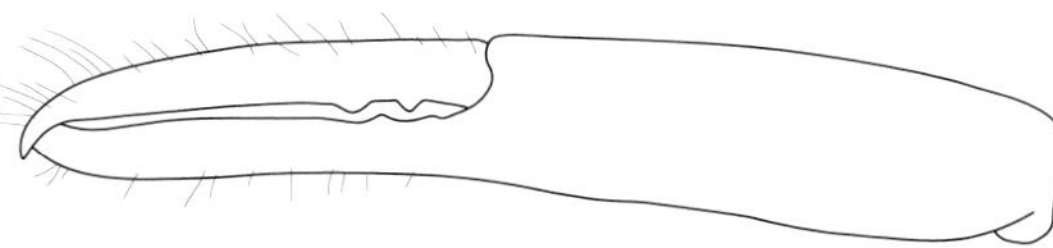

Zeichnung des Kopf-Brustpanzers (oben) nach Cai und Ng, 2002 und des zweiten Scherenbeins (unten) nach Ng, 1994 von *Macrobrachium lanchesteri.*

Macrobrachium agwi Klotz, 2008

Diese Garnele trifft man nur selten im Handel. Benannt wurde sie nach dem Arbeitskreis Wirbellose.

Sie ist in Bergbächen auf der Südseite des Himalaja in Indien endemisch.

Die Tiere sind gräulich bis braun, mit schmalen hellen Querstreifen. Sie werden bis 8 cm lang.

Ihre Ansprüche an die Aquarienhaltung ähneln denen der beliebtesten *Macrobrachium* im Hobby, nämlich *M. dayanum*.

Die Weibchen tragen große Eier, die im letzten Entwicklungsstadium (in dem die Augen der Larven schon sichtbar sind) die folgenden Maße haben 2,3 bis 2,4 × 1,7 bis 1,8 mm. Sie sind braun gefärbt.

Auch ihre Lebenserwartung ähnelt der von *M. dayanum*.

Anders als *M. lanchesteri* zeigt *M. agwi* Territorialverhalten. Das Alphamännchen erkennt man an seiner Größe und an den großen, gut entwickelten Scheren. Dieses Männchen dominiert alle Weibchen und auch die weniger entwickelten Männchen im Territorium oder Aquarium. Wenn es stirbt, entwickelt sich eines der bislang unterlegenen Männchen bei der nächsten Häutung zum Alphamännchen.

M. agwi ist im Süßwasser leicht nachziehbar. Wichtig sind viele Verstecke

Macrobrachium agwi.

Zeichnung des Kopf-Brustpanzers (rechts) und des zweiten Scherenbeins (unten) von *Macrobrachium agwi* nach der Beschreibung von Klotz, 2008.

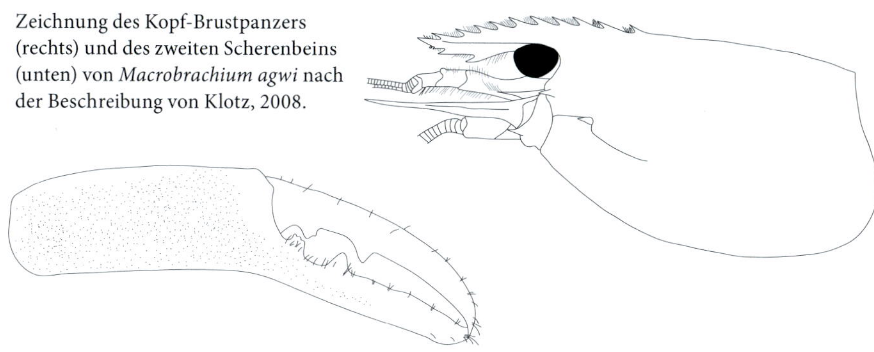

für die Jungtiere, damit sie sich vor ihren kannibalischen erwachsenen Verwandten verbergen können. Mit Staubfutter und feinem Granulatfutter kann man die Jungtiere gut großziehen. Auch Frostfutter in Form von *Artemia* oder Insektenlarven wird gerne genommen.

Morphologie

M. agwi lässt sich anhand der charakteristischen Scherenform bei den voll entwickelten Männchen gut bestimmen.

Von weiteren Tieren aus der Artengruppe um *M. hendersonii* lässt sich *M. agwi* anhand ihrer ungefurchten Scherenfinger an den zweiten Scherenbeinen unterscheiden. Sie sind nicht mit feinen Härchen bedeckt.

Das Habitat

Die Art wird in der Region Barobisha im Distrikt Alipurduar in Westbengalen in Indien gefangen. Leider sind keine Daten aus dem Habitat bekannt.

Macrobrachium dayanum (Henderson, 1893)

Im Handel trifft man auch diese Großarmgarnele nicht häufig an, jedoch wurde und wird sie in der Aquaristik schon seit langer Zeit gezüchtet. Private Züchter, besonders in Deutschland, Österreich und Frankreich, tauschen sich rege aus und geben Tiere weiter.

Die Schokogarnele stammt ursprünglich aus Indien, wo sie im Norden des Landes gefunden wird, ebenso wie in Südnepal und Birma.

Ihre Farbe ist braun, mit kleinen dunkleren Streifen. Sie ist teils schwer von der Ringelhandgarnele *M. assamense* zu unterscheiden, einer mit ihr recht nah verwandten Art aus derselben Gegend, die im Moment im Hobby etwas häufiger anzutreffen ist. Die voll entwickelten Männchen der Schokogarnele sind intensiver gefärbt und werden bis 7 cm groß.

Die Lebenserwartung dieser Art beträgt 2 bis 3 Jahre.

Die Garnele ist tagaktiv. Wie andere mittelgroße Macrobrachien sollte auch *M. dayanum* nicht mit Zwerggarnelen oder kleinen Fischen vergesellschaftet werden, weil insbesondere die größeren Exemplare durchaus räuberisch sind.

Im Aquarium brauchen sie dieselben Bedingungen wie andere Arten aus Nordost-Indien: eine Wassertemperatur von 20 bis 28 °C und weiches bis mittelhartes Wasser.

Die Schokogarnele pflanzt sich im Süßwasser fort. Für die Zucht sollte das Wasser sehr sauber und sauerstoffreich sein.

Morphologie

Wie die anderen Arten aus der Artengruppe um *M. hendersoni* zeichnet sich auch *M. dayanum* durch gefurchte Scherenfinger am zweiten Scherenbeinpaar bei voll entwickelten Männchen aus. Diese Längsfurchen werden von einem feinen Filz aus kurzen Härchen bedeckt. Weder Jungtiere noch die Weibchen teilen dieses Charakteristikum.

Von anderen Arten der Gruppe kann man *M. dayanum* anhand ihres langen Rostrums unterscheiden, das bis zum distalen Rand des Scaphoceriten oder sogar darüber hinaus reicht. Die Rostrumformel ist: 1 – 3 + 4 – 8 + 1 – 2 / 3 – 7.

Die Eigröße ist 1,0 bis 1,2 × 1,6 bis 2,0 mm.

Das Habitat

Die Art lebt in Flüssen und Bächen mit steinigem Grund im Bergland auf der Südseite des Himalaja-Gebirges in Indien.

Macrobrachium dayanum.

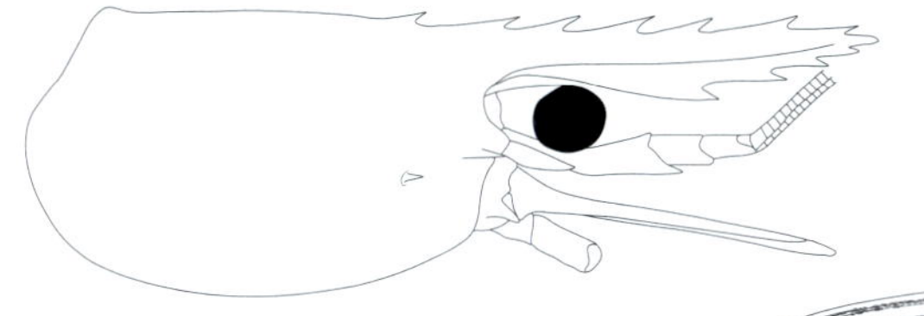

Zeichnung des Kopf-Brustpanzers (oben) und des zweiten Scherenbeins (unten) von *Macrobrachium dayanum* nach der Beschreibung von Cai und Ng, 2002.

Jungtier von *Macrobrachium dayanum* aus einer Aquariennachzucht.

Macrobrachium leucodactylus Wowor & Choy, 2001

Diese *Macrobrachium* wird im Hobby als „Red Claw" bezeichnet. Sie wird erst seit Kurzem importiert und ist eher schwierig zu bekommen.

Über die Haltung und Zucht im Aquarium ist nicht viel bekannt, die Nachzucht im Süßwasser ist möglich. Die Tiere sind weniger aggressiv als andere Macrobrachien und bleiben deutlich kleiner. Voll entwickelte Exemplare sind nur ca. 4 bis 5 cm lang.

Wie viele kleine Macrobrachien bevorzugen sie wärmeres Wasser ab 23 °C. Sie brauchen mittelhartes bis hartes Wasser und einen neutralen pH.

Die Art hat ein auffällig rot gefärbtes zweites Scherenbeinpaar mit strahlend weißen Scheren. Voll entwickelte Männchen haben dabei längere Scherenbeine als die Weibchen.

Das natürliche Habitat der Art findet sich im Sultanat Brunei Darussalam und auf der indonesischen Insel Borneo.

Zeichnung des Kopf-Brust-panzers (oben) und des zweiten Scherenbeins (unten) von *Macrobrachium leucodactylus* nach der Beschreibung von Wowor und Choy, 2001.

Desmocaris trispinosa. Foto von Chris Lukhaup

Desmocaris trispinosa (Aurivillius, 1898)

Die Familie der Desmocarididae ist morphologisch eng mit den Palaemonidae verwandt, auch wenn genetische Untersuchungen sie eher in die Nähe der Euryrhynchidae stellen.

Die Familie umfasst nur eine einzige Gattung: *Desmocaris* Sollaud, 1911, mit zwei Arten, beide aus Westafrika – *Desmocaris trispinosa* und *Desmocaris bisliniata*.

D. trispinosa ist die einzige Vertreterin ihrer Familie, die man in der Aquaristik findet. Sie wird nur selten importiert.

Die Nigerianische Schwebegarnele kommt in Kamerun, Nigeria, der Demokratischen Republik Kongo, Ghana, Guinea und Sierra Leone vor.

Die Garnele ist transparent mit einer feinen Pigmentierung. Die Tiere werden bis ca. 4 cm lang. Ihre Schwimmweise ist typisch: Anders als andere Garnelen wird bei der Nige-

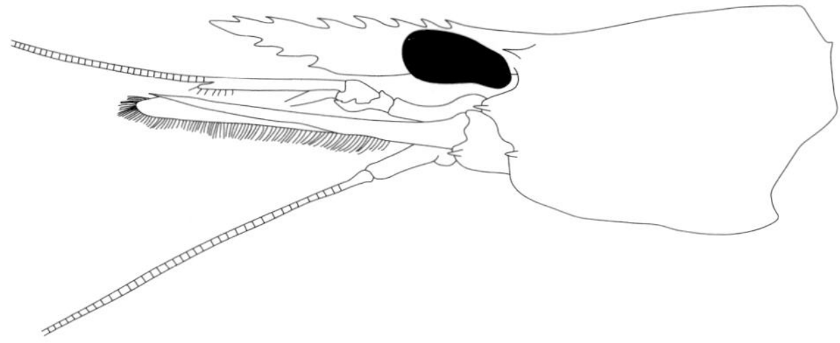

Zeichnung des Kopf-Brustpanzers von *Desmocaris trispinosa* nach der Beschreibung von Powell, 1977.

rianischen Schwebegarnele der Endopodit der Schwimmbeine nicht durch einen Appendix interna verbunden, sondern lässt sich horizontal führen. Daher können diese Garnelen nicht nur rückwärts schwimmen, sondern auch förmlich im Wasser schweben, was sie im Habitat sehr gerne direkt unter der Wasseroberfläche tun. Hier finden sie etwas sauerstoffreicheres Wasser als in tieferen Schichten. Dadurch kann *Desmocaris* spp. auch in stehenden, recht sauerstoffarmen Gewässern überleben, in denen andere Garnelen oder Fische ersticken würden.

Die Nigerianische Schwebegarnele kann sich in Süßwasser vermehren. Die Vermehrungsrate ist nicht sonderlich gut: Eier tragende Weibchen entlassen nur 10 bis 15 Jungtiere pro Wurf. Die Eier sind grünlich und sehr groß (1,8 bis 3,0 × 1,2 bis 1,5 mm).

Im Aquarium sollte man eine Wassertemperatur zwischen 24 und 31 °C anstreben, einen pH-Wert von 6,5 bis 7,5 und weiches Wasser. Diese Art braucht eine etwas proteinreichere Fütterung, genau wie Großarmgarnelen aus der Familie der Palaemonidae.

D. trispinosa ist eine relativ ruhige Garnele, die eng mit einer großen Zahl von Artgenossen zusammen lebt und kein Revier beansprucht. Es ist nicht abschließend geklärt, ob die erwachsenen Exemplare die frisch geschlüpften Larven fressen oder nicht.

Morphologie

Die allgemeine Morphologie von *D. trispinosa* ähnelt der vieler kleiner Vertreter der Familie der Palaemoniden, wie zum Beispiel jungen oder auch klein bleibenden Arten der Gattungen *Palaemon* oder *Macrobrachium*. Eine mikroskopische Untersuchung zeigt, dass *Desmocaris* sp. sich von ihnen jedoch durch einen Supraorbital-Dorn und einen Branchiostegal-Dorn unterscheidet. Das Telson ist am dorsalen Rand nicht mit stachelförmigen Borsten besetzt, und an den Schwimmbeinen fehlt der Appendix interna.

Das Habitat

Die Art lebt in Gewässern in sumpfigen Wäldern und in kleinen Waldbächen und sehr häufig auch in stehenden Tümpeln ohne Zu- und Abfluss, die reich an sich zersetzendem organischem Material sind.

Macrobrachium sp. Red Claw, Nahaufnahme des Kopf-Brustpanzers (oben) und des zweiten Scherenbeins (unten). Jungtiere sind transparent gefärbt. Adulte, voll entwickelte Männchen sind rosé bis rotbraun gefärbt. Typisch ist eine Rotfärbung des zweiten Scherenbeins mit an der Spitze weiß gefärbten Scherenfingern.

Macrobrachium sp. Red Claw gehört zur Artengruppe um *Macrobrachium horstii.* Unter dem Namen „Red Claw" werden verschiedene ähnlich aussehende Arten gehandelt, die nicht von Borneo stammen, wie *Macrobrachium dayanum*. Als „Red Claw" aus Borneo werden eigentlich sogar zwei Arten importiert: zum einen eine noch unbeschriebene Art, zum anderen *Macrobrachium leucodactylus. Macrobrachium* sp. Red Claw hat im Verhältnis zum Carpus einen kurzen Merus. Die Scheren sind unbehaart. Bei *M. leucodactylus* dagegen ist die Oberfläche der Schere deutlich mit langen Borsten behaart und auffallend granatrot.

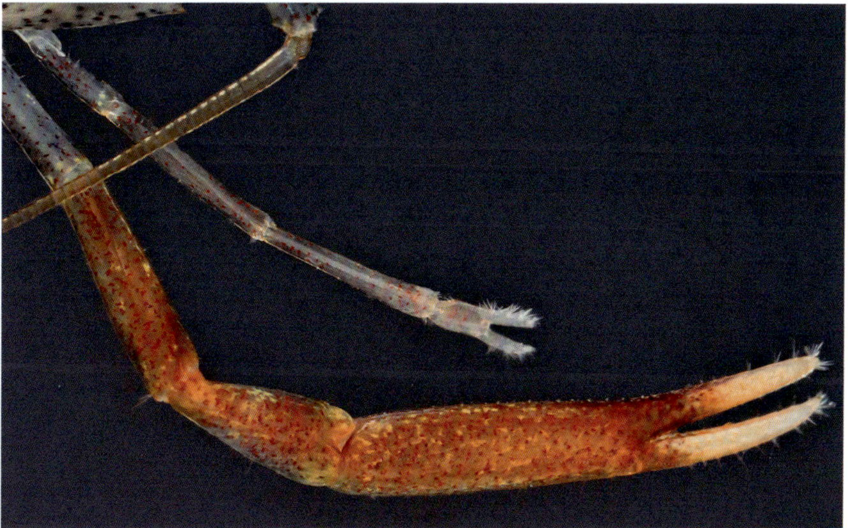

Macrobrachium sp. Red Claw, erstes und zweites Scherenbein. Deutlich sieht man den Größenunterschied zwischen den Scherenbeinen, wobei das zweite Bein das größere ist. Nur das zweite Scherenbein ist intensiv und gleichmäßig gefärbt, was der Art ihren Trivialnamen „Red Claw" eingebracht hat.

Familie Euryrhynchidae

Die Familie der Euryrhynchidae besteht momentan aus vier Gattungen, die im Norden von Südamerika, in Westafrika und in Indien verbreitet sind.

In Südamerika ist als einzige Gattung *Euryrhynchus* mit sieben bekannten Arten vertreten; in Westafrika kommen die Gattungen *Euryrhynchoides* und *Euryrhynchina* mit zwei Arten vor. Vor Kurzem kam noch die Gattung *Euridincus* aus Indien hinzu.

Euryrhynchus amazoniensis Tiefenbacher, 1978

Diese Garnele ist unter dem Namen Amazonas-Laubgarnele oder Südamerikanische Zwerg-Großarmgarnele in der Aquaristik bekannt.

Sie stammt aus Südamerika, wo sie in Peru, Bolivien, Venezuela und im brasilianischen Amazonasgebiet verbreitet ist.

Ihre Farbe ist recht variabel und hängt vom jeweiligen Fundort ab. Im Allgemeinen sind die Garnelen bräunlich-transparent, meist mit einem feinen Punktmuster übersät und besitzen teilweise ein Muster aus dünnen Streifen, zu denen sich die Punkte verdichten. Dieses Muster kann braun, schwarzbraun, cremefarben oder sogar bläulich sein.

Die Laubgarnele wird nicht größer als 2 cm und zeigt einen deutlichen Geschlechts-Dimorphismus: Die Scherenbeine der Männchen sind deutlich massiger als die der Weibchen. Die Weibchen werden etwas größer als die Männchen.

Euryrhynchus amazoniensis auf Falllaub.

Die Garnele vermehrt sich in Süßwasser, aus den Eiern schlüpfen vollständig entwickelte Jungtiere. Die Weibchen tragen 10 bis 20 große, orangefarbene Eier.

Über die Haltung im Aquarium gibt es nur wenige Berichte, grundsätzlich lässt sich jedoch sagen, dass *E. amazoniensis* in sehr weichem, saurem Wasser (< 4 °dGH, pH 4–6), einem Leitwert von unter 100 Mikrosiemens und bei einer Wassertemperatur von 24 bis 29 °C gehalten werden sollte.

Diese Garnele ist sehr scheu und verbringt den Großteil des Tages im Versteck. Sie ernährt sich überwiegend von Aas und nimmt auch handelsübliches Garnelenfutter an. Zuträglicher ist den Tieren jedoch eine Fütterung mit Lebend- und Frostfutter.

Die Laubgarnele ist territorial, jedoch deutlich weniger aggressiv als Palaemoniden oder Macrobrachien.

Morphologie

E. amazoniensis kann man von kleinen Arten oder Jungtieren anderer Großarmgarnelen wie zum Beispiel der Gattung *Macrobrachium* anhand ihres sehr kurzen Rostrums unterscheiden, an den weniger gut entwickelten Augen und einer höheren Zahl (ca. 11) von beweglichen stachelförmigen Borsten an der Uropodenfalte gegenüber 0 bis 1 bei Macrobrachien.

Die Arten der Gattung *Euryrhynchus* werden dank ihrer sehr massigen Scheren manchmal für Zwergkrebse der Gattung *Cambarellus* gehalten.

Von diesen Crustaceen kann man *Euryrhynchus* jedoch sehr einfach anhand der Form des Hinterleibs unterscheiden. Wie alle Garnelen ist er bei *Euryrhynchus* hochoval, während er bei Krebsen abgeplattet ist. Des Weiteren sind hier die zweiten

Euryrhynchus amazoniensis, Eier tragendes Weibchen.

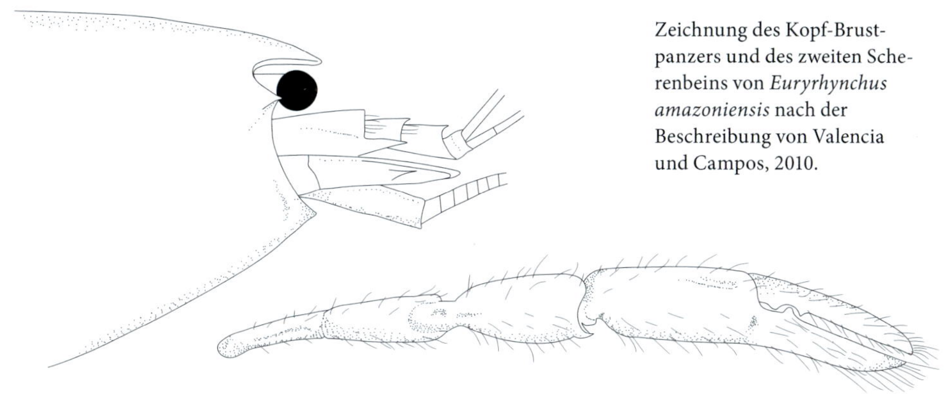

Zeichnung des Kopf-Brustpanzers und des zweiten Scherenbeins von *Euryrhynchus amazoniensis* nach der Beschreibung von Valencia und Campos, 2010.

Scherenbeine vergrößert; bei Flusskrebsen dagegen trägt das erste Scherenbein die größten Scheren.

Das Habitat

E. amazoniensis lebt typischerweise in zwei unterschiedlichen Habitaten: großen Laubansammlungen am Boden von Seen und stehenden Flussabschnitten oder in den unteren Schichten dichter Pflanzenbestände, den sogenannten „schwimmenden Wiesen", in deren feinem Wurzelwerk die Garnelen Schutz finden.

Euryrhynchus leben in weichem und stellenweise sehr saurem Wasser, in dem der pH auf 4 absinken kann.

Euryrhynchus amazoniensis, Jungtier.

Garnelen im Mittelmeerraum

Das Mittelmeergebiet ist eine Region mit einer sehr hohen Biodiversität, und hier leben tatsächlich auch fünf Gattungen von Süßwassergarnelen: *Atyaephyra, Dugastella, Gallocaris, Typhlatya* und *Troglocaris*; im Brack- und Meerwasser gibt es noch weitere Familien, allen voran sind hier die Palaemonidae zu nennen.

Keine dieser Arten ist im Handel erhältlich. Einige von ihnen sind in ihren Herkunftsländern streng geschützt. In diesem Kapitel möchten wir unseren Lesern in Europa heimische Garnelen vorstellen und so zu ihrem Schutz in der Natur beitragen.

Die Gattung *Atyaephyra*

Atyaephyra ist die am weitesten im Mittelmeerraum verbreitete Gattung der Süßwassergarnelen. Es gibt Vorkommen vom Nahen Osten bis Nordafrika, einschließlich weiter Teile Südeuropas und einiger Mittelmeerinseln.

Die Garnelen werden auch als Europäische Süßwassergarnele bezeichnet, weil sie hier so häufig sind.

Ihre Färbung ist variabel. Meist sind die Tiere bräunlich bis grünlich, sie können jedoch auch Blau- oder Lilatöne annehmen oder gänzlich schwarz gefärbt sein.

Sie bewohnen sehr unterschiedliche Habitate, von Weich- bis Hartwasser. Man findet sie stellenweise sogar in Brackwasser. Häufig leben sie auf felsigem Grund in pflanzenreichen Gewässern. *Atyaephyra* sind friedliche Garnelen und zählen zu den Allesfressern. Sie tolerieren Wassertemperaturen von 3 bis 28 °C.

Ihre Eier sind grünlich und recht klein. Aus ihnen schlüpfen Zoea-Larven, die etliche Larvenstadien durchlaufen, ihre Entwicklung findet jedoch vollständig im Süßwasser statt.

Die Lebenserwartung liegt bei etwa 1,5 Jahren, und sie erreichen eine Körpergröße von 2 bis 3 cm.

Die verschiedenen Arten der Gattung lassen sich in zwei Gruppen aufteilen. Die erste besitzt 10 bis 38 Mesial-Dornen auf der mittigen Fläche am distalen Teil des dritten Maxillipeden und umfasst drei Arten: *A. thyamisensis, A. stankoi* und *A. orientalis*; die zweite Gruppe hat an dieser Stelle nur 1 bis 8 Dornen und besteht aus den Arten *A. desmarestii, A. acheronensis., A. strymonensis* und *A. tuerkayi.*

Im Juni 2018 wurde eine weitere Art beschrieben: *A. vladoi,* die auf der Balkan-Halbinsel vorkommt. Sie ist mit 8 bis 20 Mesial-Dornen am dritten Maxillipeden ein Zwischenglied beider Gruppen.

Alle *Atyaephyra*-Arten haben einen supraorbitalen Dorn auf dem Kopf-Brustpanzer und Exopoditen am ersten und zweiten Scherenbein. Dadurch lassen sich alle *Atyaephyra* spp. sehr einfach von *Caridina* oder *Neocaridina* unterscheiden.

Atyaephyra desmarestii Milet, 1831

Diese Art hat mit Nordafrika und ganz Westeuropa das größte Verbreitungsgebiet. Die aus Portugal beschriebene Art *Atyaephyra rosiana* wird mittlerweile als Synonym angesehen.

Die Europäische Süßwassergarnele hat ein langes, leicht geschwungenes Rostrum, dessen Oberseite 17 bis 36 präorbitale und 1 bis 5 postorbitale Zähnchen trägt. Auf seiner Unterseite sitzen 1 bis 13 Zähnchen. Der Antennenlappen läuft spitz zu.

Das distale Segment der dritten Maxillipeden ist seitlich mit 0 bis 8 Dornen besetzt. Ein subdistaler Dorn sitzt seitlich auf der Höhe des Ursprungs des größten Enddorns.

Der Dactylus des fünften Schreitbeins ist mit 18 bis 43 Dornen bewehrt.

Der Endopodit am ersten Schwimmbein der Männchen ist schlank dreieckig. Er läuft distal spitz auf die große Appendix interna zu und ist auf der Innenfläche stark bedornt sowie auf der Außenfläche mit einer großen Zahl von Borsten besetzt.

Atyaephyra orientalis Bouvier, 1913

Die ehemaligen Unterarten *A. desmarestii* var. orientalis und var. mesopotamica von *A. desmarestii* wurden zu dieser Art zusammengefasst.

Ihr Verbreitungsgebiet liegt im Nahen Osten, von der Türkei bis in den Irak.

Habitat von *Atyaephyra desmarestii* bei Teruel, Spanien. Foto von Maurici Romero.

Von den anderen Arten unterscheidet sie sich durch zahlreiche seitlich gelegene Dornen (10–36) auf dem distalen Segment des dritten Maxillipeden und einem spitz zulaufenden Antennenlappen. Der Dactylus am fünften Schreitbein ist mit über 33 bis 55 Dornen besetzt, und der Endopodit am ersten Schwimmbein des Männchens ist stark gekrümmt und auffallend dick. Er läuft distal nicht spitz aus.

Atyaephyra stankoi Karaman, 1972

Auch diese Art wurde zunächst als Unterart von *A. desmarestii* beschrieben.

Sie findet man in Zentral- und Westgriechenland.

Bei *A. stankoi* ist das distale Segment des dritten Maxillipeden mittig mit 11 bis 38 Dornen besetzt. Der Antennenlappen ist abgerundet, auf dem Telson sitzen distal 3 bis 6 Dornen sowie eine zweite Dornenreihe, die am distalen Rand dieser Dornen endet. Bei allen anderen Arten der Gattung endet diese Dornenreihe im proximalen Drittel oder in der Hälfte der erstgenannten Bedornung.

Der Endopodit am ersten Schwimmbein der Männchen ist geschwungen, mehr oder weniger stark verlängert und läuft immer spitz aus.

Atyaephyra thyamisensis Christodoulou, Antoniou, Magoulas & Koukouras, 2012

Die Art kommt im Thyamis-Fluss in Griechenland vor, nach dem sie benannt wurde. Weitere Vorkommen findet man in Nordgriechenland und auf den Inseln Korfu und Leukade.

Atyaephyra desmarestii, Fundort: Teruel, Spanien. Foto von Maurici Romero

Von anderen Arten der Gattung unterscheidet sie sich durch viele mittige Dornen auf dem distalen Drittel des dritten Maxillipeden (10–38), einen abgerundeten Antennenlappen und einen geschwungenen Endopoditen am ersten Schwimmbein der Männchen, dessen distale Seite spitz ausläuft.

Atyaephyra strymonensis Christodoulou, Antoniou, Magoulas & Koukouras, 2012

Die Art lebt in Nordgriechenland in den Flüssen Strymonas und Nestos.

Ihr fehlen die postorbitalen Zähnchen, ihr Antennenlappen ist abgerundet, und auf dem distalen Teil des dritten Maxillipeden sitzen mittig 1 bis 7 Dornen.

Atyaephyra acheronensis Christodoulou, Antoniou, Magoulas & Koukouras, 2012

Diese Art findet man in Kroatien (in der Krka), in Slowenien (in der Dragonja) und in den griechischen Flüssen Acheron und Louros.

Von *A. desmarestii* unterscheidet sie sich morphologisch nicht stark, jedoch ergaben genetische Untersuchungen Unterschiede, die den Artstatus rechtfertigen.

Atyaephyra tuerkayi Christodoulou, Antoniou, Magoulas & Koukouras, 2012

Die Art hat ihr Vorkommen im Nahr-al-Kabir-Fluss in der Grenzregion zwischen Syrien und dem Libanon.

Von *A. desmarestii* unterscheidet sie sich morphologisch nur in Details, jedoch förderten genetische Untersuchungen Unterschiede zutage, die den Artstatus rechtfertigen.

Atyaephyra vladoi Jablonska, Mamos, Zawal & Grabowski, 2018

Diese Art wurde erst im Juni 2018 beschrieben. Sie stammt aus dem

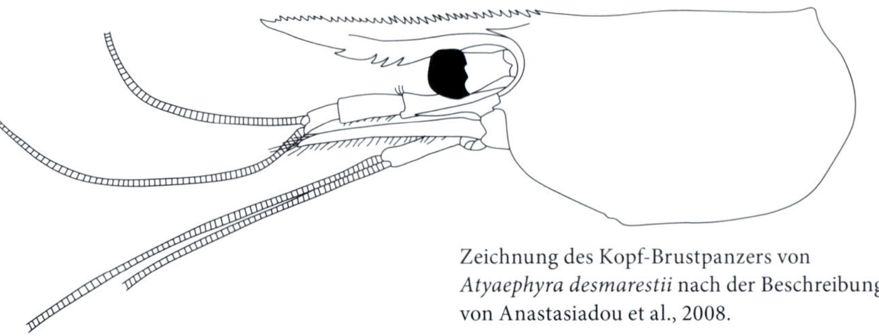

Zeichnung des Kopf-Brustpanzers von *Atyaephyra desmarestii* nach der Beschreibung von Anastasiadou et al., 2008.

Zeichnungen des ersten Schreitbeins (links) von *Atyaephyra desmarestii* und des dritten Maxillipeden (unten) von *Atyaephyra orientalis* nach der Beschreibung von Anastasiadou et al., 2008. Die Pfeile markieren die Dornen auf der mittigen Fläche des Maxillipeden.

größten Gewässer auf der Balkan-Halbinsel, dem Skadar-See.

Atyaephyra vladoi unterscheidet sich von anderen Arten ihrer Gattung durch die durchschnittlich 9 bis 12 Dornen auf dem distalen Segment des dritten Maxillipeden. Deutlich weniger als bei *A. stankoi, A. thyamisensis* und *A. orientalis* und mehr als bei *A. desmarestii, A. strymonensis, A. tuerkayi* und *A. acheronensis.*

Der Endopodit des ersten Schwimmbeins ist geschwungen. Bei *A. vladoi* ist die Anzahl der Dornen auf seinem inneren Rand geringer als bei den anderen Arten.

Der seitlich vorne gelegene Antennenlappen am ersten Segment der Antennenbasis eignet sich nicht zur Bestimmung der Art, weil er abgerundet, spitz als auch stumpf enden kann.

Am Telson sitzen 6 bis 13 Dornen.

DNA-Vergleiche haben den Artstatus von *A. vladoi* bestätigt, weil sie sich hinreichend von den anderen Arten der Gattung unterscheidet.

Atyaephyra im Aquarium

Die europäischen *Atyaephyra*-Arten sind recht anpassungsfähig, was die Wasserwerte betrifft. Es gibt leider nur

Atyaephyra desmarestii.

Atyaephyra thyamisensis aus Griechenland.

wenige Berichte über eine erfolgreiche Haltung und Zucht dieser Garnelen in der Aquaristik. Der größte Hinderungsgrund dürfte sein, dass sie eher niedrige Wassertemperaturen von dauerhaft unter 25 °C brauchen. Das Aquarium sollte daher im Sommer grundsätzlich gekühlt werden, sodass die Temperaturen nicht zu stark ansteigen.

Die Gattung *Dugastella*

In dieser Gattung der Familie der Atyidae haben wir zwei Arten: *Dugastella marocana* Bouvier, 1912 und *Dugastella valentina (*Ferrer Galdiano, 1924). Beide sind vom Aussterben bedroht und in ihren Herkunftsländern streng geschützt.

Die meisten Tiere sind durchscheinend gräulich-grün gefärbt, es gibt aber auch grüne oder sogar rötliche Exemplare, manche auch mit einem feinen weißen Streifenmuster. Sie werden zwischen 2 und 4 cm lang. Die Weibchen tragen kleine, bräunlich gefärbte Eier.

Die Garnelen dieser Gattung leben in sehr sauberen Gewässern, die frei von Schadstoffen sein müssen: in Seen, Kanälen oder strömungsarmen Flussabschnitten. Sie bevorzugen kälteres Wasser als die anderen europäischen Süßwassergarnelen (15 bis 22 °C), einen neutralen oder leicht basischen pH und mittelhartes bis hartes Wasser.

Diese Garnele ist vorwiegend ein Detritusfresser, der sich von organischen Resten und Algen ernährt.

Dugastella vermehren sich in Süßwasser. Die Zoea-Larven durchlaufen zwei Larvenstadien. Anders als bei den anderen Gattungen der Atyiden findet man die Zoea nicht im Freiwasser. Das Weibchen behält sie in ihrer „Brutkammer", bis sie sich zur Junggarnele häuten. Während dieser Entwicklung fressen sie nichts. Diese einzigartige Methode zur Brutpflege hat der Gattung auch den Namen „Kängurugarnele" eingebracht.

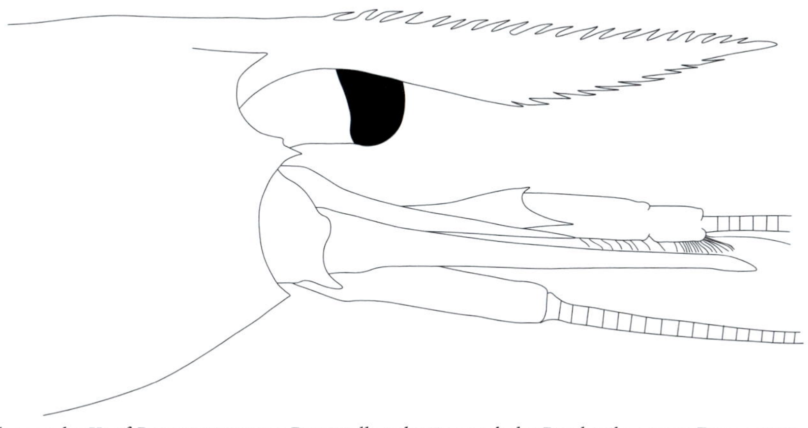

Zeichnung des Kopf-Brustpanzers von *Dugastella valentina* nach der Beschreibung von Ferrer, 1924.

Habitat von *Dugastella valentina* in Valencia, Spanien (links) und ein wild lebendes Exemplar (unten).

Diese Art hat eine Lebenserwartung von etwas über einem Jahr.

Die Garnelen der Gattung haben ein leicht nach oben gebogenes Rostrum, das auf dem oberen Rand mit 13 bis 19 und am unteren Rand mit 9 bis 13 Zähnchen bewehrt ist. Die Länge ist recht variabel, das Rostrum kann über das erste Segment der Antennenbasis hinausragen oder auch nicht.
Der Supraorbital-Dorn, der Antennendorn und der Pterygostomialdorn sind typisch. Der Stylocerit reicht über den ersten Antennenstiel hinaus.
Der Carpus am ersten Schreitbein ist auffallend kurz und eingebuchtet. Die Schreitbeine besitzen Exopoditen unterschiedlicher Größe.

Die beiden Arten der Gattung *Dugastella* sind sich morphologisch sehr ähnlich. Erst genetische Untersuchungen haben ergeben, dass es sich um zwei verschiedene Arten handeln muss.

Dugastella valentina (Ferrer Galdiano, 1924) stammt aus der spanischen Region um Valencia und Alicante, wo

Dugastella valentina.

sie endemisch ist. Sie lebt in Quellen und Flüssen. *Dugastella marocana* Bouvier, 1912, kommt nur nahe der marokkanischen Stadt Settat vor.

Die Gattung *Palaemon*

Die Gattung *Palaemon* ist eine mit der weltweit größten Verbreitung. Im Mittelmeerraum findet man bis zu acht verschiedene Arten, die im Süßwasser leben und sich auch dort vermehren.

Die meisten Arten sind transparent, manche haben feine braune oder schwarze Querstreifen. Die Zeichnung ist kein zuverlässiges Kriterium zur Unterscheidung der Arten.

Die Garnelen dieser Gattung sind vorwiegend räuberische Fleischfresser, die sogar auf ihren eigenen Nachwuchs Jagd machen. Dies macht ihre Nachzucht im Aquarium schwierig.

Die Eier der Mehrzahl der *Palaemon*-Arten aus dem Süßwasser sind mittelgroß bis groß, mit Ausnahme von *P. varians*. Diese Art findet man auch häufig in Küstengewässern entlang der europäischen Atlantikküste bis Nordafrika sowie in der Ostsee. Sie gilt als Brackwasserart.

Palaemon antennarius H. Milne Edwards, 1837

Die Art ist auf Sardinien und dem mit dem Festland verbundenen Teil Italiens heimisch, ebenso wie in Slowenien, Kroatien, Montenegro, Albanien und Griechenland.

Sie wird bis 5 cm lang und lebt in Süßwie auch in Brackwasser in Flüssen, Seen, Lagunen oder Flussmündungen in Bereichen mit geringer Strömung.

Die Garnele kann sich zwar im Süßwasser vermehren, braucht für die Larvalentwicklung aber recht alkalisches Wasser.

Der untere Teil des fünften Abdominalsegmentes (Pleuron) läuft nach hinten spitz zu. Der distale Teil des Telsons besitzt mittig zwei gefiederte Borsten, die nicht über die seitlichen Dornen hinausreichen. Bei dieser Art haben sie eine charakteristische Länge, anhand derer man sie zuverlässig identifizieren kann. Der proximale Teil des Telsons ist mit 0 bis 6 lanzettförmigen Borstenpaaren besetzt.

Der Palpus der Maxillula ist typisch ausgeformt und hat einen oder zwei borstenförmige Fortsätze.

Die Länge des Exopoditen am dritten Maxillipeden ist im Verhältnis zu Ischium und Merus charakteristisch: Er ist gleich lang oder länger.

Palaemon migratorius (Heller, 1862)

Von dieser Art sind nur die in Ägypten gesammelten Typusexemplare bekannt.

Von anderen Arten der Gattung unterscheidet sie sich dadurch, dass das hintere untere Ende des fünften Abdominalsegments abgerundet ist.

Habitat von *Palaemon zariquieyi* bei Valencia, Spanien (oben) und ein wild lebendes Exemplar (unten).

Des Weiteren ist das Telson mit 4 bis 7 distalen Borsten besetzt, und der Exopodit am dritten Maxillipeden ist gleich lang oder länger als das Ischium und der Merus.

Palaemon colossus Tzomos & Koukouras, 2015

Die Art findet man auf der Insel Rhodos (Griechenland) und bei Antalya in der Türkei.

Anders als die anderen Arten besitzt sie 40 bis 50 lanzenförmige Borstenpaare am seitlichen Rand ihres Telsons.

Weiterhin ist der Palpus der Maxillula mit 2 bis 3 borstenförmigen Fortsätzen besetzt. Teilweise ist der Palpus auch zweilappig; dann besitzt er nur einen solchen Fortsatz.

Palaemon minos Tzomos & Koukouras, 2015

Diese Art ist im Kournas-See auf Kreta (Griechenland) endemisch.

Der hintere Teil des fünften Abdominalsegments ist rund, die Oberseite des Telsons ist mittig mit gefiederten Borsten besetzt, die über die Seitendorne hinausragen.

Palaemon varians Leach, 1813

Die Schwimmgarnele kommt an der gesamten europäischen Atlantikküste von Nordnorwegen bis Marokko einschließlich der Ostsee vor. Entlang der Mittelmeerküste findet man sie in einer kleinen Region in Südfrankreich und in Tunesien.

Diese Art lebt in Brackwasser oder im Meer, man findet sie so gut wie nie im Süßwasser.

Von den Süßwasserarten der Gattung *Palaemon* kann man sie anhand ihrer kleinen Eigröße sehr einfach unterscheiden.

Palaemon mesogenitor (Sollaud, 1912)

Die Art ist aus Algerien und Tunesien bekannt.

Von den anderen Arten kann man sie durch das spitz zulaufende hintere untere Ende des fünften Abdominalsegments unterscheiden und anhand der beiden gefiederten Borsten auf dem hinteren Rand des Telsons sowie an der typischen Form der Geschlechtsanhängsel bei den Männchen.

Palaemon mesopotamicus (Pesta, 1913)

Diese Art hat ihr natürliches Vorkommen in Syrien und der Türkei.

Von den anderen Arten unterscheidet sie sich durch das abgerundete hintere Ende des fünften Abdominalsegments und das am hinteren Rand mit 10 bis 12 gefiederten Borsten besetzte Telson. Des Weiteren ist der Exopodit am dritten Maxillipeden kürzer als Ischium und Merus, und der äußere Rand des Scaphoceriten ist konkav.

Palaemon turcorum (Holthuis, 1961)

Die Art lebt in Süßwasserhabitaten in der Türkei.

Sie unterscheidet sich von den anderen Arten der Gattung dadurch, dass das distale Ende des fünften Abdominalsegments rechtwinklig endet. Weiterhin ist bei den Geschlechtsanhängseln der Männchen der Endopodit am ersten Schwimmbein fast ebenso lang wie der Exopodit. Die Appendix masculina am zweiten Schwimmbein ist länger als der dortige Endopodit.

Palaemon zariquieyi (Sollaud, 1938)

Diese Garnele ist in Spanien in der Gegend um Valencia, Castellón und im Ebrodelta (Tarragona) heimisch.

Sie lebt in Süßwasserhabitaten in Flüssen, Kanälen, Bewässerungsgräben, Feuchtgebieten und Lagunen. Sie wird etwa 4,5 cm lang.

Von den anderen Arten unterscheidet sie das fast schon quadratische Hinterende des fünften Abdominalsegments und ihr Telson mit 4 bis 6 gefiederten Borsten zwischen den seitlichen Dornen.

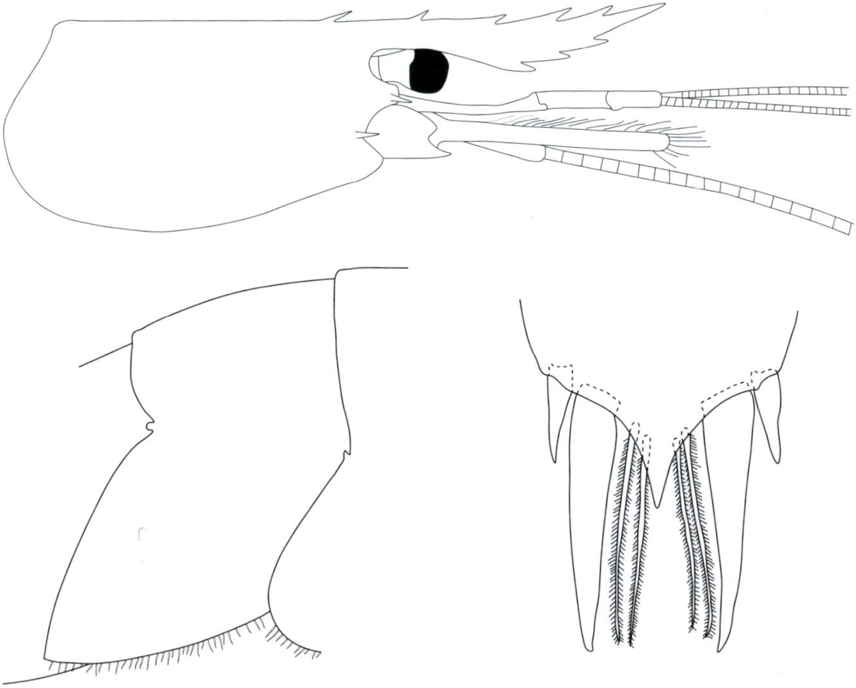

Zeichnungen des Kopf-Brustpanzers (oben), des fünften Abdominalsegments (Pleuron) (links) und des Telsons (rechts) von *Palaemon zariquieyi* nach der Beschreibung von Sollaud, 1938.

Palaemon antennarius.

Palaemon minos.

Palaemon im Aquarium

Einige Arten wie *P. antennarius, P. minos, P. colossus* oder *P. zariquieyi* leben in der Natur zwar auch in Seen mit Süßwasser, dennoch brauchen sie im Aquarium Wasser mit einem basischen pH-Wert. Kleinere Mengen Meersalz können ihr Wohlbefinden im Aquarium und damit auch den Zuchterfolg steigern.

Die frisch geschlüpften Larven schwimmen frei. Sie können mit *Artemia*-Nauplien gefüttert werden, fressen aber auch Staub- oder Flüssigfutter.

Die Garnelen sind territorial und jagen auch ihre eigenen Nachkommen. *Palaemon* spp. sollte daher in Aquarien ab 50 Liter aufwärts gehalten werden. Die Einrichtung wird so gewählt, dass die Garnelen mehrere Verstecke zur Auswahl haben. Möchte man züchten, empfiehlt es sich, ein Eier tragendes Weibchen in ein anderes Aquarium umzusetzen, wo es seine Larven entlässt. Ist dies geschehen, setzt man es wieder zurück, sodass die Larven ungestört aufwachsen können.

Die Garnelen sollten gut mit überwiegend tierischem Futter gefüttert werden, auch wenn sie problemlos an pflanzliches Futter gehen.

Palaemon zariquieyi.

Fächergarnelen
Atyoida, Atyopsis, Atya

Innerhalb der Familie der Atyidae gibt es eine Gruppe von Garnelen, die man als „Fächergarnelen" kennt. Ihre Scherenbeine sind daran angepasst, feine Partikel aus dem Wasser zu filtern – dazu haben die Scheren die Form von feinen Fächern angenommen. In der Natur leben sie in der Regel in extrem strömungsreichen Flussabschnitten.

Im Handel sind drei Gattungen erhältlich: *Atyoida, Atyopsis* und *Atya*.

Die Gattung *Atyopsis* enthält lediglich zwei Arten: *A. moluccensis* und *A. spinipes,* beide werden regelmäßig importiert. In der Gattung *Atya* befinden sich die folgenden Arten: *A. abelei, A. africana, A. brachyrhinus, A. crassa, A. dressleri, A. gabonensis, A. innocous, A. intermedia, A. lanipes, A. limnites, A. margaritacea, A. ortmannioides* und *A. scabra*; nur *A. gabonensis* kommt regelmäßig in den Handel, selten auch *A. scabra.* Unter der Gattung *Atyoida* sind drei Arten zusammengefasst: *A. bisulcata, A. serrata und A. pilipes*; nur *A. pilipes* kann man ab und an in Garnelenshops finden.

Die Mehrzahl der Arten, die sich filtrierend ernähren, wird mit einer Körperlänge von bis zu 12 bis 15 cm bei adulten Tieren deutlich größer als andere Gattungen derselben Familie. Aufgrund ihrer Größe sollten sie nicht in zu kleinen Aquarien gehalten werden. Wir empfehlen Becken mit einem Volumen jenseits der 60 Liter. Alle diese Garnelen brauchen Höhlen, in denen sie sich verstecken können. Dabei fächern sie auch in ihren Verstecken Futter aus der Strömung.

Mit ihren Fächerhänden filtern sie feine Futterpartikel aus dem Wasser, und sie brauchen daher im Aquarium auch eine starke Strömung, die ihnen diese zuträgt – und Futter, das möglichst lange in der Wassersäule bleibt. Ein feinkörniges Granulatfutter aus dem Handel eignet sich ebenso wie feines Flockenfutter, Staubfutter und spezielles Futter für Fächergarnelen, sie fressen aber auch gerne feines Frost- oder Lebendfutter und fein geriebenes Grünfutter oder Gemüse. Auch Filterschlamm wird sehr gerne genommen.

Hinsichtlich der Wasserwerte sind Fächergarnelen wenig anspruchsvoll. Der pH-Wert sollte neutral oder leicht basisch sein (> 7), das Wasser mittelhart bis hart (5 bis 20 °d GH) und die Wassertemperatur bei 20 bis 28 °C liegen. Ihre Körpergröße erlaubt eine Vergesellschaftung mit kleinen oder mittelgroßen, nicht zu neugierigen Fischen, die jedoch keine Nahrungskonkurrenz für die Garnelen darstellen dürfen. Sehr wichtig ist ein hoher Sauerstoffgehalt.

Die Garnelen selber leben in Süßwasser, für die Entwicklung ihrer Zoea-Larven brauchen sie jedoch Brack- oder Meerwasser. Verschiedene Fächergarnelen-Arten wurden im Hobby und im Labor bereits mehrfach nachgezogen, jedoch ist die recht langwierige Aufzucht nicht einfach. Man kann sich dabei mehr oder weniger an der Auf-

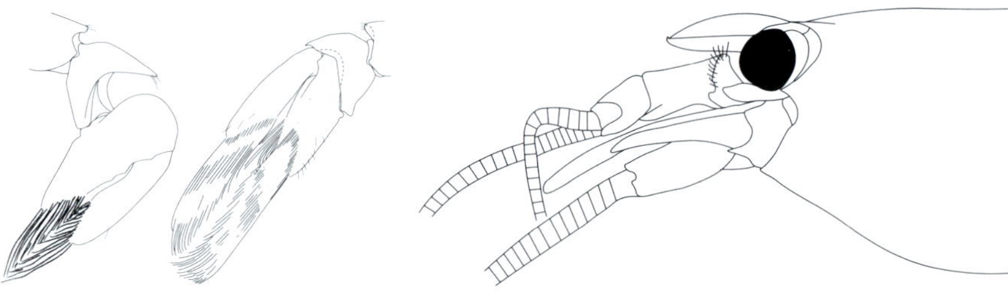

Zeichnung des ersten Scherenbeins des Männchens (links) und des Weibchens (rechts) und des Kopf-Brustpanzers von *Atyoida pilipes* nach der Beschreibung von Chace, 1983.

Detail des Rostrums von *Atyoida pilipes.*

zuchtanleitung für die Amanogarnele *Caridina multidentata* orientieren.

Atyoida pilipes (Newport, 1847)

Die kleinste erhältliche Fächergarnele gehört zur Gattung *Atyoida*. Man kennt sie auch als Zwergfächergarnele oder „Green Lace Shrimp".

A. pilipes wird bis 61 mm lang. Die meisten Exemplare erreichen nur eine Körperlänge von etwa 40 bis 50 mm. Die Garnele ist transparent und hat ein Muster aus Punkten und kurzen Linien seitlich am Kopf-Brustpanzer und dem Hinterleib, das auf den ersten Blick der Zeichnung von adulten *C. multidentata* gleicht.

Sehr interessant ist bei dieser Art die Entwicklung vom Jungtier zur geschlechtsreifen Garnele; die heranwachsenden Zwergfächergarnelen sind zunächst alle männlichen Geschlechts. Erst nach einigen Jahren und vielen Häutungen

Atyoida pilipes.

wandeln sie sich zu Weibchen um. Diese Art der Entwicklung nennt sich Protandrie. Die im Handel erhältlichen Exemplare sind aufgrund dieser Entwicklung nahezu alle weiblich.

Parallel zu den Veränderungen an den Geschlechtsanhängseln und Geschlechtsorganen ändert sich auch die Form und Funktion der Scherenbeine. Das männliche Tier hat borstige Scheren, mit denen es wie die meisten *Caridina*-Arten Beläge von Oberflächen abschabt, um diese zu fressen. Männliche Zwergfächergarnelen sind daher kaum als solche zu erkennen. Werden die Tiere zu Weibchen, verändert sich die Form ihrer Scheren, und sie ernähren sich von da an praktisch nur noch von Schwebepartikeln im Wasser. Die palmare Region des Scherenbeins reduziert sich, und die Scherenfinger sind mit vielen langen Borsten besetzt, die sich zu fächerartigen Netzen ausbreiten lassen.

Morphologie

Neben der protandrischen Entwicklung kann man *Atyoida pilipes* anhand ihres kurzen, deutlich nach unten geschwungenen Rostrums von der Gattung *Atyopsis* unterscheiden. Der Pterygostomialwinkel ist stumpf, und der distale Rand des Telsons reicht über die seitlich davon liegenden Zähnchen hinaus.

Das Habitat

A. pilipes lebt in strömungsreichen Oberläufen von Flüssen und Bächen von den Philippinen über Indonesien, Neuguinea bis zu den

Atyopsis moluccensis.

Karolinen, Samoa, Marquesas- und Gambier-Inseln. Die Art ist auf sauerstoffreiches Wasser angewiesen und kommt besonders oft in Gumpen unterhalb von Wasserfällen vor.

Atyopsis moluccensis (De Haan, 1849) und *Atyopsis spinipes* (Newport, 1847)

Beide Arten sind in der Aquaristik als Molukkenfächergarnele, Bergwassergarnele oder Radargarnele bekannt.

A. moluccensis hat ihr Verbreitungsgebiet in Indien, Sri Lanka, den Andamanen, Thailand, der malaiischen Halbinsel, auf Sumatra, Java, Bali, Borneo, Neukaledonien, Fidschi und Neuguinea, während *A. spinipes* in Taiwan, auf den Philippinen, Sulawesi, Palau und Fidschi vorkommt.

Ihr Muster ist orange bis braun, mit einem auffallenden beige-weißlichen Rückenstrich. Die Garnelen werden 6 bis 10 cm lang. Diese langlebigen Tiere werden im Aquarium bis 12 Jahre alt.

Sie werden praktisch immer als *A. moluccensis* verkauft, ein Gutteil vor allem der in Taiwan gefangenen Tiere dürfte jedoch zur sehr ähnlich aussehenden Art *Atyopsis spinipes* gehören.

Morphologie

Bei *A. moluccensis* ist das Rostrum auf der Unterseite mit 7 bis 16 Zähnchen bestanden, während es bei *A. spinipes* nur 2 bis 6 sind.

Man kann sie weder anhand ihrer Größe noch anhand ihrer Zeichnung unterscheiden.

Das Habitat

Die Arten der Gattung *Atyopsis* bewohnen Bäche und kleine Flüsse mit starker Strömung. Tagsüber sitzen sie gern zwischen Wurzeln, unter Steinen oder Treibholz. Bei

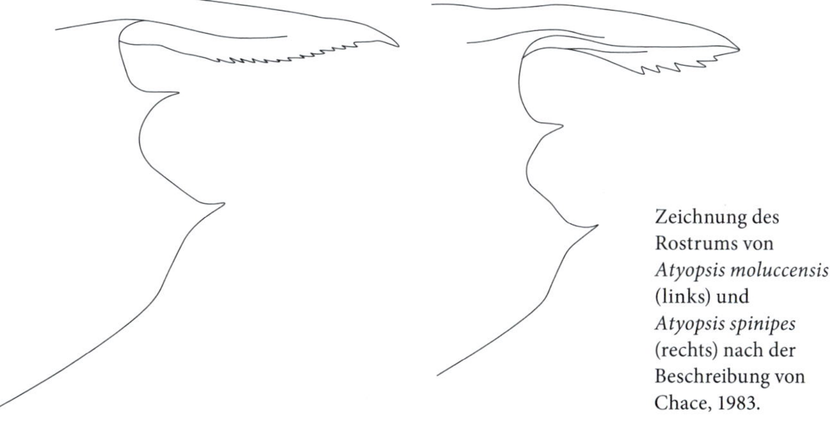

Zeichnung des Rostrums von *Atyopsis moluccensis* (links) und *Atyopsis spinipes* (rechts) nach der Beschreibung von Chace, 1983.

Atyopsis moluccensis (oben) und *Atyopsis spinipes* (unten). Beide Arten brauchen sehr sauerstoffreiches Wasser mit einem O_2-Gehalt von ganztägig über 8 mg/l. Während der Sauerstoffgehalt in dicht bepflanzten Aquarien tagsüber oft bei über 10 ppm liegt, kann er in der Nacht stark absinken und dann nur noch knapp 5 ppm betragen. Für Fächergarnelen sind solche Aquarien daher nicht sonderlich gut geeignet.

Habitat von *Atyopsis spinipes* auf Taiwan.

Atya gabonensis.

Sonnenuntergang kommen sie aus ihren Verstecken und setzen sich in die stärkste Strömung, um Insektenlarven, Detritus und andere Futterpartikel mit ihren Fächerhänden aus dem Wasser zu filtern.

Atya gabonensis Giebel, 1875

Die Art findet man als Blaue Monsterfächergarnele, Blaue Fächergarnele, Gabun-Fächerhandgarnele oder Gabun-Riesenfächergarnele im Handel.

Sie lebt in Flüssen entlang der Westküste Afrikas in Kamerun und Gabun, aber auch entlang der Ostküste von Südamerika.

Farblich ist *A. gabonensis* sehr variabel. Es gibt gräuliche, graubraune und fast weiße Tiere, aber auch hell-blaue bis intensiv blaue oder rosafarbene Exemplare. Die Riesenfächergarnele wird 10 bis 15 cm groß.

Ihre Lebenserwartung beträgt bei guter Haltung 15 Jahre.

Im Handel werden die meisten Fächerhandgarnelen aus der Gattung *Atya* unter dem Artnamen *Atya gabonensis* verkauft. Selten finden jedoch auch *A. africana* (die nur in Westafrika vorkommt) und *A. scabra* (mit Vorkommen entlang der afrikanischen Westküste und der Südamerikanischen Atlantikküste) ihren Weg in unsere heimischen Aquarien.

Morphologie

Atya gabonensis hat auffallende Rillen auf dem Kopf-Brustpanzer, was den adulten Tieren eine ganz eigene Optik verleiht.

Unter dem Mikroskop sieht man, dass die stachelförmigen Borsten am fünften Abdominalsegment bei dieser Art auf den unteren Rand beschränkt sind – ein sicheres Unterscheidungsmerkmal gegenüber ihren Gattungsgenossen. Des Weiteren sind die seitlichen Vorsprünge am Rostrum verlängert und nur schwach ausgeprägt.

A. scabra erkennt man an der unebenen Oberfläche des Kopf-Brustpanzers, den stachelförmigen Borsten, die am unteren Rand des zweiten bis fünften Abdominalsegments sitzen sowie an der Verteilung der kräftigen stachelförmigen Borsten am dritten Schreitbein.

Das Habitat

Wie alle Fächergarnelen leben auch die Angehörigen der Gattung *Atya* im Wildwasser mit einem sehr hohen Sauerstoffgehalt.

Wenn im Aquarium der Sauerstoffgehalt durch einen Pumpenausfall stark absinkt, können die Garnelen der Gattung *Atya* innerhalb von Stunden sterben.

Fast alle im Handel verkauften Exemplare von *A. gabonensis* sterben im Aquarium innerhalb von wenigen

Monaten oder sogar Wochen an Sauerstoffmangel. Sie sollten ausschließlich von erfahrenen Aquarianern gehalten werden, die ihnen große Aquarien mit mindestens zwei unabhängigen Strömungspumpen bieten können.

Ein Hinweis auf die Wichtigkeit einer guten Sauerstoffversorgung für die Gattung *Atya* liefert eine Studie von Chace und Hobbs, 1969, in der festgestellt wurde, dass *Atya* spp. ausschließlich in praktisch mit Sauerstoff gesättigtem Wasser vorkommen. Hobbs und Hart, 1982, stellen weiterhin fest, dass der Sauerstoffgehalt der wichtigste Faktor ist, ob in einem natürlichen Gewässer *Atya*-Arten vorkommen oder nicht.

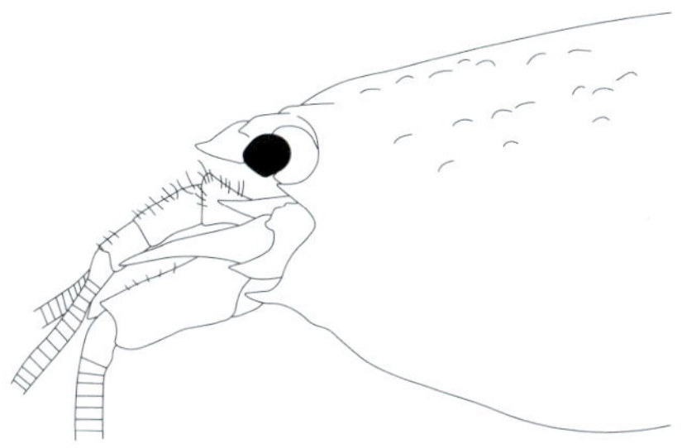

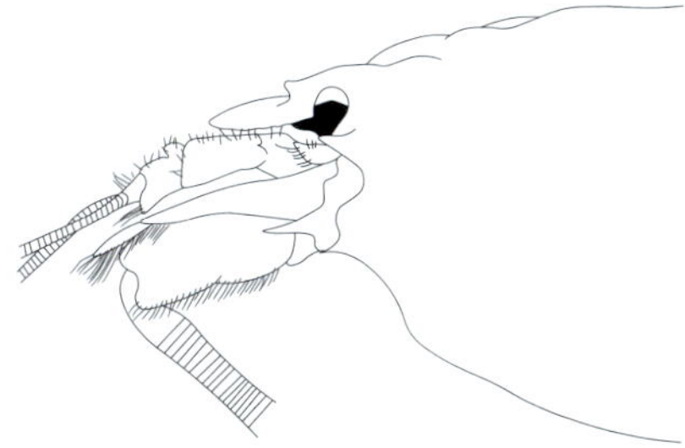

Zeichnung des Kopf-Brustpanzers von *Atya scabra* (links) und *Atya gabonensis* (rechts) nach der Beschreibung von Hobbs und Hart, 1982.

Das dritte Schreitbein, Jungtiere und Porträt von *Atya gabonensis*.

Atya scabra aus Westafrika.

Atya scabra aus Panama.

Atya gabonensis.

Andere Wirbellose

In Garnelenaquarien werden generell eher kleine Zwerggarnelen gehalten. Fast schon zwangsläufig treten in diesen Becken weitere Wirbellose auf, die sogenannte Begleitfauna. In Fischaquarien oder Becken mit größeren Krebstieren werden diese Tiere einfach gefressen, oder sie leben versteckt, weil sie auf dem Speiseplan ihrer großen Aquariengenossen stehen.

Wir stellen die wichtigsten Wirbellosen der Begleitfauna im Garnelenaquarium vor, zeigen Wege auf, wie sie ins Aquarium gelangen, erklären ihre Funktion im Garnelenbecken und führen – wo notwendig – Möglichkeiten zur Vorbeugung und Bekämpfungsmaßnahmen auf. Begleitfauna tritt nur bei guten Bedingungen auf, und sie spielt eine wichtige Rolle im biologischen System eines Aquariums.

Bevor man neue Pflanzen, Tiere oder Dekoration aus laufenden Becken ins Aquarium einbringt, sollte man sie einige Zeit in Quarantäne halten, um Blinde Passagiere auszuschließen.

Jedwede chemische Behandlung im Garnelenaquarium kann das System aus der Balance bringen, daher sollte man Absammeln immer dem Einsatz von Medikamenten vorziehen.

Wege zur Bekämpfung

Nicht alle Begleitfauna muss man aus dem Aquarium verbannen – die meisten Tierchen sind harmlos und richten bei den Garnelen keinen Schaden an. Möchte man sie aus ästhetischen Gründen reduzieren, gibt es verschiedene Möglichkeiten.

Möglich wäre der Einsatz von Fressfeinden – kleine Fische beispielsweise, Zwergflusskrebse oder klein bleibende Großarmgarnelen fressen Würmer und Co. Auch das Absaugen mit einem dünnen Luftschlauch ist möglich.

Entwurmungsmittel wirken gegen Planarien und Hydren, Wasserstoffperoxid (H_2O_2) wird ebenfalls gegen Hydren eingesetzt. Nach dem Einsatz sollte man unbedingt über Aktivkohle filtern, um die Reste der Chemikalien wieder aus dem Aquarium zu entfernen.

Mebendazol kommt in der Human- wie auch in der Tiermedizin zum Einsatz. Die Darreichungsform als Suspension mit einem Wirkstoffgehalt von 20 mg/ml ist für eine korrekte Dosierung am besten geeignet. Hier dosiert man einen Tropfen aus dem Tropfdosierer je 5 Liter Aquarienwasser. Nach 48 Stunden gibt man nochmals dieselbe Menge zu. Nach weiteren 48 Stunden wechselt man ca. 30 % des Wassers und gibt ein weiteres Mal dieselbe Dosis. 24 Stunden danach ist die Behandlung abgeschlossen. Dann macht man erneut einen Wasserwechsel, ebenso nach nochmals 48 Stunden. Danach kehrt man zum normalen Wasserwechselintervall zurück.

Die Wirkstoffe Flubendazol (10 mg auf 100 Liter) und Fenbendazol (1 mg auf 1 Liter) derselben Familie werden ebenfalls in der Aquaristik verwendet.

Diese Mittel können bei Mensch und Tier zu Missbildungen und Fruchtbarkeitsstörungen führen. Sie hemmen die Fortpflanzungsfähigkeit bei Garnelen für eine gewisse Zeit, und sie wirken giftig auf Schnecken.

Wasserstoffperoxid wird beispielsweise gegen Hydren eingesetzt. Dafür gibt man 3 ml H_2O_2 in 7 ml Wasser. Die Hydra wird direkt damit eingesprüht. Man sollte nicht mehr als 1 ml dieser Lösung je 4 Liter Aquarieninhalt geben.

Auch im Handel gibt es entsprechende Mittel zur Bekämpfung der Begleitfauna, häufig handelt es sich um kombinierte Produkte gegen Planarien und Hydren. Garnelen nehmen in der Regel davon keinen Schaden, jedoch können Schnecken daran sterben. Hinsichtlich möglicher Nebenwirkungen und der Wirksamkeit überhaupt gibt es sehr gemischte Erfahrungen.

Kleine Schnecken

Manche Schneckenarten treten sehr häufig im Garnelenaquarium auf. Meist schleppt man sie mit neuen Pflanzen ein oder mit Dekoration aus laufenden Aquarien. Eher selten kommen die Schnecken als ausgewachsene Tiere unabsichtlich ins Aquarium, meist wurde irgendwo ein Gelege oder ein winziges Jungtier übersehen.

In der Regel handelt es sich dabei um Schnecken der folgenden Arten: *Ferrissia fragilis, Gyraulus chinensis, Helisoma anceps, Melanoides* sp. und *Physa* sp.

Da sich in vitro gezogene Pflanzen mehr und mehr durchsetzen, wird dieser Weg der Einschleppung immer seltener. Wer konventionell erzeugte Pflanzen von ungewollten Schnecken befreien möchte, kann sie für drei Minuten in ein Wasserbad geben, dem eine Kappe Bleichmittel zugesetzt wurde. Danach gut abspülen!

Die Mützenschnecke *Ferrissia fragilis* trifft man häufig im Aquarium an.

Wissen sollte man allerdings, dass diese Schnecken eine wichtige Rolle im Ökosystem im Aquarium spielen: Sie fressen Detritus, lockern und reinigen den Bodengrund, sie fressen Algenbeläge und schaffen mit ihrem Kot die Grundlage für die Bildung von wichtigen Infusorien, von denen sich frisch geschlüpfte Garnelen ernähren.

Viele Aquarianer sprechen sehr schnell von „Schneckenplagen". Eine starke Vermehrung liegt aber immer an Halterfehlern, auf die die Schnecken mit einer höheren Reproduktionsrate reagieren.

Vermehren sich die Schnecken stark, liegt es immer daran, dass sie zu viel Futter finden. Die Reproduktionsrate steht in direktem Zusammenhang zum Nahrungsangebot. Eine angepasste Fütterung und eine gute Aquarienhygiene halten nicht nur die Schneckenpopulation im Zaum, sie kommen auch der Wasserqualität und damit den Garnelen zugute.

Scheitert der Ansatz, weniger und hochwertiger zu füttern, an der Art des Aquariums (beispielsweise bei Fächergarnelen), gibt es noch andere Methoden, eine übermäßige Schneckenpopulation in den Griff zu bekommen. Sie sollten jedoch gut abgewogen werden, weil manche davon auch auf die anderen Bewohner negative Auswirkungen haben können.

Am einfachsten ist es sicherlich, die Schnecken eine um die andere abzusammeln. Das ist zwar eine mühselige Aufgabe und dauert eine lange Zeit, insbesondere bei kleinen Schnecken. Für diese Methode spricht jedoch, dass sie absolut unschädlich für alle anderen Aquarienbewohner ist. Am einfachsten geht das Absammeln, wenn man ein Stückchen Futter als Lockmittel nutzt.

Im Handel gibt es Schneckenfallen zu kaufen, mit denen man die Weichtiere lebend fangen und dann in ein anderes Becken umsetzen kann.

Auch Raubschnecken aus der Familie der Nassariidae (*Anentome* sp.) oder schneckenfressende Fische (aus der Gattung *Chromobotia* und aus der Artengruppe der Kugelfische) werden gerne empfohlen. Hier sollte man bedenken, dass bei allen auch Garnelen zum Beuteschema gehören.

Anti-Schneckenmittel sind im Garnelenaquarium nicht empfehlenswert, weil die meisten dieser Chemikalien auch die Garnelen schädigen.

Am besten ist immer noch, einer übermäßigen Vermehrung der Schnecken durch eine gezielte und kontrollierte Fütterung mit gut verwertbarem Futter vorzubeugen. Dann kann man sich an den nützlichen kleinen Helfern im Aquarium sogar erfreuen, weil sie dann ihre Rolle im Ökosystem zuverlässig erfüllen, ohne sich außer Rand und Band zu vermehren.

Süßwasser-Hydren

Diese kleinen Nesseltiere gehören zur Familie der Hydridae. Manche leben

Hydra sp.

symbiotisch mit Algen, diese Arten sind grün gefärbt. In den Aquarien haben wir überwiegend *Hydra vulgaris* und *Chlorohydra viridis*. Sie erreichen eine Körperlänge von nur wenigen Millimetern und erbeuten demzufolge nur sehr kleine Tiere. Diese fangen sie mit ihren Tentakeln, die mit Nesselzellen bewehrt sind und mit denen sie ein Neurotoxin abfeuern können.

Werden sie angegriffen, ziehen sie ihre Tentakel und ihren Körper zusammen, bis sie nur noch eine kleine gelatinöse Beule sind. Auch wenn es sich hier um überwiegend sessile Tiere handelt, können sie sich fortbewegen. Auf der Suche nach einem günstigen Sitzplatz können sie eine Strecke von bis zu 100 mm am Tag zurücklegen. Dazu beugen sie ihren Körper, halten sich mit der Mundöffnung am Boden fest, lösen die Haftscheibe und vollführen eine Art Purzelbaum.

Hydren können sich sowohl ungeschlechtlich als auch geschlechtlich vermehren. Die Tiere sind Zwitter.

Ihre Fähigkeit zur Regeneration ist erstaunlich, sie sind quasi unsterblich. Man kann eine Hydra in winzige Stückchen schneiden, und aus jedem wächst ein neues, vollständiges Tier.

Sie leben von tierischem Plankton und hier vor allem von winzigen Wirbellosen. Nur für frisch geschlüpfte Garnelen stellen größere Hydren ein Problem dar: In Ausnahmefällen werden Hydren bis zwei Zentimeter lang.

Planaria sp.

Im Garnelenbecken sind sie als Zeigertier für gute Wasserqualität sogar eher ein gutes Zeichen. Man findet sie praktisch weltweit im Süßwasser, sie brauchen jedoch unbelastetes Wasser und einen hohen Sauerstoffgehalt.

Planarien

Als Planarien bezeichnet man verschiedene Arten von Plattwürmern aus der Familie der Planariidae.

Ihre Körperform ist stark abgeplattet, viele Arten haben einen dreieckigen, abgesetzten Kopf. Die zwittrigen Würmer werden knapp zwei Zentimeter groß und können sich sowohl geschlechtlich durch Eikokons als auch ungeschlechtlich durch Teilung fortpflanzen. Ins Aquarium schleppt man häufig die Würmer selbst oder ihre Eier mit Lebend- oder Frostfutter oder mit Pflanzen ein.

Sie verfügen über eine beeindruckende Regenerationsfähigkeit und sind dadurch praktisch unsterblich. Schneidet man sie in kleine Stücke, wächst aus jedem Teil ein neues Exemplar heran.

Anders als andere Plattwürmer leben Planarien nicht parasitisch, sondern räuberisch. Sie können jedoch Fisch- und Wirbellosenparasiten übertragen.

Planarien sind räuberisch-omnivor und kümmern sich um Reste im Aquarium. Ganz besonders gerne mögen sie Aas, können aber auch kleine Wirbellose erbeuten. Treten Planarien im Aquarium in Massen auf, kann man von einer deutlichen Überfütterung des Systems ausgehen, mit allen bekannten Folgen.

Um sie loszuwerden, sind Planarienfallen ausgesprochen nützlich. Dadurch kann man die Planarien sehr einfach aus dem Aquarium entfernen, ohne den restlichen Besatz zu stören.

Häufig werden Planarien mit den harmlosen Scheibenwürmern der Ordnungen der Macrostomida und Rhabdocoela verwechselt. Diese haben jedoch immer einen runden Kopf. Gegen diese Würmer helfen die gegen Planarien empfohlenen Medikamente nicht! Auch mit Schneckenegeln werden Planarien gerne verwechselt. Bei diesen ist der Körper jedoch birnenförmig, und sie kriechen wie eine Raupe, nicht gleitend wie Planarien.

Muschelkrebse

Die zweischaligen Krebstiere werden 0,1 bis 2 mm groß. Über 13.000 Arten leben in Salz- und Süßwasser. Am häufigsten ist im Süßwasser die Gattung *Cypris* vertreten. Muschelkrebse vermehren sich geschlechtlich und ungeschlechtlich durch Jungfernzeugung. Ihre Eier sind trockenheitsresistent.

Muschelkrebse fressen Detritus, Algen und Plankton. Sie sind für die anderen Aquarienbewohner unschädlich. Parasitische oder fleischfressende Muschelkrebse sind praktisch nur aus dem Meerwasser bekannt.

Sie kommen mit dem Besatz, Pflanzen oder dem Bodengrund ins Becken.

Muschelkrebse sind ein Zeigertier für eine hohe Wasserqualität.

Cypris sp.

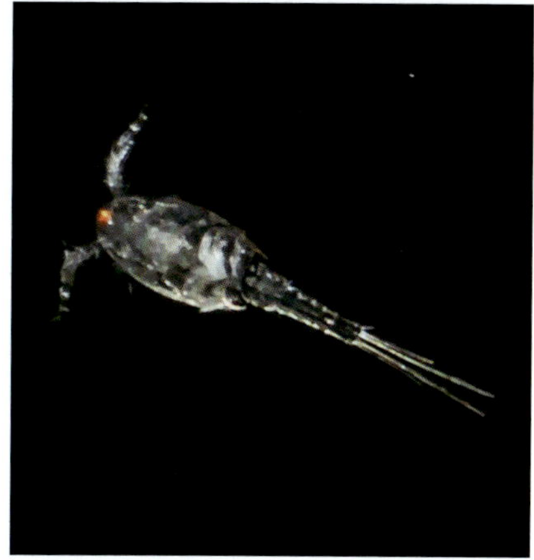

Cyclops sp., ein Weibchen mit Eipaketen (links) und ein Männchen (rechts). Auffällig ist das rote Einzelauge in der Kopfmitte.

Hüpferlinge

Tausende von Arten der winzigen Krebstiere haben ihr Vorkommen auf der ganzen Welt. Die Ordnung der Cyclopoida ist in praktisch jedem Süßwasseraquarium vertreten.

Es gibt nur wenige parasitische Arten, die meisten schwimmen frei. Hüpferlinge können ihrerseits Parasiten aus der Familie der Fadenwürmer und der Plattwürmer sowie Bakterien übertragen, die auch auf den Menschen übergehen, wie zum Beispiel den Cholera-Erreger *Vibrio cholerae*.

Sie vermehren sich geschlechtlich und ungeschlechtlich. Meist schleppt man sie durch an Pflanzen oder anderen Gegenständen haftenden Eiern ein.

Hüpferlinge sind ein Zeigertier für eine gute Wasserqualität.

Wasserflöhe

So werden planktonische Krebstiere aus der Gattung *Daphnia* bezeichnet. Viele Arten sind vom Aussterben bedroht und entsprechend geschützt.

Sie werden 2 bis 5 mm lang und fressen Schwebealgen, Bakterien und andere Protozoen. Im Wasser bewegen sie sich hüpfend fort. Im Aquarium findet man sie nur selten.

Sie vermehren sich je nach den Bedingungen geschlechtlich oder ungeschlechtlich durch Jungfernzeugung.

Weniger bekannt sind die deutlich kleineren, ebenfalls als „Wasserflöhe" bezeichneten Vertreter der Gattung *Leydigia*, die nur 0,1 mm groß werden.

Die Eier sind trockenheitsresistent und können mit Pflanzen oder Dekoration ins Aquarium gelangen.

Daphnia sp.

Milben und Springschwänze

Süßwassermilben haben einen kugeligen Körper und können zielgerichtet schwimmen. Man sieht sie häufig auf dem und im Substrat oder auf Wasserpflanzen, wo sie feines Zooplankton jagen.

Die kleinen, hell gefärbten Springschwänze dagegen leben auf der Wasseroberfläche, häufig auf Schwimmpflanzen.

Flohkrebse

Diese artenreichen kleinen Krebstiere werden 1 bis 1,5 cm groß. Überwiegend leben sie im Meerwasser, es gibt jedoch auch Süßwasserarten. Ins Aquarium schleppt man Flohkrebse mit Dekoration und Pflanzen, aber auch durch Lebendfutter aus Naturgewässern ein.

Die Allesfresser ernähren sich überwiegend von Detritus und erbeuten auch kleine wirbellose Wassertiere. Sie können starke Nahrungskonkurrenten für Garnelen darstellen.

Flohkrebse pflanzen sich geschlechtlich fort. Die Weibchen tragen ihre Eier bis zum Schlupf. Die winzigen Jungtiere gleichen den Erwachsenen bis aufs Detail.

Wenigborster

Von den schlanken, langen, segmentierten Würmern gibt es zahllose Arten, von denen die meisten harmlos und als Restefresser und Bodenlockerer sogar nützlich sind. Häufig sieht man sie an den Aquarienscheiben oder im Bodengrund, teils schwimmen sie auch in typisch schlängelnder Weise durchs Wasser.

Wenigborster werden mit Pflanzen, Bodengrund oder Lebendfutter eingeschleppt. Sie sind Zwitter.

Hydrachna sp., Süßwassermilbe.

Typischer Wenigborster aus dem Aquariensubstrat.

Hyalella sp., ein Süßwasser-Flohkrebse in einer Bruttasche unter dem Bauch.

Garnelen-
zucht

Jeder Garnelenfreund kommt irgendwann an den Punkt, an dem er sich wünscht, mehr Platz für Aquarien zu haben, um noch mehr Arten halten zu können. Von der Garnelenzucht, einer gezielten Kreuzung und einer sorgfältigen Zuchtselektion geht einfach eine enorme Faszination aus.

Hat man die erfolgreiche Haltung einer Art gemeistert, ist der nächste Schritt die Zucht – hierin liegt eine tiefe Befriedigung. Wenn die Vermehrung der Tiere reibungslos klappt, kann man einen Schritt weitergehen und die gewonnenen Erkenntnisse für eine gezielte Zucht einsetzen. Nun wird nach Eigenschaften selektiert: Die Tiere mit dem schönsten Muster und der besten Färbung werden gezielt ausgewählt.

Es gibt bei der Selektionszucht unterschiedliche Ansätze, mehrere Aquarien sind jedoch immer notwendig.

Eine Möglichkeit ist die positive Selektion. Hier wählt man die 10 bis 15 Garnelen aus, die dem Zuchtziel am ehesten entsprechen, und setzt sie in ein eigenes Becken. Wenn die Besatzstärke wächst, wählt man wieder die schönsten Tiere aus … und so weiter. Für diesen Ansatz braucht man viele Aquarien, da bei jeder Selektion ein neues Becken benötigt wird.

Eine andere Möglichkeit ist die negative Selektion. Dabei werden die Exemplare aus dem Aquarium genommen, die nicht dem Zuchtziel entsprechen. Viele Züchter setzen sie in ein „Restebecken". Im Prinzip kommt man hier mit zwei Aquarien aus.

Eine weitere Methode ist es, nur die Männchen zu selektieren. Meist fährt man hier mit drei Aquarien gut, einem für die am besten gefärbten Tiere, einem für die Tiere mittlerer Qualität und einem Restebecken.

Aus den ersten beiden Becken nimmt man die Männchen mit der schlechtesten Färbung heraus, sodass die Weibchen sich nur mit den besser gefärbten Männchen paaren können.

Der Nachwuchs dieser Tiere wird wieder nach denselben Kriterien sortiert: Die schlechtesten Männchen gehen ins Restebecken. Nach einigen Generationen kann man dann beginnen, auch die am wenigsten gut gefärbten Weibchen herauszunehmen. Setzt man Tiere mittlerer und hoher Qualität zusammen, kann das den Prozess verlangsamen – auch wenn es hin und wieder Tiere mittlerer Qualität gibt, in deren Nachwuchs sehr schöne Tiere auftreten.

Egal, welchen Ansatz man verfolgt – die Selektionsarbeit ist immer recht zeitaufwendig und kann mühsam erscheinen. Man muss die Aquarien regelmäßig kontrollieren und die Garnelen konsequent und vor allem rechtzeitig umsetzen. Aber schon nach wenigen Generationen sieht man deutliche Verbesserungen und kann erstaunliche Ergebnisse erzielen!

Häufig beschränken sich Züchter nicht auf die Selektion alleine, sondern beginnen früher oder später auch, unterschiedliche Arten zu kreuzen, um neue Farben oder Muster zu erzielen. Dabei setzt man zwei unterschiedliche Arten in ein Aquarium, die sich kreuzen können. Am besten wählt man nur Weibchen der einen und nur Männchen der anderen Art. Nur so kann man sicher sein, dass sich die gewünschten Tiere kreuzen.

Die erste Nachwuchsgeneration dieser Tiere (die F1) weist in der Regel noch nicht die gewünschten Farben und Muster auf, sondern ähnelt tendenziell noch der Elterngeneration (P), jedoch mit kleinen Abweichungen. Bei manchen Kreuzungen vermehrt sich der Nachwuchs nicht weiter. In diesem Fall kann es sich lohnen zu tauschen, also die Weibchen der anderen Art mit den Männchen der einen Art zusammenzusetzen. Hin und wieder ist auch die Verpaarung eines Männchens der F1 mit einem Weibchen der P-Generation erfolgreich.

In der zweiten Generation (F2) findet man dann meist schon neue Phänotypen, aber auch Tiere, die den Ausgangstieren ähneln.

Hier kann man dann ansetzen und die Tiere je nach Zeichnung und/oder Farbe in verschiedene Aquarien sortieren. Danach beobachtet man, ob sich die Färbung über die Generationen in die Richtung entwickelt, die man vorgesehen hatte. Es kann sinnvoll sein, nochmals mit der P-Generation rückzukreuzen, um manche Eigenschaften zu festigen, wie zum Beispiel orangefarbene Augen.

Die nachfolgenden Generationen werden sorgfältig selektiert, bis man die gewünschte Ausprägung in der höchstmöglichen Qualität erreicht.

Gerne wird in der F3-Generation noch eine weitere Art oder Variante eingekreuzt, um bestimmte Eigenschaften oder Ausprägungen gezielt zu verstärken. Der Genpool vergrößert sich dadurch allerdings nochmals enorm, was die Festigung von Eigenschaften etwas schwieriger macht; der Nachwuchs streut dann stärker. Dies sollte man bedenken.

Manchmal möchte man gar kein neues Muster herauszüchten, sondern unerwünschte rezessive Eigenschaften eliminieren, beispielsweise die rote Farbe aus einem schwarzen oder weißen Stamm entfernen (Snow White/Bolt/Steel). Dies ist enorm schwierig, man muss hier sehr sorgfältig arbeiten. Es reicht hier nicht aus, nur negativ zu selektieren und die Tiere aus dem Stamm zu nehmen, die die Ausprägung zeigen. Bei mischerbigen Tieren liegt das rezessive Gen nämlich ebenfalls vor, obwohl man ihm das nicht ansieht.

Um herauszufinden, ob ein Tier ein rezessives Gen trägt, muss man es zunächst mit einem doppelt rezessiven Exemplar verpaaren. Möchte man beispielsweise wissen, ob eine schwarze Bienengarnele reinerbig schwarz ist, verpaart man sie mit einer roten Bie-

Black Galaxy Fishbone.

nengarnele. Ist der Nachwuchs rein schwarz, ist unsere schwarze Biene reinerbig. Treten dagegen rote Babygarnelen auf, ist sie mischerbig. Dasselbe Experiment kann man auch mit anderen Phänotypen beispielsweise mit orangefarbenen Augen machen.

Intensive Kreuzungs- und Selektionszucht kann negative Folgen haben. Durch Inzucht und das gezielte Herauszüchten von rezessiven Eigenschaften kann es dazu kommen, dass man verkrüppelte Tiere mit Fehlbildungen, Stoffwechselproblemen oder anderen Veränderungen produziert, die die Gesundheit der Zuchtpopulation stark beeinträchtigen können. Häufig sieht man Fehlbildungen am Pleon, stark verkürzte Rostren, deformierte Fühler, einen wie aufgeblasen wirkenden Kopf-Brustpanzer, unterentwickelte Uropoden, freiliegende Kiemen und Veränderungen am Übergang vom Kopf zum Hinterleib.

Die Gesundheit muss ein vorrangiges Zuchtziel sein. Eine gesunde Garnele ist aktiv und munter, frei von Parasiten und Krankheitskeimen und weist keine Fehlbildungen auf. Wenn die Tiere richtig schwimmen können und aktiv auf Nahrungssuche sind, ist dies auf jeden Fall ein gutes Zeichen.

Weiterhin wird die Qualität durch die Größe der Tiere, die Farben und das Muster bestimmt – was rein kommerzielle Kriterien sind. Die Garnelen müssen in Farbe, Muster und Genetik der Beschreibung entsprechen. Es gibt verschiedene Wege, wie bestimmte Muster zumindest ansatzweise erreicht werden können, aber nur bei einem weisen die Tiere dann die korrekte Genetik auf. Die Garnelen im Handel sind meist schon geschlechtsreif und entsprechen mehr oder weniger den Größenangaben der Literatur.

Fehlbildung des vorderen Teils des Kopf-Brustpanzers bei einer *Neocaridina* sp. nach vielen Jahren Inzucht im Aquarium.

Diese *Caridina mariae* starb während der Häutung, weil sie durch Veränderungen am proximalen Teil des Kopf-Brustpanzers nicht mehr problemlos aus der alten Haut schlüpfen konnte.

Um eine Linie gesunder Tiere zu schaffen, muss man einige Hindernisse umschiffen und sehr sorgfältig arbeiten. Ohne Selektion werden Rottöne eher bräunlich, Weiß bekommt einen bläulichen oder rosafarbenen Schimmer. In Züchterkreisen werden diese Phänomene nicht gerne gesehen, weil hier die Selektion vernachlässigt wurde. Wenn diese unerwünschten Farbaufweichungen einmal spontan auftreten und man nicht eingreift, verselbstständigen sie sich.

Ob man neue Tiere zu einem bestehenden Stamm setzen sollte, um Inzucht zu vermeiden, ist umstritten. Es scheint zunächst logisch, nach jahrelanger Isolation dem Genpool „neue Gene" hinzuzufügen. Dagegen spricht jedoch, dass zahlreiche Garnelen jahrelang abgeschottet von anderen Populationen in kleinen Wassermengen leben, ohne negative Folgen davonzutragen.

Ein weiteres Problem bei der Garnelenzucht im begrenzten Raum der beliebten kleinen Aquarien ist, dass die Stämme verzwergen können. Die Lösung ist nicht einfach, weil nicht jeder von Nanoaquarien auf sehr große Becken umstellen kann.

Einen Ausweg kann eine ausgewogene, sinnvolle und reichhaltige Fütterung bieten. Wichtig ist hier jedoch, dass sich die Futtermenge nicht negativ auf die Wasserqualität auswirken darf. Entfernt man die Mehrzahl der Männchen aus dem Aquarium, werden die Weibchen weniger häufig tragend. Diese Exemplare werden tendenziell größer, weil sie weniger Energie in die Vermehrung stecken müssen.

Beide Theorien wurden nicht wissenschaftlich überprüft, sie scheinen jedoch logisch, wenn man den Lebenszyklus der Garnelen in Betracht zieht.

Krankheiten und Behandlung

Wie alle Lebewesen sind auch Garnelen anfällig für Krankheiten.

In diesem Kapitel zeigen wir die wichtigsten Erkrankungen bei Ziergarnelen auf und weisen auf Behandlungsmöglichkeiten hin.

Viele Erkrankungen manifestieren sich erst bei Massenzucht im Aquarium. Sie brechen aus, wenn die Wasserqualität schlecht ist und wenn der Halter nicht frühzeitig genug eingreift und behandelt.

Eine gute Möglichkeit zur Vorbeugung ist das Einhalten einer Quarantäne, wenn man neue Tiere zukauft.

Bakterielle Infektion

Bakterielle Infektionen sind nicht einfach zu diagnostizieren. Wenn man die ersten Symptome sieht, sind sie schon weit fortgeschritten und müssen auf jeden Fall behandelt werden.

Das wichtigste Anzeichen ist, wenn sich die Organe und das Muskelgewebe der Garnele rosig beziehungsweise weißlich verfärben. Zeigen die Tiere eine starke Verfärbung, sterben sie in der Regel innerhalb von 2 bis 4 Tagen.

Es gibt noch weitere, unspezifischere Symptome, die ebenfalls auf eine bakterielle Infektion hinweisen: (Teil-) Verlust von Fühlern und Gliedmaßen, Löcher im Panzer, ein starker Farbverlust oder eine Veränderung der Schwimmweise, wenn die Streck- und Beugemuskulatur im Hinterleib betroffen ist.

Eine bakterielle Infektion wird durch eine schlechte Wasserqualität mit hoher Keimdichte, hohen Temperaturen und einem niedrigen Sauerstoffgehalt im Aquarienwasser begünstigt.

Tritt eine Infektion im Aquarium auf, sollte man Maßnahmen ergreifen, damit sie nicht noch weitere Garnelen befällt. Das geschieht durch große tägliche Wasserwechsel (50 bis 70 %), die Zugabe von Tanninen und Huminstoffen zum Wasser

Bakterielle Infektion bei *Neocaridina* sp. var. Blue Jelly. Hier sieht man den Pigmentverlust und die weißliche Eintrübung.

Muskelnekrose bei einer *Caridina fernandoi*. Hier sieht man die nekrotisierten Muskeln im Hinterleib und das Übergreifen auf den Kopf-Brustbereich.

(durch Seemandelbaumblätter oder spezielle Produkte), dem Verfüttern von Knoblauch und grünem getrocknetem Fenchel- oder Walnusslaub und durch das Betreiben eines UV-Klärers am Aquarium.

Die Anzahl möglicher Erreger ist groß, wobei die am häufigsten auftretenden krankmachenden Bakterien im Aquarium gramnegativ sind. Sie gehören zu den Gattungen *Vibrio, Aeromonas, Pseudomonas* etc. Sie sind gegen Antibiotika empfindlich und können mit Penicillinen, Tetracyclinen, Aminoglycosiden oder Chinolonen behandelt werden. Leider betrifft eine solche Behandlung auch die Filterbakterien. Daher sollte im Fall einer Behandlung mit Antibiotika im Aquarium der Filter nicht betrieben werden beziehungsweise die Behandlung in einem Extrabecken erfolgen. Nach der Behandlung sollten die Antibiotika mit Aktivkohle herausgefiltert werden. Das Wasser aus einem so behandelten Aquarium darf nicht in die Kanalisation gelangen.

Idiopathische Muskelnekrose

Bei dieser Erkrankung färbt sich das Muskelgewebe im Hinterleib von hinten beginnend undurchsichtig weiß. Das Phänomen wird auch als Milch- oder Baumwollkrankheit bezeichnet. Wird sie nicht behandelt, kann sich die Verfärbung bis in den Kopfbereich ziehen. Hier nekrotisieren die Muskeln, was eine sekundäre Entzündungsreaktion nach sich zieht und in einer vernarbenden Fibrose endet.

Für eine Muskelnekrose gibt es viele Ursachen: eine schlechte Wasserqualität, unpassende Wasserwerte oder plötzliche Temperaturänderungen. Auch durch eine bakterielle Infektion,

Muskelnekrose bei einer *Caridina haivanensis*. Hier ist die Beuge- und Streckmuskulatur im Hinterleib betroffen.

durch Viren, Myxozoen oder Mikrosporidien kann sie ausgelöst werden. Das Mikrosporidium *Triwangia caridinae* wurde erst kürzlich als Auslöser von Muskelnekrosen bei *Caridina formosae* aus Taiwan beschrieben. Betroffene Exemplare werden unverzüglich isoliert, damit sich keine weiteren Tiere an ihnen anstecken können. Ist das Muskelgewebe erst abgestorben, gibt es keine Heilungsmöglichkeit – abgestorbenes Gewebe im Körperinneren wird nicht regeneriert.

Es sollten mehrere große Wasserwechsel vorgenommen und sämtliche Wasserwerte einschließlich der Temperatur und des Sauerstoffgehalts müssen überprüft werden.

Da die Erkrankung unterschiedliche Ursachen haben kann, ist es schwierig, eine Behandlung zu empfehlen. Grundsätzlich sollten die Haltungsbedingungen überprüft werden, bei einer bakteriellen Infektion wird entsprechend medikamentös behandelt. Gegen Myxozoen und Mikrosporidien gibt es bisher keine wirkungsvolle Behandlungsmethode.

Brand- oder Rostfleckenkrankheit

Sie äußert sich als äußerliche Infektion auf dem Panzer, die entsteht, wenn sich chitinolytische Bakterien der Gattungen *Vibrio* spp., *Benekea* spp., *Pseudomonas* spp., *Aeromonas* spp., *Spirillum* spp. und *Flavobacterium* spp. in kleine Verletzungen setzen. Auch Fadenpilze wie *Ramularia astaci, Didymaria cambari* oder *Cephalosporium leptodactyli* können diese Infektion hervorrufen.

Die Krankheit schreitet fort, die Flecken auf dem Panzer werden immer größer. Die Farbe der Flecken ist braun bis schwarz; das liegt an der Farbe des Pigments Melanin, das die Garnele gegen die Entzündung einlagert.

Bekämpft man die Infektion nicht, kann sie auf das Gewebe unter dem Panzer und auf die Muskeln übergreifen; die Krankheit begünstigt außerdem Sekundärinfektionen.

Am häufigsten treten Rostflecken in der Kiemenregion, auf dem Hinterleib und dem Telson auf.

Mögliche Ursachen sind eine schlechte Wasserqualität, Verletzungen des Panzers, vorhergegangene Erkrankungen, ein zu hoher Nitratwert oder allgemein eine aus den Fugen geratene Wasserchemie.

Infizierte Garnelen müssen separiert werden. Im Aquarium verwendete Geräte wie Kescher, Pinzetten etc. sollten in kochendem Wasser desinfiziert werden. Ein regelmäßiger Wasserwechsel ist ebenso erforderlich wie eine Erhöhung des Sauerstoff- und des Huminstoffgehalts und eventuell auch das Nachimpfen des Filters mit Bakterienpräparaten aus dem Handel.

Salzbäder, ein Absenken der Temperatur und eine Antibiotikabehandlung sind ebenfalls möglich, um die Infektion in den Griff zu bekommen.

Gelingt es, die Infektion einzudämmen, wird das angegriffene Gewebe bei der nächsten Häutung regeneriert.

Vorticella sp. und *Stentor* sp.

Beide Organismen sind Einzeller. Diese Ciliaten sind weißlich und leben im Süßwasser. Sie bevorzugen eutrophe, sehr nährstoffreiche Gewässer mit hoher Keimzahl.

Unter dem Mikroskop zeigt sich, dass *Vorticella* glockenförmig ist. In der Gattung gibt es viele Arten, obgleich einige

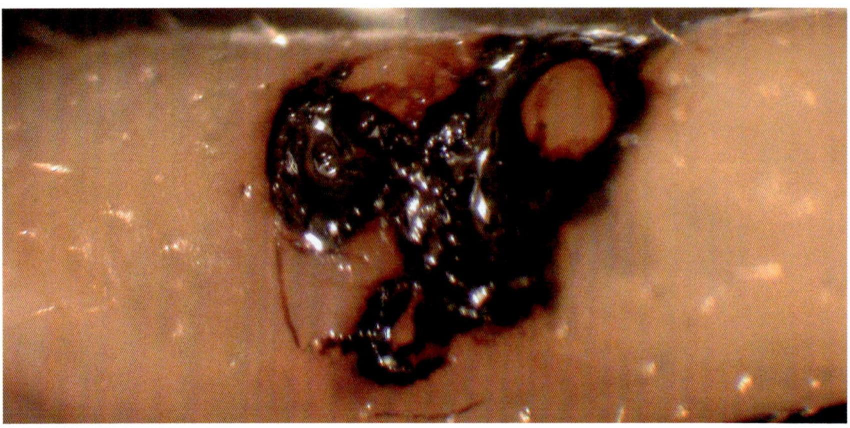

Rostfleckenkrankheit bei einer *Macrobrachium dayanum*.

Vorticella auf einer *Neocaridina* sp. var. Blue Velvet. Hier sieht man die auf dem Kopf-Brustpanzer aufsitzenden Protozoen, die sich mit ihrer Haftscheibe an ihrem Stiel an der Unterlage festheften.

Artnamen auch synonym sein könnten. Auch in anderen Gattungen wie *Carchesium*, *Rhabdostyla* oder *Epistylis* gibt es ähnlich geformte Organismen, die ebenfalls zu den Glockentierchen gezählt werden.

Stentor dagegen hat Trompetenform. Teils leben diese Tierchen in Symbiose mit Algen aus der Gattung *Chlorella*. Dadurch, dass sie die Algen einlagern, nehmen sie eine grünliche Farbe an.

Diese Tierchen halten sich mittels einer Haftscheibe und einem einziehbaren Stiel auf Pflanzen, Steinen, Wurzeln und auch auf der Haut von Aquarientieren fest. Das Außenskelett von Krebstieren ist als Aufsitzplatz sehr beliebt. In widrigen Umständen können sie sich verkapseln und dadurch lange Zeit überleben.

Ohne Mikroskop stellen sich die Tiere als weißlicher Flaum auf der Garnele dar, etwa wie ein bis zu zwei Millimeter hoher Schimmelrasen.

Die Ciliaten ernähren sich von Bakterien, die sie mithilfe ihrer Flimmerhärchen in ihre Mundöffnung strudeln. Sie können sich geschlechtlich und ungeschlechtlich fortpflanzen. Sie selbst stellen für Garnelen keine Bedrohung dar.

Sie weisen jedoch auf eine schlechte Wasserqualität, eine hohe Keimzahl und auch eventuell einen Überbesatz im Aquarium hin.

Medikamente gegen Pilzinfektionen sind wirkungslos. Die Beläge kann man zwar mittels Salzbädern oder Bädern mit Kaliumpermanganat oder Mebendazol behandeln, effektiver ist es jedoch, die Ursache abzustellen; dann verschwinden Glocken- und Trompetentierchen von alleine.

Sehr ähnlich sieht ein Befall mit *Zoothamnium* sp. aus, einem Einzeller, der im Aquarium recht selten vorkommt. Hier handelt es sich ebenfalls um sessile weißliche Protozoen mit Cilien, die in schirmförmigen Kolonien vorkommen.

Pilzinfektionen

Pilzinfektionen sind im Garnelenaquarium relativ häufig. Pilzsporen sind ubiquitär, kommen also überall vor und können dadurch auch jederzeit über die Luft oder das Wasser ins Aquarium gelangen.

Die krankheitsauslösenden Pilze bei Garnelen sind einzellig oder vielzellig.

Pilzkrankheiten werden auch Mykosen genannt. Sie können recht schnell zum Tod einer Garnele führen, wenn sie die Organe befallen. Innerliche Mykosen sind schwierig zu diagnostizieren, da man neben einem Mikroskop auch einen Diagnostiker braucht, der weiß, wonach er suchen muss. Äußerliche oder oberflächliche Mykosen dagegen kann man auf einen Blick erkennen.

Am häufigsten treten im Aquarium Pilze der Gattungen *Achlya* und *Saprolegnia* als Verursacher äußerlicher Mykosen auf. Man erkennt sie als wattigen, weißlichen Belag auf dem Exoskelett. Häufig sieht man darunter eingelagertes Melanin als orange-pinke Schicht. Ist der Befall nur oberflächlich, ist möglicherweise nach der nächsten Häutung alles wieder in Ordnung.

Mykosen treten meist als Sekundärinfektion bei geschwächten Tieren auf, wenn das Immunsystem der Garnelen angeschlagen ist.

Vorticella und verpilzte Eier bei einer *Neocaridina* sp. var. Blue Velvet an den Schwimmbeinen.

Die Behandlung von Mykosen erfolgt durch Methylenblau oder Kaliumpermanganat, durch Bäder in Salzwasser oder mittels spezieller Medikamente gegen Pilzinfektionen, die im Aquaristikhandel erhältlich sind. Bitte auf Verträglichkeit mit Garnelen achten! Die Behandlung mit Malachitgrün ist effektiv, jedoch nicht unumstritten.

Scutariella japonica

Als Saug- oder Kiemenwürmer sind diese Plattwürmer ebenfalls bekannt. Teils leben diese Würmer als Aufsitzer von Detritus im Wasser, es gibt aber auch eine parasitische Art, in deren Darm Blut von Garnelen gefunden wurde. Saugwürmer sitzen häufig auf dem Rostrum der Garnelen auf. Sie legen ihre Eier in der Kiemenkammer ab, und auch die adulten Würmer können dort sitzen. Die parasitische Art kann das Kiemengewebe schädigen.

Einen Saugwurmbefall behandelt man am besten mit Salz- oder Kaliumpermanganatbädern. Beides schädigt jedoch die Eier nicht. Auch gängige gegen Planarien wirksame Mittel wirken gegen *Scutariella*.

Es gibt eine weitere, größere Art aufsitzender Würmer, die nicht zu den Plattwürmern gehören. *Holtodrilus truncatus* (Liang, 1963) sitzt gerne zwischen den Beinen der Garnele, aber auch an anderen Stellen. Es handelt sich hier um einen reinen Aufsitzer, der die Garnele nicht schädigt.

Sie erscheinen bevorzugt bei Garnelen, die im Freiland gezogen werden, bei Überbesatz im Aquarium oder schlechter Wasserqualität.

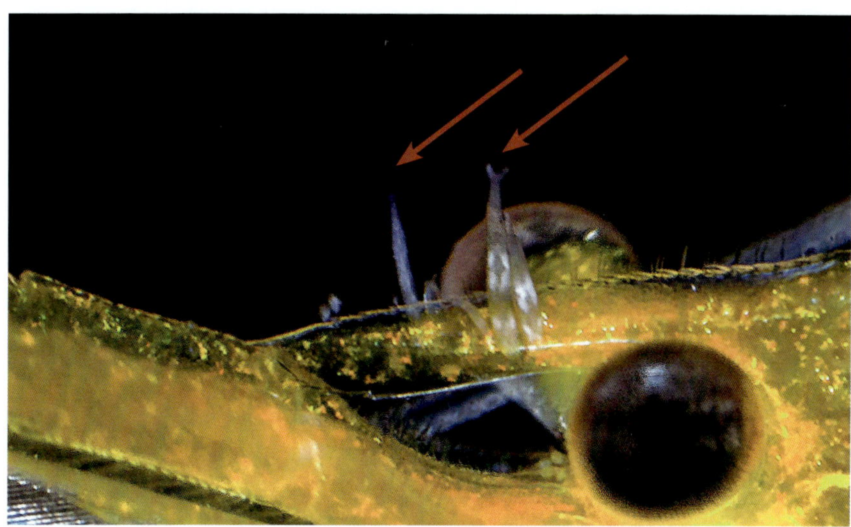

Auf dem Rostrum aufsitzende *Scutariella japonica* auf einer *Neocaridina* sp. var. Orange Sakura.

Cladogonium ogishimae

Es handelt sich um eine parasitische Alge, deren „Wurzeln" tief ins Muskelgewebe und den Verdauungstrakt eindringen. Auf Dauer wird die Garnele geschwächt und kann sogar sterben.

Die Zoosporen tragen Geißeln und sind mobil. Andere Garnelen können sich anstecken, wenn sie sie fressen. Auch beim Fressen befallener, verendeter Artgenossen können sich die Tiere infizieren.

Die Alge selbst betreibt keine Fotosynthese, weil sie kein Chlorophyll bildet; sie ernährt sich von Körpersäften ihres Wirts. Lediglich die zwischen den Schwimmbeinen der Garnelen sitzenden Sporen enthalten Chloroplasten.

Sie sind zottig und gelbgrün bis grün. Auf den ersten Blick wirken sie wie eine Pilzinfektion. Hauptsächlich sind aus Asien importierte Garnelen von der Infektion betroffen.

Behandelt wird mit Kaliumpermanganat, Malachitgrün oder Methylenblau. Es gibt von der Firma Tima eine Futterpaste, die eine Barriere zwischen die Alge und ihren Wirt legt und sie verhungern lässt.

Behandlungsmethoden

Salzbäder

Für Salzbäder braucht man reines Kochsalz (NaCl), das auf keinen Fall mit Jod oder Fluor angereichert sein darf. Man löst 30 g davon in 1 Liter Wasser auf und setzt die Garnele für zwei Minuten in dieses Bad.

Cladogonium ogishimae bei zwei *Neocaridina*, eine Gattung, bei der sie häufig vorkommt. Sie kann auch andere Garnelen befallen, so wie diese *Caridina ensifera*.

Meist reicht ein Bad nicht aus, weil der osmotische Schock zwar die Parasiten zum Loslassen bringt (*Scutariella*) oder ihre Zellen zerstört, jedoch abgelegte Eier nicht schädigt. Man kann das Bad alle 24 Stunden wiederholen. Es gibt sehr salztolerante *Saprolegnia*-Stämme, die anders behandelt werden müssen.

Man kann eine Salzbehandlung auch im Aquarium durchführen; hierzu werden 3 g Kochsalz pro Liter im Aquarienwasser gelöst.

Kaliumpermanganat-Bäder ($KMnO_4$)

Dieses anorganische lilafarbene Salz wirkt stark oxidativ. Bei diesem Stoff kann in Kombination mit anderen anorganischen Salzen oder organischen Verbindungen stark giftiges Chlorgas erzeugt werden; auch kann es zu Verpuffungen kommen. Es kann organische Substanzen chelieren, und seine biozide und algizide Wirkung macht es für die Behandlung von Garnelen interessant.

4 mg $KMnO_4$ werden in 1 Liter Wasser aufgelöst. 0,5 ml dieser Lösung gibt man für ein Bad in 1 Liter Wasser, in das die Garnele für fünf Minuten gesetzt wird.

Dieses Bad kann man alle 24 Stunden wiederholen. Da es die Eier von Parasiten nicht bekämpft, können mehrere Wiederholungen notwendig sein.

Bäder mit Methylenblau

Der Farbstoff Methylenblau oder Methylthioniniumchlorid ist eine organische Verbindung.

Tag 1 Tag 2 Tag 3

Tag 4 Tag 5 Tag 6

Behandlung eines Befalls mit *Vorticella* und Pilzen bei einer *Neocaridina* sp. var. Blue Velvet. Hier wurden Salzbäder und Bäder mit $KMnO_4$ kombiniert. Am sechsten Tag wurden tote Jungtiere entlassen.

Muskelnekrose bei einer *Macrobrachium dayanum*. Hier ist bereits das Muskelgewebe betroffen und zieht sich zusammen. Die Garnele kann ihren Hinterleib nicht mehr ausstrecken. Der Hinterleib wird dadurch v-förmig.

Es wirkt gegen Pilze und Protozoenbefall, die es in ihrer Entwicklung hemmt, und kann Abhilfe bei Vergiftungen durch Ammoniak, Nitrit und Zyanid schaffen.

Methylenblau ist für Garnelen in geeigneter Dosierung ungiftig. Eine Überdosis oder zu lange Einwirkung können jedoch den Sauerstofftransport im Gewebe negativ beeinflussen.

Viele Aquarianer geben es direkt dem Aquarienwasser zu, was jedoch die Filterbakterien schädigt. Daher ist es besser, die Garnelen mit Bädern außerhalb des Aquariums zu behandeln.

Dazu gibt man 2 mg Methylenblau in 1 Liter Wasser. Von dieser Lösung gibt man zwei Tropfen in 1 Liter Wasser, in das man dann die Garnele für eine Minute setzt. Diese Bäder kann man alle 24 Stunden wiederholen.

Im Handel erhältliche Lösungen enthalten meist eine Konzentration von 2 %. Davon gibt man 2 Tropfen auf 10 Liter Wasser.

Bäder mit Malachitgrün

Der organische Farbstoff aus einem mit Benzolringen und Kohlenstoffketten verbundenen Chloridsalz wurde in der Textilindustrie eingesetzt. Er wirkt gegen Parasiten, Bakterien und Pilze.

Außer der Farbe hat er nichts mit dem kupferhaltigen Mineral Malachit zu tun.

Als Lebensmittelfarbstoff ist er nicht zugelassen, weil er krebserregend und fruchtschädigend ist.

In höherer Dosierung ist er tödlich giftig für Wirbellose, daher werden nur möglichst geringe Mengen für eine möglichst kurze Zeit angewendet, und nur als letzte Möglichkeit.

Dazu wird ein Bad aus 0,1 mg Malachitgrün in 1 Liter Wasser bereitet, in das man die Garnele für 15 Sekunden setzt. Es kann alle 48 Stunden wiederholt werden.

Im Handel erhältliche Präparate mit Malachitgrün (und anderen Verbindungen) haben in der Regel einen Gehalt von 0,038 %. Hier sollte man sich immer genau an die Dosierungsanleitung des Herstellers halten.

Behandlung mit Mebendazol, Flubenol oder Fenbendazol

Diese rezeptpflichtigen Mittel wirken gegen Saugwürmer (zu Details lesen Sie bitte das Kapitel „Andere Wirbellose im Aquarium"). Wegen der möglichen Nebenwirkungen sind sie jedoch die schlechtere Wahl. Saugwürmer werden auch erfolgreich mit dem ebenfalls rezeptpflichtigen Praziquantel (150 mg auf 30 Liter Wasser) behandelt.

Nach der Behandlung muss mit Aktivkohle gefiltert werden.

Behandlung mit Antibiotika

Sie ist umstritten. Zum einen zerstören Antibiotika die Filterbakterien, zum anderen sind sie rezeptpflichtig, da hier Resistenzen entstehen oder gefördert

Scutariella japonica bei einer *Neocaridina palmata* var. Blue Pearl. Hier sieht man die Eier in der Kiemenkammer.

werden können. Antibiotika sollten immer erst als allerletztes Mittel zum Einsatz kommen.

Nach der Behandlung müssen die Medikamente durch Aktivkohle aus dem Wasser gefiltert werden. Garnelen können von Nebenwirkungen betroffen sein – die Verwendung von Antibiotika im Garnelenaquarium ist noch kaum erforscht.

Nach Rücksprache mit einem Tierarzt können folgende Antibiotika verwendet werden:

- Enrofloxacin 5 %: Von dieser Lösung nutzt man einmalig 1 ml auf 10 Liter. Das Medikament wird für 7 Tage im Aquarium belassen.
- Metronidazol: 250 mg/40 l, Wasserwechsel von 40 % am dritten Tag, wiederholen; bis zu drei Behandlungen in Folge sind möglich.

Medikamente aus dem Fachhandel

Bitte befolgen Sie die Dosierungsanleitung des Herstellers und stellen Sie vor der Anwendung sicher, dass die Mittel für Wirbellose geeignet sind.

Wir empfehlen eine Filterung über Aktivkohle, wenn die Behandlung abgeschlossen ist. Auch sollten danach für kurze Zeit Menge und Anzahl der Wasserwechsel erhöht werden.

Grundsätzliche Maßnahmen

Die in der Folge aufgezählten Maßnahmen sollte man unabhängig von einer Behandlung immer treffen, wenn Garnelen an einer Infektion leiden. Zuerst müssen die Wasserqualität und die Sauerstoffversorgung verbessert werden. Des Wei-

Vorticella sp.

teren sollten Humin- und Gerbstoffe (Tannine) zugeführt werden. Die Verfütterung von Knoblauch, grün getrocknetem Fenchel und grün getrocknetem Walnusslaub ist ebenfalls empfehlenswert.

Mehr Wasserwechsel sollten gemacht, kranke Tiere in Quarantäne gesetzt und tote Garnelen entfernt werden, damit sich die noch gesunden Garnelen nicht anstecken.

Häutungsprobleme

Für die Garnele sind das Abstreifen der alten und die Bildung einer neuen Haut sehr stressig. Der Häutungsprozess kostet viel Energie, und eine Störung ist meist tödlich. Kleinere Defekte wie den Verlust von Gliedmaßen kann die Garnele jedoch meist ausgleichen.

Gegen Häutungsprobleme gibt es nicht *die* eine Lösung. Einer Garnele manuell aus der alten Haut zu helfen ist extrem schwierig. Vorbeugen ist in diesem Fall die beste Behandlung!

Das geschieht durch eine durchdachte Fütterung, in der es keine Nährstofflücken gibt. Insbesondere Fettsäuren sind für die Bildung der Häutungshormone essenziell. Sind jedoch zu viele Fettsäuren in der Nahrung enthalten, kann es zu verfrühten Häutungen kommen, was ebenfalls zu Häutungsproblemen führt.

Eine ausreichende Versorgung mit den (nicht nur) für den Panzeraufbau benötigten Mineralstoffen über das tägliche Futter ist wichtig. Ob Garnelen überhaupt Mineralstoffe aus dem Wasser aufnehmen können, ist noch unklar.

Ein kleiner Häutungsfehler an den mittleren Abdominalsegmenten einer *Caridina* sp. var. Red Bolt.

Artenindex

Literaturverzeichnis

Anastiadou, C.; Kitsos, M. S.; Koukouras, A. (2008): Redescription of Atyaephyra rosiana de Brito Capello, 1867 (Decapoda, Caridea, Atyidae) based on a population close to the topotypical area. Crustaceana 81: 191–205.

Cai, Y.; Naiyanetr, P.; Ng, P. K. L. (2004): The freshwater prawns of the genus Macrobrachium Bate, 1868, of Thailand (Crustacea: Decapoda: Palaemonidae). Journal of Natural History 38: 581–649.

Cai, Y.; Ng, N. K. (1999): A revision of the Caridina serrata species group, with descriptions of five new species (Crustacea: Decapoda: Caridea: Atyidae). Journal of Natural History 33: 1603–1638.

Cai, Y.; Ng, P. K. L. (2001): The freshwater decapod crustaceans of Halmahera, Indonesia. Journal of Crustacean Biology 21 (3): 665–695.

Cai, Y.; Ng, P. K. L. (2002): The freshwater palaemonid prawns (Crustacea: Decapoda: Caridea) of Myanmar. Hydrobiologia 487: 59–83.

Cai, Y.; Ng, P. K. L. (2007): A revision of the Caridina gracilirostris De Man, 1892, species group, with descriptions of two new taxa (Decapoda; Caridea; Atyidae). Journal of Natural History 41: 1585–1602.

Cai, Y.; Ng, P. K. L. (2009): The freshwater shrimps of the genera Caridina and Parisia from karst caves of Sulawesi Selatan, Indonesia, with descriptions of three new species (Crustacea: Decapoda: Caridea: Atyidae). Journal of Natural History 43 (17–18): 1093–1114.

Cai, Y.; Ng, P. K. L.; Shokita, S.; Satake, K. (2006): On the species of Japanese atyid shrimps (Decapoda: Caridea) described by William Stimpson (1860). Journal of Crustacean Biology 26 (3): 392–419.

Cai, Y. (2014): Atyid shrimps of Hainan Island, southern China, with the description of a new species of Caridina (Crustacea, Decapoda, Atyidae). In: Sebastian Klaus, Neil Cumberlidge und Darren Yeo (Hg.): Advances in Freshwater Decapod Systematics and Biology: Brill, 207–231.

Chace, F. A., JR (1983): The Atya-like shrimps of the Indo-Pacific region (Decapoda: Atyidae). Smithsonian Contributions to Zoology 384, 1–54.

Chace, F. A., JR. (1997): The Caridean Shrimps (Crustacea: Decapoda) of the Albatross Philippine Expedition, 1907–1910, Part 7: Families Atyidae, Eugonatonotidae, Rhynchocinetidae, Bathypalaemonellidae, Processidae, and Hippolytidae. Smithsonian Contributions to Zoology 587, 1–106.

Ferrer Galdiano, M. (1924): Una nueva especie del género Atyaephira (Decap., Atyidae). Boletín de la Real Sociedad Española 24: 210–213.

Hobbs, H. H.; Hart, C. W. (1982): The shrimp genus Atya (Decapoda. Smithsonian Contributions to Zoology 364: 1–143.

Holthuis, L. B. (1963): On red coloured shrimps (Decapoda, Caridea) from tropical land- locked saltwater pools. In: Zoologische Mededelingen 38 (16): 261–279.

Kemp, S. (1913): Zoological results of the Abor Expedition 1911–12. Crustacea Decapoda. Records of the Indian Museum 8: 289–310.

Klotz, W. (2008): Macrobrachium agwi – a new species of freshwater prawn (Decapoda: Palaemonidae) from East Bengal, India. Zootaxa 1844: 47–54.

Klotz, W., Rintelen, K. von (2013): Three new species of Caridina (Decapoda: Atyidae) from Central Sulawesi and Buton Island, Indonesia, and a checklist of the islands' endemic species. Zootaxa 3664 (4): 554–570. DOI: 10.11646/zootaxa.3664.4.8.

Klotz, W.; Rintelen, T. von (2014): To "bee" or not to be – on some ornamental shrimp from Guangdong Province, Southern China and Hong Kong SAR, with descriptions of three new species. Zootaxa 3889 (2): 151. DOI: 10.11646/zootaxa.3889.2.1.

Li, S. Q.; Liang, X. Q. (2002): Caridean prawns of northern Vietnam (Decapoda: Atyidae, Palaemonidae). Acta Zootaxonomica Sinica 27: 707–716.

Man, J. G. de (1892): Decapoden des Indischen Archipels. In: Weber, M.: Zoologische Ergebnisse einer Reise in Niederländisch Ost-Indien: 265–527, 15–29.

Ng, N. K.; Cai, Y. (2000): Two new species of atyid shrimps from southern China (Crustacea: Decapoda: Caridea). The Raffles Bulletin of Zoology 48 (1): 167–175.

Powell, C. B. (1977): A revision of the African freshwater shrimp genus Desmocaris Sollaud, with ecological notes and description of a new species (Crustacea Decapoda Palaemonidae). Rev. Zool. Afr. 91 (3): 649–674.

Richard, J.; Clark, Paul, F. (2014): Caridina simoni Bouvier, 1904 (Crustacea: Decapoda: Caridea: Atyoidea: Atyidae) and the synonymy by Johnson, 1963. Zootaxa 3841 (3): 301–338. DOI: 10.11646/zootaxa.3841.3.1.

Rintelen, K. von; Cai, Y. (2009): Radiation of endemic species flocks in ancient lakes: Systematic revision of the freshwater shrimp Caridina H. Milne Edwards, 1837 (Crustacea: Decapoda: Atyidae) from the ancient lakes of Sulawesi, Indonesia, with the description of eight new species. The Raffles Bulletin of Zoology 57: 343–452.

Shen, C. J. (1948): On three new species of Caridina (Crustacea Macrura) from south-west China. Contributions from the Institute of Zoology, national Academy of Peiping 4 (3): 119–123.

Sollaud, E. (1938): Sur un Palaemonetes endémique, P. zariquieyi, n. sp., localisé dans la plaine litorale du Golfe de Valence. Trav. St. Zool. Wimereux 13, 635–645.

Valencia, D. M.; Campos, M. R. (2010): Freshwater shrimps of the Colombian tributaries of the Amazon and Orinoco rivers (Palaemonidae, Euryrhynchidae, Sergestidae). Caldasia 32: 221–234.

van Tu, D.; Dang, N. T. (2010): New Caridina (Atyidae – Crustacea) shrimps collected from Hai Van mountain pass (Thua Thien – Hue province). Journal of Biology 32 (4): 29–35.

Wang, L.; Liang, X.; Li, F. (2008): Descriptions of four new species of Caridina (Decapoda: Atyidae) from China. Zootaxa 1726: 49–59.

Wowor, D.; Cai, Y.; Ng, P. K. L. (2004): Crustacea: Decapoda, Caridea. In: C. M Yule und Y. H Sen: Freshwater invertebrates of the Malaysian Region. Kuala Lumpur: Academy of Sciences Malaysia, 337–357.

Wowor, D.; Choy, S. C. (2001): The freshwater prawns of the genus Macrobrachium Bate, 1868 (Crustacea. The Raffles Bulletin of Zoology 49 (2): 269–289.

Yam, R. S. W.; Cai, Y. (2003): Caridina trifasciata, a new species of freshwater shrimp (Decapoda. The Raffles Bulletin of Zoology 51 (2): 277–282.

Yeo, D. C. J.; Ng, P. K. L. (1997): The alpheid shrimp genus Potamalpheops Powell, 1979, (Crustacea: Decapoda: Caridea: Alpheidae) from Southeast Asia, with descriptions of three new species. Journal of Natural History 31: 163–190.